# 复合吸能圆柱形爆炸容器
# 抗爆机理与结构设计

顾文彬　陈　姮　徐景林　何　雷　著

科学出版社

北　京

# 内 容 简 介

本书从基础理论、试验方法和数值模拟等方面全面系统地研究了复合吸能圆柱形爆炸容器的抗爆机理与结构设计。第 1 章概述了圆柱形爆炸容器的研究现状和尚存的主要问题；第 2 章介绍了爆炸容器内爆炸基础与动力学理论；第 3 章分析了多胞材料的结构与吸能机理；第 4 章建立了圆柱形爆炸容器内爆炸模型与试验系统；第 5 章深入研究了单层圆柱形爆炸容器内爆炸载荷及动态响应；第 6 章揭示了不同层数以及不同密度梯度的泡沫铝夹芯结构的吸能机理与抗爆特性；第 7 章进一步研究了基于泡沫铝夹芯板的多层复合结构圆柱形爆炸容器的抗爆机理与抗爆特性；第 8 章介绍了多层复合结构圆柱形爆炸容器轻量化设计与多目标优化方法。

本书可作为抗爆工程相关专业研究生的课程参考书，也可供相关专业科研人员参考。

**图书在版编目（CIP）数据**

复合吸能圆柱形爆炸容器抗爆机理与结构设计 / 顾文彬等著. —北京：科学出版社，2022.12

ISBN 978-7-03-074360-2

Ⅰ. ①复… Ⅱ. ①顾… Ⅲ. ①军用爆破器材-抗爆性-设计 Ⅳ. ①TJ510.2

中国版本图书馆 CIP 数据核字（2022）第 249838 号

责任编辑：惠　雪　沈　旭　赵晓廷 / 责任校对：王萌萌
责任印制：张　伟 / 封面设计：许　瑞

**科　学　出　版　社** 出版

北京东黄城根北街 16 号
邮政编码：100717
http://www.sciencep.com

**北京中石油彩色印刷有限责任公司** 印刷

科学出版社发行　各地新华书店经销

\*

2022 年 12 月第 一 版　开本：720 × 1000　1/16
2022 年 12 月第一次印刷　印张：19 1/2
字数：394 000

**定价：169.00 元**
（如有印装质量问题，我社负责调换）

# 前　言

爆炸容器作为一种限域装置，能够将容器内部炸药爆炸产生的冲击波、高速破片、有害气体等潜在危险限制在有限密闭空间内，从而最大限度地控制爆炸作用范围，保护试验人员的生命和公共财产安全，减少环境污染，这对于国民经济发展和维护国家公共安全具有重要的意义。近年来，圆柱形爆炸容器在基础理论、试验方法和数值模拟等方面的研究取得了突破性进展。但由于炸药爆炸过程、爆炸载荷与结构变形之间的影响机制非常复杂，尤其是对于具有轻质高效特性的复合吸能圆柱形爆炸容器响应机理的研究，涉及炸药爆轰学、冲击动力学、材料力学等多个领域，影响因素众多。其作用机理与演化规律研究不够深入，爆炸试验技术不够成熟，实爆试验研究成果有限。对此，本书进行了一系列深入探索。

本书共 8 章。第 1 章概述圆柱形爆炸容器的研究现状与研究内容，讨论该领域当前的研究不足和尚存问题。第 2 章阐述爆炸容器内爆炸载荷及其动态响应的创新理论，提出圆柱形爆炸容器等效多自由度模型，验证其相对于等效单自由度模型的优越性。第 3 章研究并揭示典型多胞材料（蜂窝材料和泡沫材料）、复合多胞夹层三明治结构，以及三种典型纳米多孔材料的结构、加载特性、吸能机制与吸能效应。第 4 章构建圆柱形爆炸容器内爆炸数值模型和试验研究系统。根据动力系数法设计并制造单层及复合结构圆柱形爆炸容器；以此为基础，分别建立简化掉螺栓和法兰结构的椭球圆柱简化模型和接近真实容器的实体模型，并进行对比验证；简要分析法兰结构对罐体应变响应的影响，讨论螺栓应变响应行为；通过对测试系统的初步设计、测试分析、调整改进及升级改造，建立复合结构爆炸容器的完整测试系统，展示对内爆炸冲击响应的丰富而广泛的试验研究成果。第 5 章深入探讨单层圆柱形爆炸容器内爆炸载荷特性、动态响应机理及规律，分析内爆炸载荷特征、分布规律以及装药因素的影响；分析内爆炸载荷作用下，端盖上危险部位应力应变响应影响因素，优化椭球端盖结构参数；分析容器应变特性、响应模态特征、应变分布规律及装药位置对应变响应的影响；探讨圆柱壳应变增长机理，分析装药位置、加强管和法兰对应变增长的影响；采用热电偶测温法探究炸药爆炸瞬间容器不同位置的温度响应特征。第 6 章针对性地研究单层、双层及不同密度梯度多层泡沫铝夹芯内衬结构的吸能机理与抗爆特性。第 7 章综合研究多层复合结构圆柱形爆炸容器的抗爆特性；分析泡沫铝夹芯爆炸容器抗爆机理、抗爆能力及其影响因素，尤其是内衬结构形式对抗爆特性的影响，探究重复加载条件下复合结构爆炸容器的抗爆特性；通过数值模拟简要分析蜂窝夹芯复合结构爆炸容器的抗爆特性。第8章提出复合结构圆柱形爆炸容器轻量化设计方法，并基于 BP 神经网络与 NSGA-Ⅱ遗传算法进行多目标优化。

　　本书得到中国人民解放军陆军装备部某重大专项项目、国家自然科学基金项目"冲击载荷下碳纳米管网状材料能量耗散机理与动力学行为研究"（11902157）、江苏省自然科学基金项目"纳米多孔铝缓冲吸能机理与动力学性能分析"的支持。本书参阅了大量文献，尤其是余同希和卢国兴编写、华云龙翻译的《材料与结构的能量吸收》、叶序双编写的《爆炸作用基础》等资料，在此表示感谢。受出版署名数量限制，刘欣博士，以及胡亚峰、胡云昊、韩阳明硕士未列入本书作者，在此对他们为本书做出的贡献表示衷心感谢。另外，还要感谢中国人民解放军陆军工程大学野战工程学院为作者提供的科研平台。

　　由于作者认知水平有限，书中内容表述难免存在不妥和疏漏之处，恳请读者和相关专家学者批评指正。

作　者

2022 年 8 月

# 目　　录

前言

第1章　绪论 ···································································· 1

　1.1　爆炸容器研究概况 ···················································· 1

　1.2　圆柱形爆炸容器的研究内容与进展 ······································ 2

　　1.2.1　爆炸容器内爆载荷研究 ·········································· 2

　　1.2.2　爆炸容器动力响应 ·············································· 5

　　1.2.3　泡沫铝材料及其夹芯结构力学行为 ································ 10

　　1.2.4　复合结构爆炸容器 ·············································· 12

　　1.2.5　爆炸容器设计方法 ·············································· 14

　1.3　圆柱形爆炸容器研究存在的主要问题 ···································· 15

　参考文献 ······························································· 16

第2章　爆炸容器内爆炸基础与动力学理论 ·································· 23

　2.1　冲击载荷的特性 ······················································ 23

　2.2　空气中爆炸载荷的确定 ················································ 23

　　2.2.1　无限空气中冲击波载荷经验公式 ·································· 23

　　2.2.2　正压作用时间和比冲量经验公式 ·································· 25

　2.3　冲击波的反射作用 ···················································· 26

　　2.3.1　冲击波正反射 ·················································· 26

　　2.3.2　冲击波斜反射 ·················································· 29

　　2.3.3　冲击波马赫反射 ················································ 30

　2.4　爆炸容器冲击载荷动力响应 ············································ 31

　　2.4.1　单自由度模型动力系数理论推导 ·································· 31

　　2.4.2　多自由度模型冲击载荷响应 ······································ 32

　　2.4.3　单自由度模型与多自由度模型的算例对比 ·························· 41

　2.5　应力波在多层介质间的传播 ············································ 44

　2.6　圆柱壳振动响应理论 ·················································· 46

　参考文献 ······························································· 48

第3章　冲击载荷下材料与结构的吸能机制 ·································· 49

　3.1　多胞材料结构与加载特性 ·············································· 49

    3.1.1 蜂窝材料 ················································ 49
    3.1.2 泡沫材料结构与加载特性 ····························· 55
3.2 多胞材料对冲击波的衰减作用 ··························· 59
    3.2.1 多胞材料的吸能机理 ··································· 59
    3.2.2 泡沫铝材料的 R-P-P-L 模型 ···························· 59
    3.2.3 一维冲击理论 ·········································· 60
    3.2.4 泡沫铝压缩理论 ······································· 62
    3.2.5 应变率效应 ············································ 65
3.3 复合材料夹层板 ········································· 65
3.4 纳米多孔材料 ··········································· 66
    3.4.1 纳米多孔铝材料 ······································· 66
    3.4.2 巴基球填充碳纳米管材料 ····························· 71
    3.4.3 单壁碳纳米管巴基纸 ··································· 77
参考文献 ······················································· 84
第4章 圆柱形爆炸容器内爆炸模型与试验系统建立 ·········· 86
4.1 爆炸容器实体模型 ······································· 86
    4.1.1 圆柱形爆炸容器设计 ··································· 86
    4.1.2 爆炸容器制造 ·········································· 87
4.2 数值模型建立 ··········································· 88
    4.2.1 基本假设 ··············································· 88
    4.2.2 椭球圆柱简化模型 ····································· 89
    4.2.3 爆炸压力容器实体模型 ································· 93
    4.2.4 实体模型与简化模型的对比分析 ······················ 93
4.3 测试系统建立 ··········································· 97
    4.3.1 测试系统初始设计 ····································· 98
    4.3.2 内爆炸冲击响应测试结果分析 ························· 100
4.4 国内外压电传感器性能对比试验 ························· 106
    4.4.1 试验系统设计 ·········································· 106
    4.4.2 冲击振动及谐振影响因素分析 ························· 108
    4.4.3 信号处理与分析 ······································· 110
    4.4.4 实测值与经验公式计算值的对比分析 ·················· 111
    4.4.5 实测值与数值模拟的对比分析 ························· 112
4.5 爆炸容器内爆炸参数测试系统改进 ····················· 113
    4.5.1 测试管更改 ············································ 113
    4.5.2 更换雷管及破片散布验证试验 ························· 114

　　　　4.5.3　测试系统改进 ················································· 115

　　　　4.5.4　测试管改进前后测试结果对比 ························· 118

　　参考文献 ·································································· 120

第5章　圆柱形爆炸容器内爆炸载荷及动态响应 ················ 121

　5.1　内爆炸载荷特征及分布规律 ······························· 121

　　　　5.1.1　测点分布 ················································· 121

　　　　5.1.2　典型位置的载荷特征 ··································· 122

　　　　5.1.3　内壁冲击载荷分布规律 ······························ 130

　　　　5.1.4　装药量对冲击载荷的影响 ··························· 134

　5.2　端盖处内爆炸载荷影响因素分析 ························· 136

　　　　5.2.1　椭球端盖动态强度特性 ······························ 136

　　　　5.2.2　容器柱壳高径比影响 ································· 137

　　　　5.2.3　端盖长短轴比影响 ····································· 138

　　　　5.2.4　平顶封头爆炸容器的讨论 ··························· 140

　5.3　应变响应特性 ··················································· 141

　　　　5.3.1　典型位置的应变响应特性 ··························· 141

　　　　5.3.2　应变响应模态特性 ····································· 148

　　　　5.3.3　应变分布规律 ··········································· 155

　　　　5.3.4　应变率分析 ·············································· 156

　　　　5.3.5　爆心位置对容器应变响应的影响 ·················· 156

　5.4　应变增长现象 ··················································· 159

　　　　5.4.1　圆柱形壳体的应变增长机理 ······················· 160

　　　　5.4.2　典型装药下容器壳体的应变增长 ·················· 162

　　　　5.4.3　装药位置对容器应变增长现象的影响 ············ 166

　　　　5.4.4　加强管对容器应变增长现象的影响 ··············· 168

　　　　5.4.5　法兰对容器应变增长现象的影响 ·················· 170

　5.5　圆柱形爆炸容器内爆炸温度场研究 ····················· 179

　　　　5.5.1　热电偶测温基本原理 ································· 180

　　　　5.5.2　内爆炸温度场数值模拟分析 ······················· 181

　　　　5.5.3　内爆炸温度场测试结果分析 ······················· 183

　　参考文献 ·································································· 185

第6章　泡沫铝及其夹芯结构吸能机理与动力学行为 ·········· 186

　6.1　闭孔泡沫铝材料压缩力学特性 ···························· 186

　　　　6.1.1　PVDF压电计动态标定 ······························ 186

　　　　6.1.2　不同应变率下压缩力学特性 ······················· 190

6.2　泡沫铝夹芯结构抗爆试验研究 ················································· 198
　　6.2.1　泡沫铝夹芯结构的冲击波衰减效应 ································· 198
　　6.2.2　单层泡沫铝夹芯板抗爆特性 ············································ 205
　　6.2.3　双层泡沫铝夹芯结构的抗爆特性 ····································· 214
　　6.2.4　三层泡沫铝夹芯结构的抗爆特性 ····································· 216
6.3　泡沫铝夹芯板数值模拟研究 ······················································ 218
　　6.3.1　泡沫铝夹芯板数值模型建立 ············································ 218
　　6.3.2　应力波泡沫铝中传播特性分析 ········································· 220
　　6.3.3　泡沫铝密度梯度三明治结构的抗爆性能分析 ·················· 222
参考文献 ································································································· 226
第7章　多层复合结构爆炸容器抗爆特性 ············································ 227
7.1　泡沫铝夹芯复合结构爆炸容器吸能机理 ····································· 227
　　7.1.1　数值模拟模型构建 ························································· 227
　　7.1.2　复合结构爆炸容器冲击过程模拟 ····································· 228
7.2　抗爆能力影响因素数值分析 ······················································ 229
　　7.2.1　炸药量对容器吸能的影响 ··············································· 229
　　7.2.2　内衬形式对容器吸能的影响 ············································ 232
　　7.2.3　泡沫铝厚度对容器吸能的影响 ········································· 234
　　7.2.4　芯层孔隙度对容器吸能的影响 ········································· 235
　　7.2.5　端盖短轴尺寸对容器吸能的影响 ····································· 236
7.3　圆柱形内衬爆炸容器抗爆特性试验 ············································ 241
　　7.3.1　试验容器与试验方案 ····················································· 241
　　7.3.2　爆炸试验过程及现象 ····················································· 244
　　7.3.3　爆炸容器应变响应 ························································· 246
　　7.3.4　试验和数值模拟比较 ····················································· 249
　　7.3.5　爆炸容器内衬预裂缝影响 ··············································· 250
　　7.3.6　炸药爆炸加载顺序影响 ·················································· 251
7.4　内衬结构形式对抗爆特性的影响 ··············································· 252
　　7.4.1　内衬结构形式与试验方案 ··············································· 252
　　7.4.2　抗爆试验过程及现象 ····················································· 254
　　7.4.3　内衬结构对爆炸容器应变响应的影响 ······························ 255
　　7.4.4　内衬结构形式对抗爆特性的影响 ····································· 258
　　7.4.5　内衬结构参数对容器抗爆特性的影响 ······························ 263
7.5　重复加载条件下复合结构爆炸容器的抗爆特性 ························· 266
　　7.5.1　重复加载爆炸试验分析 ·················································· 266

　　　7.5.2　重复加载爆炸容器抗爆特性数值计算分析 …………………………… 267
　　7.6　蜂窝夹芯复合结构爆炸容器抗爆特性数值研究 ……………………………… 271
　　　7.6.1　铝蜂窝夹芯爆炸容器细观模型 ……………………………………………… 271
　　　7.6.2　铝蜂窝夹芯爆炸容器的抗爆特性分析 ……………………………………… 273
　　参考文献 ……………………………………………………………………………………… 275
第8章　复合结构圆柱形爆炸容器的轻量化设计与优化 ……………………………… 276
　　8.1　复合结构圆柱形爆炸容器的轻量化设计 ……………………………………… 276
　　　8.1.1　外壳设计原则 …………………………………………………………………… 276
　　　8.1.2　复合结构内衬的设计原理 …………………………………………………… 276
　　　8.1.3　设计准则及轻量化设计实现 ………………………………………………… 285
　　8.2　多层复合圆柱形爆炸容器的优化设计 ………………………………………… 289
　　　8.2.1　BP神经网络及NSGA-II遗传算法介绍 …………………………………… 289
　　　8.2.2　多目标问题的描述 …………………………………………………………… 292
　　　8.2.3　多目标优化结果 ……………………………………………………………… 294
　　参考文献 ……………………………………………………………………………………… 300

# 第1章 绪 论

## 1.1 爆炸容器研究概况

爆炸容器起源于核武器的研究，美国洛斯阿拉莫斯国家实验室（Los Alamos National Laboratory）在20世纪40年代研制了世界上第一台爆炸容器，计划在其内部进行原子弹原理试验，最终因不满足试验要求而未投入使用。然而，它却掀起了世界范围内爆炸容器的研究热潮，美国桑迪亚国家实验室（Sandia National Laboratory）和劳伦斯·利弗莫尔国家实验室（Lawrence Livermore National Laboratory）等纷纷投入相关研究之中，开展了圆柱形、双层球形、半球形金属爆炸容器等一系列研究。由于生产工艺和设计理念的不足，我国对爆炸容器的研究起步较晚，直到1984年江西洪都爆炸机床设备厂制造了一台1kg TNT当量爆炸容器，用于爆轰试验研究。此后，中国工程物理研究院、西北核技术研究所、浙江大学、中国人民解放军国防科技大学、北京理工大学、中国人民解放军陆军工程大学等单位相继开展了爆炸容器研究。

爆炸容器能够将爆炸产生的气体、爆炸冲击波、高速破片等限制在密闭空间内，最大限度地减小危害效应，保护人民生命和财产安全。随着国民经济的高速发展，爆炸容器在军事作战、反恐排爆、科学试验、易燃易爆品运输等方面得到了大量应用。随着国家"一带一路"倡议的推进，爆炸容器在加强国际安全执法、防排爆等方面担负着重要使命。当前国际恐怖主义势头不减，恐怖袭击事件时有发生，恐怖分子最常用的手段就是在公共场所进行爆炸袭击，制造恐怖气氛，以达到其政治诉求。例如，2013年波士顿爆炸案、2015年法国巴黎足球场爆炸事件均造成了大量人员伤亡，教训惨痛。为控制突发爆炸情况，我国公安部门常在机场、地铁等人员密集的公共场所安放爆炸容器以维护公共安全。另外，随着我国工业的快速发展，爆炸物品在工业、工程领域的应用不断增加。但由于爆炸物管理制度、从业人员、装备器材等方面存在一系列不足，爆炸事故时有发生，带来了巨大的经济损失和恶劣的社会影响。废弃武器弹药如航空炸弹、炮弹、地雷、枪弹、炸药及其他爆炸装置也需要安全处理。因此，研制爆炸容器具有十分重要的意义。

单层爆炸容器的抗爆能力有限，对大当量炸药爆炸防护效果不佳，而且存在重量大、移动不便等缺点。时至今日，材料科学的发展日新月异，碳纤维、玻璃纤维、气凝胶、泡沫金属等具有优异力学性能和缓冲吸能效果的新型材料层出不穷，它们在爆炸容器的抗爆设计上都展现出了相对传统金属材料更为卓越的优势。因此，基于上述新型材料复合结构的综合运用成为爆炸容器研究领域的一大热点。

在复合结构爆炸容器的研制方面，苏联一直处于领先地位，20世纪70年代它就研制出了一台纤维材料缠绕的复合结构爆炸容器。近年来，我国在多层复合结构爆炸容器的研制方面也逐渐发力，浙江大学研制了一款碳纤维缠绕铝内衬抗爆容器，该容器主要由内衬层、纤维缠绕增强层和外保护层三部分组成，重点利用了碳纤维材料优异的拉伸吸能性能，使得该容器兼具轻质和抗爆能力强的优点[1]。北京理工大学研制了一种柔性爆炸容器，其主体部分是由多种复合材料有序排列叠加而成的，也达到了很好的抗爆效果[2]。然而，总体来说，对多层复合结构爆炸容器的研究还十分有限，公开信息较少，尤其是在理论分析、毁伤模式、衰减爆炸冲击波、吸收爆炸能量等方面还有大量的工作亟待开展。

## 1.2　圆柱形爆炸容器的研究内容与进展

### 1.2.1　爆炸容器内爆载荷研究

爆炸容器内壁爆炸载荷（简称内爆载荷）特性是研究爆炸容器动态响应、结构设计及安全评估的基础。炸药爆炸是一个复杂的化学过程，具有作用时间短、能量释放大及释放迅速等特点。根据爆炸产物的约束条件差异，爆炸载荷可以分为无约束爆炸载荷和有约束爆炸载荷，其中无约束爆炸载荷又可分为自由场空气爆炸载荷、真空中爆炸载荷、地面爆炸载荷等；约束爆炸载荷分为部分约束载荷和完全约束载荷两种，当爆炸作用被完全包容，且爆炸产物无泄漏时称为完全约束载荷，密闭爆炸容器内的爆炸载荷就是完全约束载荷。

当炸药在容器内部起爆后，瞬间形成高温高压的爆轰产物，并向四周扩散形成冲击波，冲击波继续向四周传播，到达容器内壁后发生反射，反射波向容器中心传播，并在容器内部与内壁其他位置反射的冲击波相遇，继而改变方向再次向容器内壁运动，如此反复，最终使容器内部达到一种压力相对稳定的准静止状态。可以认为，容器内壁先后受到冲击载荷和准静态载荷两种特征相异的载荷作用。由于在容器内部建立相对稳定的压力前，爆炸产生的冲击波会在容器内部来回反射，使容器内壁受到脉冲的反复作用；由于首脉冲常常携带大部分的爆炸能量，因此可将首脉冲看成决定容器响应行为的主要载荷。

在工程实际中，对于容器所受爆炸载荷通常有三种方法确定，分别是试验测试法、经验公式计算法和数值模拟求解法。其中，经验公式计算法通常只能对内壁所受载荷的首脉冲进行计算，而试验测试法和数值模拟求解法可以获得容器内壁所受载荷的整个时间历程，但试验测试法仅限于对容器部分位置进行测量，无法获得容器内壁全局的受载荷情况。

1. 试验测试法

试验测试法是获得爆炸容器内爆载荷最直接、最有效的方法。针对容器内爆载荷常用的试验测试法主要包括压杆测试法和压电/压阻式压力传感器测试法。张德志等[3, 4]根据弹性波在金属杆中的传播理论设计了压杆测试法试验系统，其结构和安装如图 1.1（a）所示，试验时首先利用应变片获得金属杆轴向应变，然后根据金属杆应力-应变关系转换成冲击波压力。图 1.1（b）为利用压杆测试法测得的典型容器内壁反射冲击波的压力时程曲线。刘文祥等[5]利用压电式动态压力传感器对自制的球形爆炸容器内壁反射超压进行了测量，测得的容器内壁反射冲击波时程曲线如图 1.2 所示。在容器内部准静态压力的试验研究方面，李芝绒等[6]设计了一种容器内部准静态压力测试系统，该系统由压阻型压力传感器感知压力变化，容器内部压力通过圆柱杆上的螺旋形凹槽结构与内管壁组成的微型传压管道传递到传感器表面；李鸿宾等[7]利用 PCB 公司生产的压电传感器对爆炸容器内部准静

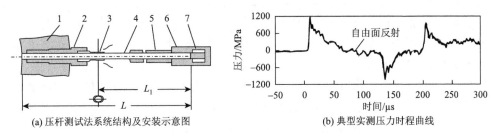

(a) 压杆测试法系统结构及安装示意图　(b) 典型实测压力时程曲线

图 1.1　压杆测试法[3]

1-爆炸容器；2-底座；3-应变片；4-压杆；5-支架套筒；6-端盖；7-缓冲垫块；$L$-压杆总长；$L_1$-应变片与端盖的距离

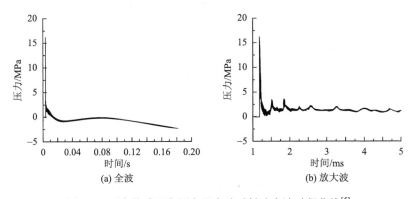

(a) 全波　(b) 放大波

图 1.2　压力传感器实测容器内壁反射冲击波时程曲线[5]

态压力进行了测量，并根据试验结果拟合得到了容器内部准静态压力经验计算公式；刘文祥等[8]在对传感器安装方式进行设计的基础上，分别采用平齐安装的压电式压力传感器和导孔安装的压阻式压力传感器对球形爆炸容器内部准静态压力进行了测量，并根据测试结果对容器内部准静态压力进行了公式拟合。

2. 经验公式计算法

自第二次世界大战之后，科研工作者对自由空气场中的爆炸冲击波载荷进行了大量试验研究和理论分析，提出了一系列冲击波参数经验计算公式，常用的有Henrych 公式、Baker 公式、Brode 公式、Kinney-Graham 公式等[9]，它们都是根据爆炸相似律在大量试验的基础上拟合得到的。这些公式大多基于比例距离法从球形 TNT 装药拟合得出的，对于非 TNT 装药可以通过爆热、比冲量或者超压峰值等参量转化成等效的 TNT 当量再进行计算，对于长径比为 1：1 的圆柱形装药，在远离爆炸位置一般可以用等量球形装药代替。上述自由空气场中的经验公式在工程计算方面具有简单、高效等特点，在其适用范围内得到了大量应用。我国林俊德院士[10]针对封闭空间内约束爆炸载荷进行了大量试验，重点关注了百兆帕以上的爆炸冲击波载荷，并结合其他工作成果提出了林俊德公式。

通过对经典经验公式的分析可以发现，不同预测方法中冲击波超压与比例距离的关系存在一定偏差，这是由爆炸过程的复杂性导致的。当比例距离大于 $1\mathrm{m/kg^{1/3}}$ 时，上述经验公式的预测值相差很小；当比例距离为 $0.5\sim1\mathrm{m/kg^{1/3}}$ 时，不同公式的预测结果开始出现差异，其中 Brode 公式计算的超压峰值最大，Henrych 公式计算的超压峰值最小；当比例距离小于 $0.5\mathrm{m/kg^{1/3}}$ 时，各个公式的预测结果偏差都较大。因此，在使用上述公式时，有必要对所需比例距离进行全模型试验校核。

炸药爆炸一般可以假设是瞬时发生的，可以通过绝热爆炸过程来估计爆炸容器内的准静态压力。在已知容器体积 $V$、炸药当量 $W$ 和爆热 $Q_v$，以及炸药爆炸后混合气体的多方指数 $\gamma$（一般取值 1.3）的基础上，根据理想气体等熵和能量守恒方程，可得到准静态压力公式[9]：

$$P_{\text{static}} = (\gamma - 1)WQ_\mathrm{v} / V \tag{1.1}$$

通过对相应试验数据进行拟合，李鸿宾等[7]和刘文祥等[8]分别得到了准静态压力计算公式，即

$$P_{\text{static}} = 0.117\frac{\Delta H}{V} = 3.947W, \quad W \leqslant 0.185\mathrm{kg} \tag{1.2}$$

$$P_{\text{static}} = 1.10\frac{Q_\mathrm{v}}{V}, \quad 0.36 \leqslant \frac{Q_\mathrm{v}}{V} \leqslant 4.94\mathrm{kg\ TNT/m^3} \tag{1.3}$$

式中，$\Delta H$ 为炸药释放的能量，包括爆炸能和燃烧能。

其中，式（1.2）由于考虑散热的原因，计算结果小于式（1.1）；式（1.3）表明准静态压力与当量容积比呈近似的正比关系。

3. 数值模拟求解法

试验测试法只能得到某些点的冲击波超压，为了得到爆炸容器内各处的载荷分布还需借助数值模拟手段。姚哲芳等[11]利用 AUTODYN 软件对坑道中爆炸冲击波进行了有效模拟；张亚军等[12, 13]在冲击波系的演化中采用 PPM 格式求解欧拉（Euler）方程，对圆柱形爆炸容器的内爆炸流场进行了数值计算，结果表明爆炸容器封头顶点所受载荷最大，并研究了 120kg 当量 TNT 在爆炸塔内爆炸后载荷的分布特点。姚成宝等[14]利用 LS-DYNA 软件对无限空气中 TNT 爆炸的冲击波传播过程进行了计算，讨论了网格密度对计算结果的影响，当网格尺寸小于 2mm 时，计算结果基本趋于收敛；宋贵宝等[15]对船舱舱室内爆炸冲击波的分布特点进行了数值模拟；王芸艳等[16]对空气中爆炸冲击波在狭窄巷道转角处的传播特性进行了数值模拟；吕鹏飞等[17]对不同曲率半圆柱形弯曲巷道内爆炸冲击波的传播特性进行了数值模拟，结果表明 LS-DYNA 软件适用于结构复杂工况条件下爆炸冲击波的计算。王震等[18]对拱顶钢罐密闭空间内的爆炸载荷进行数值计算，讨论了罐体高径比、端盖半径等结构参数对爆心环面和端盖中心等特殊位置的壁面发射超压的影响，结果表明罐体结构参数对内爆轰场超压分布影响较大，在爆炸容器设计中应该予以重点关注。

对于钢质压力容器，庞崇安等[19]发现，流固耦合效应对冲击载荷的大小和分布无明显影响，考虑流固耦合时的冲击波超压峰值和不考虑流固耦合时的冲击波超压峰值基本一致；张亚军[20]在 ALE 方程中采用 PPM 格式来描述具有运动边界的爆炸流场，分别模拟了平板和椭球封头爆炸容器的流固耦合问题；邓贵德[21]提出了一种处理流固耦合问题的新思路，将爆炸容器内壁面受到爆炸作用前后的位置设为两种极限情况，分别按照刚性壁面进行计算，两种情况得出的超压峰值结果与采用流固耦合方法得到的结果误差很小；Kambouchev 等[22]对多层复合结构爆炸容器进行了研究，结果表明泡沫铝夹芯在爆炸冲击作用下会发生很大变形，应考虑流固耦合效应对爆炸载荷的影响。

## 1.2.2 爆炸容器动力响应

1. 壳体响应

与准静态载荷相比，在爆炸冲击载荷作用下爆炸容器的结构响应会涉及三类主要问题，即应变率效应、惯性效应和应变增长现象。

1）应变率效应

爆炸载荷具有瞬时性，意味着容器壳体会产生高应变率下的响应。Baker[23]

认为在爆炸载荷作用下，钢质爆炸容器的应变率都将处于 $1\sim100\text{s}^{-1}$ 的范围内。应变率效应会对材料本构关系产生影响，高应变率下材料的弹性模量变化不大，材料的屈服极限和强度极限都得到了明显提高，延伸率明显下降。因此，当爆炸容器发生弹性变形时，可以不考虑应变率的影响；但涉及塑性大变形时，应变率效应的影响则不可忽略，此时结构应变峰值会明显降低，在数值模拟时需要采用应变率强化材料本构关系。

2）惯性效应

不同于一般准静态载荷作用下的压力容器，爆炸容器动力响应还必须考虑介质微元体的惯性效应，对此很多学者在理论分析方面做了大量工作。Baker[23]最早给出了球壳在球面波作用下的弹性响应理论解，表明在比例距离较大的情况下，即使相对较厚的壳体也可以通过薄壳理论求解，这也得到了陈恺等[24]的试验验证；随后又得到了薄球壳在球面波作用下的弹塑性解[25]；之后再次给出了薄球壳在非对称爆炸载荷作用下的弹性解[26]。利用汉克尔（Hankel）变换和拉普拉斯（Laplace）变换，Cinelli[27]分别给出了球壳和柱壳在弹性范围内的理论解；丁皓江等[28]给出了轴对称圆柱壳的弹性动力响应解析方法，避免了积分变换；王熙[29, 30]、王慧明[31]采用类似方法推导了多层轴对称爆炸容器的弹性应变解析解；陈勇军[32]对钢带缠绕离散多层爆炸容器的弹性解和塑性解进行了数值计算与研究。

在试验研究方面，崔云霄等[33]测试了内部爆炸作用下多层钢筒的动态响应，发现圆筒环向应变在开始出现拉伸应变之前会有小幅值压缩应变，认为这是多层介质中应力波的传递使得外壁面首先受到来自内部的冲击压缩所致；王定贤等[34]对柱形爆炸容器的振动特性进行研究，对应变信号进行频谱分析；霍宏发等[35]对椭球封头圆柱形爆炸容器进行试验，得到了典型反射超压载荷，以及壳体的振动特性，并进行了理论分析；胡八一等[36]对爆炸容器的安全运行参数进行了测试，包括峰值应变、地面震动参数等；路胜卓等[37]对内部填充液体的薄壁柱壳在爆炸载荷下的塑性应变、超压以及加速度进行了测量，发现该结构对爆炸能量的耗散有利；陈石勇等[38]对 25kg TNT 当量的球形爆炸容器进行了试验测试，并通过第四强度理论对容器的安全性进行了校核；张小鹏等[39]对大型爆炸防护工事的动态应力进行测试，发现排气孔附近的应力集中最为显著；Langdon 等[40]对一端开口的不锈钢圆筒进行抗爆测试，发现与装药在圆筒中心时相比，当装药靠近开口端时，圆筒的变形更大，认为这是由约束条件的差异引起的；Clubley[41, 42]利用 CFD方法对半封闭空间内的柱壳支撑结构受到外部载荷时的动态响应进行了数值模拟；此外，其他研究人员[43-45]还对多种结构受到爆炸载荷时的动态响应进行了数值模拟或者试验研究。

3）应变增长现象

应变增长现象是指容器壳体的最大应变幅值发生在响应后期而不是初始响应

阶段。1796 年，Buzukov[46]在研究容器动态响应过程中首次观察到了应变增长现象。爆炸容器常常需要多次重复使用，而应变增长现象可能导致容器局部结构响应增大从而引起容器的塑性变形或者加速容器的疲劳失效，因此对于应变增长现象的研究具有重要意义。迄今为止，有四种机制可解释容器中的应变增长现象：①由反射冲击波引起的共振；②结构扰动的影响；③具有相近频率的各种振动模式的叠加或拍动；④呼吸模式和弯曲模式之间的耦合。

朱文辉[47]首次对应变增长和应变增长因子进行了理论分析，并在理论分析和试验结果的基础上指出：具有相似频率不同振动模式的叠加和相互作用是容器局部应变的增长机制，容器几何形状是控制应变增长程度的关键因素。Duffey 等[48]发现，尽管从理想球壳到球形承载容器出现了退化频率的分裂（与非轴对称模式相关），但复杂球形安全壳（带喷嘴）显示出与相应球壳相近的模态频率，其振动响应可以看成是理想球壳的一种扰动响应，同时认为球形安全壳中的应变增长可归因于振动模态间的拍动现象，且这种应变增长可能因为反射冲击波与壳体振动之间的共振而增强。Karpp 等[49]和 Abakumov 等[50]提出，容器中剧烈的应变增长现象可能由法兰结构扰动引起的弯曲响应造成。Li 等[51]研究了弹性圆柱壳受到内部爆炸载荷作用的面内响应，发现膜呼吸模式和弯曲模式之间的耦合是应变增长的主要原因，而其他应变增长机制起次要作用，膜呼吸模式的应变首峰值和壳体厚度与半径之比是决定应变增长发生的主要因素。Dong 等[52-55]对应变增长现象做了一系列的研究，在对内部爆炸载荷作用下圆柱形容器应变增长现象的研究中发现，边界条件对圆柱壳体的应变增长具有重要影响；在滑动-滑动边界圆柱壳中，应变增长主要是由平面应力呼吸模式和耦合轴向-径向模式间的非线性耦合引起的；在自由-自由边界圆柱壳中，应变增长首先由呼吸模态和弯曲模态间的线性叠加引起，其后可能由于呼吸模式和不稳定振动引起的径向-轴向模式之间的非线性模态耦合而得到增强；在对球形爆炸容器内部爆炸载荷和壳体动态响应之间的互动机制研究中发现，在爆炸载荷冲击反射阶段，如果载荷的反射周期与容器的呼吸振动周期接近，则可能引起容器的应变增长现象；在对球形爆炸容器受内爆载荷作用下的动态响应特征的进一步研究中发现，除结构扰动、两种频率相近的振动模式之间的节拍效应以及容器振动和反射冲击波之间的相互作用外，由于容器结构的不对称性或载荷的非均匀分布，呼吸模态和弯曲模态间的非线性耦合也是容器应变增长产生的一个重要原因；通过对简化圆环结构动态响应特性的研究发现，结构扰动可能激发多种振动模式，而这些振动模式与呼吸模态叠加后可能引起应变增长现象，同时这些振动模式在响应后期同样会与容器不稳定振动激发的弯曲模态发生非线性耦合。

### 2. 端盖动力响应

Demchuk[56]最早描述了爆炸压力容器等效单自由度设计方法，但未对端盖、法兰、螺栓进行针对性分析。Kornev 等[57]试验研究了带端盖圆柱形爆炸压力容器内爆载荷下壳体变形响应，指出最大形变发生在端盖的极点附近，并把这种强烈的脉动归因于节拍效应。Zhu 等[58]给出了罐体和端盖的应变增长和应变增长系数的理论计算结果，模型考虑了壳体横向剪切和转动惯量，与试验结果有良好的一致性。饶国宁等[59]运用二阶精度 TVD 差分格式对平头型爆炸压力容器内爆炸场进行了数值模拟，结果表明，在筒体和封头的结合处会形成压力骤增、正压作用时间变长的三波汇聚现象。李蕾[60]通过数值模拟分析了马赫反射波在圆柱壳体和端盖的传播。成凤生[61]通过数值模拟研究了马赫反射在平封头处的传播。王震等[18]通过数值模拟分析了钢储罐内部爆炸冲击载荷，发现由于冲击波汇聚效应，载荷最大值出现在顶盖中心区域，且往往出现在波形的第 2 个峰值处。陈诗超[62]通过数值模拟介绍了冲击波在单层泡沫铝夹芯的圆柱形爆炸压力容器于端盖处的汇聚现象。

### 3. 螺栓动力响应

螺栓连接是爆炸压力容器中最为常用的连接方式。1985 年美国矿业局发布了爆炸压力容器封头螺栓设计指导规范[63]，但并未涉及螺栓扭矩和预应力。Chasten 等[64]、Ibrahim 等[65]、Hu 等[66]、Butner 等[67]、Lu 等[68]虽然对冲击载荷作用下螺栓的动力响应做了大量试验、模拟和分析，但大多只是研究了螺栓的切向应力，并非爆炸压力容器所关心的轴向响应。

Duffey[69]忽略了平封头的弯曲响应和螺栓的弯曲应力，将如图 1.3 所示的球形爆炸压力容器的封头螺栓简化为单自由度弹簧-质量模型，考察了平封头受到指数衰减型内冲击载荷情况下螺栓的应力响应，解析得到了使螺栓所受应力峰值最小的预应力和不同预应力下螺栓的易损性曲线（vulnerability curves）。随后，他又使用有限元软件 DYNA3D 对球形爆炸压力容器平封头上的螺栓动力响应进行了数值计算，计算过程中通过人为降低螺栓温度来施加螺栓预应力[70]。霍宏发等[71, 72]将如图 1.4 所示的圆柱形爆炸压力容器简化为三自由度弹簧-质量系统，考虑螺栓伸

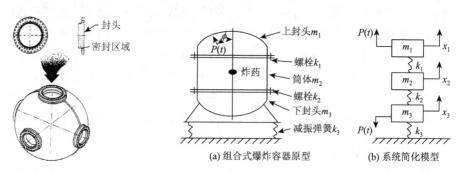

图 1.3　球形爆炸压力容器封头螺栓[69]　　图 1.4　圆柱形爆炸压力容器三自由度弹簧-质量系统[71]

长和法兰压缩，推导出内冲击载荷作用下螺栓的动力响应表达式，并分别由螺栓屈服时的应力和法兰分离时的螺栓最小应力确定满足容器封闭要求的预应力范围。

Duffey 等[73]采用理论计算和数值模拟两种方法研究了螺栓预紧力对螺栓应变响应的影响。理论计算是将如图 1.5 所示的容器简化为螺栓连接的两自由度系统，推导出运动方程。数值模拟是建立三维有限元模型，分析螺栓不同的预紧力对螺栓应变响应的影响。两种方法都得到了使螺栓响应最小化的预紧力值，不同之处是理论计算只考虑了螺栓的呼吸模态响应，而数值模拟表明螺栓的峰值响应发生在第三个周期，且理论计算未预测到局部最大值。同年，Hess[74]通过数值模拟方法，考察了如图 1.4 所示容器单圈螺栓与两圈螺栓对密封效果的影响。结果表明，单圈螺栓的峰值载荷较两圈螺栓增加了 15%，密封间隙增加了 44%，峰值 PEEQ 塑性应变增加了 5 倍。

图 1.5　Duffey 和 Hess 球形爆炸压力容器[73, 74]

程帅等[75]基于试验数据，对如图 1.6 所示的球形爆炸压力容器的法兰连接螺

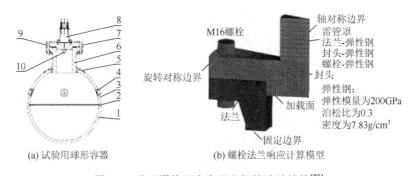

(a) 试验用球形容器　　　　(b) 螺栓法兰响应计算模型

图 1.6　球形爆炸压力容器和螺栓法兰结构[75]

1-下半球；2-焊缝；3-上半球；4-测孔；5-加强圈；6-接管；7-封头；8-雷管孔；9-螺栓；10-挂钩

栓的应变增长现象进行了数值模拟研究。结果发现，容器开口处的载荷增强现象是影响螺栓应变增长的主要因素。此外，螺栓预紧力、端盖质量变化所导致的结构与压力共振，也会引起螺栓的应变增长。

### 1.2.3　泡沫铝材料及其夹芯结构力学行为

泡沫铝由于质量轻、强度高、吸能效果好等特点在爆炸防护领域具有广阔的应用前景，泡沫铝材料及其夹芯结构的动态力学性能研究已经取得丰硕成果。

泡沫铝材料爆炸冲击载荷作用下的动力学行为非常复杂。Karagiozova 等[76-80]对泡沫铝材料的压缩开展了一系列研究，2010 年建立了泡沫铝一维冲击压缩理论模型及解析表达式，对理论模型的研究表明，泡沫铝压实的最大速度通常小于泡沫铝材料的声速，在压实区域泡沫铝密度分布并不均匀；2012 年建立了泡沫铝材料应变硬化一维冲击压缩模型，揭示了在速度逐渐减小的刚性质量块压缩下泡沫铝材料的变形特征，确定了在泡沫铝中强烈不连续卸载塑性波的存在，以及其对泡沫铝材料压缩和能量吸收的影响规律；2013 年建立了低密度可变形子弹撞击下静止泡沫铝圆柱的一维冲击压缩模型，研究发现，冲击压缩后泡沫铝圆柱的应变分布主要取决于材料性能和边界条件，随着压缩波传播距离逐渐增大，泡沫铝圆柱密度逐渐减小；2014 年建立了双层金属泡沫冲击刚性墙的一维冲击压缩模型，研究表明，泡沫铝压缩变形模式取决于各层泡沫铝的力学特性、层序以及冲击速度，在特定排列顺序下，来自层界面的反射波可能使冲击端的泡沫铝产生二次压实现象；2015 年建立了密度连续变化的泡沫铝圆柱冲击刚性墙及受刚性质量块冲击的泡沫铝一维冲击压缩模型，得到了泡沫铝圆柱应变与冲击速度和材料性质之间的解析关系式，通过数值模拟对上述理论模型进行了验证，进一步研究发现，泡沫铝材料的能量吸收能力主要取决于其初始密度，在研究冲击速度范围内，密度梯度泡沫铝并没有显示出比均匀密度泡沫铝更好的抗爆特性。Tan 等[81]基于 R-P-P-L 简化本构模型，建立了泡沫铝一维稳定冲击理论模型，对泡沫铝材料中冲击波持续存在及稳定传播的条件进行了分析。Zheng 等[82]基于泡沫铝一维冲击压缩模型，对高速和低速冲击下分别处于"冲击模式"和"过渡模式"的泡沫铝变形进行了分析，发现"冲击模式"下压实区域前泡沫铝应变保持恒定，而"过渡模式"下压实区域前泡沫铝应变和应力随冲击速度减小而线性衰减，此外泡沫铝变形模式的转变主要与冲击速度大小有关。王宇新等[83]、钟云岭等[84]基于一维应力波传播理论对泡沫铝复合结构中冲击波在介质分界面的衰减规律进行了研究。王志华等[85]建立了泡沫铝二维弹塑性质量-弹簧-连杆模型，推导出泡沫铝压缩量与力学性能及所受载荷间的非线性动力平衡方程，研究发现，在低强度脉冲载荷作用下，泡沫铝发生渐进坍塌耗散冲击能量，从而对结构产生保护作用，然而当载荷增大到一定程度后，泡沫铝会产生应力增强现象，对结构的保护效果减弱甚至起相反作用。康建功等[86]考虑泡沫铝材料压缩过程中冲击波的能量损耗，建立了一种泡沫铝衰减冲击波压力的简化计算模型，得到了简化计算公式。

泡沫铝夹芯结构按结构形式主要分为泡沫铝夹芯板、泡沫铝夹芯梁、泡沫铝夹芯壳三种，爆炸/冲击载荷作用下的动力学性能研究包含夹芯结构响应理论、变形/破坏模式、抗爆性能及吸能机理、结构参数影响规律等方面。

Fleck 等[87]将脉冲载荷作用下可压缩泡沫铝夹芯梁的一维冲击响应过程解耦为：爆炸加载使得面板获得均匀运动速度、泡沫铝压缩并获得与面板相同的运动速度，以及夹芯梁整体发生塑性弯曲和拉伸变形等连续的三个阶段，建立了泡沫铝夹芯梁一维冲击压缩理论模型，分析了芯层材料应变强化行为对其动态响应的影响。在 Fleck 等研究的基础上，Qiu 等[88]建立了脉冲载荷作用下固支夹芯圆板动态响应的理论模型，并对理论模型进行了有限元模拟验证，进一步研究发现，泡沫铝夹芯强度对夹芯圆板响应的影响有限；Qiu 等[89, 90]通过梁的一维冲击压缩理论模型研究及数值模拟发现，当载荷作用区域小于 1/2 梁跨度时，对于整体式梁，弹性效应会极大地影响结构的响应时间，而对于三明治夹芯梁，弹性效应对结构的响应时间的影响很小，同时数值模拟证实了理论模型中爆炸载荷作用时间、芯层的压缩响应时间和夹芯结构的整体动力响应时间有量级上的差异的设定。Zhu 等[91, 92]基于 Fleck 等提出的理论模型，建立了爆炸载荷作用下多孔金属夹芯方板的理论分析模型，通过试验和数值模拟验证了理论模型的可靠性，以板的塑性最大挠度最小化为目标，对多孔金属夹芯板的边长比、芯层相对密度及厚度等参数进行了结构优化。

Jing 等[93-97]对泡沫铝夹芯壳的动态力学性能做了系列研究，对泡沫铝夹芯圆柱壳的抗爆性能、结构变形/失效模式及结构参数对夹芯壳抗爆性能的影响规律等进行了试验研究，发现泡沫铝夹芯壳前面板出现压痕或撕裂、泡沫铝夹芯坍塌、后面板出现严重非弹性变形或撕裂，以及面板与泡沫芯之间的界面失效等多种变形/失效模式，夹芯壳后面板的最终挠度随载荷冲量线性变化，而其整体抗爆能力随前面板厚度或泡沫铝夹芯密度的增加而增大；建立了泡沫铝夹芯圆柱壳抗爆数值模型，基于试验结果对数值模型进行了验证，数值模拟研究发现，泡沫铝夹芯壳的变形/失效模式、挠度响应及吸能能力对爆炸载荷强度及其自身几何结构变化非常敏感；对泡沫铝夹芯圆柱壳的抗弹丸冲击性能进行了试验研究，发现在弹丸冲击下，载荷强度及圆柱壳的几何结构对夹芯壳变形/破坏模式及背板中心位置变形具有重要影响，弯曲夹层结构对弹丸冲击具有更好的抵抗力；建立了泡沫铝夹芯圆柱壳抗金属泡沫子弹冲击数值模型，研究了冲击载荷作用下铝板和闭孔泡沫铝夹芯圆柱结构的能量吸收及变形/失效机理，发现减小夹芯壳面板厚度、泡沫铝密度以及壳的曲率半径能够提高夹芯壳的能量吸收能力，而且增加后面板厚度比增加前面板厚度更能提高夹芯壳结构的抗冲击能力；与 Fleck 等提出的可压缩泡沫铝夹芯梁一维冲击压缩模型相似，建立了泡沫铝夹芯圆柱壳空中爆炸载荷作用理论模型，得到了夹芯壳背板中心挠度和结构响应时间的上下边界。Shen 等[98]通过试验研究了泡沫铝夹芯圆柱壳外部爆炸载荷作用下的动态响应，发现泡沫铝夹芯圆柱壳变形模式主要由壳体曲率半径决定。

Li 等[99]对爆炸载荷作用下梯度渐变蜂窝铝夹芯三明治结构响应进行了试验和数值模拟研究，相同条件下分级夹芯三明治板比未分级夹芯三明治板具有更好的抗爆能力，按蜂窝铝相对密度递减顺序布置的分级夹芯三明治板的能量吸收能力和应力衰减效果最佳。Zhou 等[100]建立了泡沫铝高速压缩模型，并结合数值模拟研究了爆炸载荷作用下梯度泡沫铝能量吸收问题，结果表明，泡沫铝夹芯密度梯度越大，输入泡沫铝的总能量越小，泡沫铝最终变形也越小。

研究表明，泡沫铝夹芯三明治结构对爆炸冲击波具有良好的衰减效果，这是由结构中不同阻抗介质间界面对冲击波衰减、泡沫铝材料对冲击波耗散以及胞孔中气体压缩消耗冲击波能量造成的[101]。Vahid 等[102]通过联合激波管和改进霍普金森杆，对移动冲击波与泡沫铝短圆柱之间的相互作用进行了试验研究，通过高频响应微型压力传感器和半导体应变计对泡沫铝孔隙气体压力与传递到杆上的应力波进行了测量，研究表明泡沫铝孔隙中气体流动对总应力的影响与材料孔隙度、渗透率及长度成反比。Liang 等[103]利用 PVDF 压电薄膜传感器研究了 370m/s 子弹冲击下泡沫铝夹芯板中的冲击波传播规律。王永刚等[104]通过试验和数值模拟，研究了泡沫铝材料中的冲击波传播特性，发现泡沫铝材料的黏性效应使得冲击波随传播距离增加逐渐衰减并发生弥散，而卸载波效应会进一步促进冲击波衰减。Liu 等[105,106]通过泡沫铝夹芯板爆炸加载试验发现，泡沫铝和钢板之间界面的影响以及泡沫铝材料本身对波的衰减能力使得泡沫铝夹芯板具有良好的冲击波衰减效果。

## 1.2.4　复合结构爆炸容器

Dong 等[107]在钢筒外侧复合玻璃纤维制成如图 1.7（a）所示的两端开口的圆柱形爆炸容器，通过对容器的研究可以发现，其主要变形/破坏形式有钢质内筒屈曲、内筒周向塑性扩展和外纤维层断裂等，钢质内筒屈曲可能引起外侧纤维分层和断裂破坏，从而降低容器抗爆承载能力；通过在钢筒外侧复合碳纤维制成如图 1.7（b）所示的碳纤维复合爆炸容器，对容器进行试验研究发现，在相同条件下，碳纤维复合爆炸容器比玻璃纤维复合爆炸容器具有更好的抗爆能力。王立科[108]在金属内衬外侧缠绕纤维制成了一种新型复合爆炸容器，研究发现，与传统金属容器相比，该容器具有质量轻、抗爆能力好的特点，由于节拍效应，纤维外壳局部仍然出现了应变增长现象。钟方平等[109]设计了一种新型平板封头双层圆柱形爆炸容器，如图 1.8 所示，图中 $P_1 \sim P_6$ 分别为 6 个电阻应变片的粘贴位置，$R$ 为外容器半径，$L_0$ 为容器总长，$L_1$ 和 $L_2$ 分别为爆心距内容器挡板和底板的距离；该容器设计的精髓在于多层结构以及容器内部薄壁钢管吸能装置的运用，试验证明该容器能够承受内部爆炸产生的弹片和冲击波作用。刘函等[110]通过应变测试技术及 3D-DIC 方法，对由钛合金内胆和不锈钢外壳组成的双层爆炸容器在内部爆炸载荷作用下的动态响应进行了测试，根据测试结果并结合数值模拟对容器进行了模态响应分析，获得了容器的响应模态组成和分布规律，发现随着爆炸载荷的增大，容器低频振动模态逐渐被抑制，当反射冲击波频率与容器呼吸模态频率接近时可能引发应变增长现象。浙江大学设计了一种新型钢带缠绕式离散多层爆炸容器，马圆圆[111]、陈勇军[32]、邓贵德[21]分别对容器的动态响应特性、动力响应及工程设计方法、内爆载荷特征和抗爆特性进行了研究。任新见等[112]设计了一种带泡沫铝夹芯层的新型圆柱形爆炸容器，试验发现"硬-软-硬"复合多层结构能够吸收大量爆炸能量并衰减爆炸冲击波，能很好地提高爆炸容器的抗爆能力。刘新让等[113, 114]设计了一种密度梯度泡沫铝夹芯复合圆筒，通过试验及数值模拟研究发现，夹芯圆筒在相同条件下的抗爆能力明显优于等质量单层圆筒，由内向外密度递减的夹芯排序能够获得更好的抗爆效果，适度的薄面板比厚面板更有利于夹芯圆筒抗爆能力的发挥。

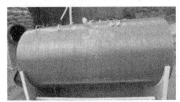 

(a) 玻璃纤维爆炸容器　　　　　　　　　　(b) 碳纤维爆炸容器

图 1.7　新型复合结构爆炸容器

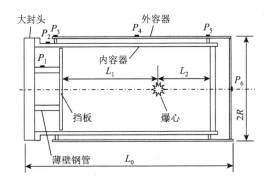

图 1.8　新型双层圆柱形爆炸容器

### 1.2.5　爆炸容器设计方法

　　根据材料类型、结构形式及设计使用寿命的差异，不同爆炸容器有着不同的设计准则和方法，相同的是，所有设计方法几乎都包含载荷确定、壳体材料动态屈服强度计算、结构位移、应力和应变计算等方面。对于单次使用的爆炸容器，设计时可以充分利用容器塑性形变吸收爆炸能量，而对于可多次使用的爆炸容器，必须将壳体应变严格限制在弹性范围内，保证容器绝对安全。爆炸容器与一般压力容器的区别在于，其所受载荷除准静态/静态压力载荷外，还受爆炸脉冲载荷作用。当装药内爆炸时，容器内壁会受到多次脉冲作用，由于爆炸首脉冲携带了大部分爆炸能量，因此设计时将首脉冲看成容器内壁所受载荷。

　　结构材料，特别是金属材料，静态力学性能和动态力学性能往往差异较大。对于常用金属，材料的应力-应变与应变率的关系复杂，而复合材料的应力-应变关系除与应变率有关外，还受温度影响，关系更加复杂。在爆炸容器设计中，通常要知道材料动态屈服强度，无须知道其完整的应力-应变关系。因此，爆炸容器设计中材料动态屈服强度计算问题就演变成不同应变率下材料屈服强度的确定问题。由于爆炸容器主要受脉冲载荷作用，载荷作用时间短，加载速率随时间变化，在材料动态屈服强度确定时常常采用近似加载方法，所施加的载荷与爆炸载荷近似。爆炸容器的设计方法主要包括等效单自由度设计方法、ASME 设计方法、AWE 设计方法等。

　　1）等效单自由度设计方法

　　基于 Baker-Demchuk 应力准则，Demchuk[56]最早描述了爆炸压力容器的等效单自由度（single degree of freedom，SDoF）设计方法。该方法是将爆炸压力容器径向受迫振动简化为质量块的一维弹性运动。在国内，赵士达[115]对苏联采用的这种设计方法进行了系统介绍，称之为动力系数法。其设计步骤如下：首先根据公式依次计算出壁面反射压力峰值、正压作用时间、容器振动基频；接着计算动力系数 $C_d$；然后将爆炸载荷峰值乘以动力系数得出等效静压力；最后按照《压力容器》（GB 150—2011）设计容器壁、端盖、法兰和螺栓等。安全起见，将计算壁厚乘以安全系数，得到有冗余的设计壁厚。

　　2）ASME 设计方法

　　1997 年，美国机械工程师协会（American Society of Mechanical Engineers，ASME）制定了冲击载荷容器制造规范[116]。2002 年，洛斯阿拉莫斯国家实验室形成基于延性失效单次和多次使用爆炸压力容器设计方法[117]。2008 年，ASME 起草了第一个可用于爆炸压力容器设计的标准案例，即 Code Case 2564。标准案例规定，设计的爆炸压力容器必须满足多方面要求，包括满足 KD-240、KD-4

设计强度，应取一定设计余量避免塑性失稳，根据容器不同部位的强度要求不能有超过 0.2%～5% 的最大等效塑性应变峰值，并考虑破片对容器壁造成的危害等。按照 Code Case 2564 设计时，需先初步设计确定材料和结构参数，再通过数值计算确定容器强度。若强度不符合规范要求，必须修改参数并重新计算和评估。

3）AWE 设计方法

AWE 基于 ASME Ⅷ DIVISION3，提出了包含断裂力学和疲劳评估的爆炸压力容器设计方法[116-120]，主要分为三个步骤：①初步设计，根据经验设计方法确定满足特定药量的爆炸压力容器的基本尺寸，并选择相应的容器材料；②数值模拟，采用有限元分析软件对初步设计的压力容器进行应力分析，再结合断裂力学和疲劳评定，确定满足要求的容器形状和尺寸；③强度检验，对最终设计的压力容器进行试验，以验证容器的强度。

4）其他设计方法

国内外学者还提出了不同的设计方法，且都是基于一定的评价准则，先根据经验或 SDoF 设计方法进行初步设计，再进行数值模拟和试验验证。下面介绍两种典型的设计方法。

（1）Ivanov 等[121]通过复合材料爆炸容器的试验发现，容器在第一拉伸相发生破坏时，容器爆心截面的环向总应变为（4.8±0.4）%。根据该结论可对复合材料爆炸容器进行极限应变法设计。Ivanov 等[121]、Fedorenko 等[122]、Ryzhanskii 等[123]通过试验测得多种金属、复合材料参数；根据这些材料参数，再结合复合材料层和金属内衬厚度，可求出设计容器的内半径；利用数值方法计算结构动力响应，校验初始设计的合理性。

（2）Dong 等[124]在研究应变增长机理的基础上，提出考虑应变增长的重复使用爆炸压力容器设计准则。首先使用 SDoF 设计方法获得初始设计参数；其次进行三维有限元分析计算应变增长因子 $K_p$；在考虑应变增长因子 $K_p$ 的基础上，检验初始设计是否可行；如果工程应用接受初始设计，则开始最终设计步骤；如果初始设计不可接受，则分析应变增长机理及影响因素，反复优化直到满足安全要求；如果应变增长不可避免，则根据应变增长值重新设计，最终设计应进行检验性试验。

## 1.3　圆柱形爆炸容器研究存在的主要问题

目前，国内外研究人员对单层金属爆炸容器的内壁爆炸载荷和动态响应特性、泡沫铝夹芯三明治结构的抗爆特性及复合爆炸容器的抗爆特性等进行了研究，并取得了一定成果。由于炸药爆炸过程以及爆炸载荷和结构变形之间的互动机制非常复杂，涉及炸药爆轰学、冲击动力学、材料力学等领域，影响因素众多，研究还存在一些不足，总结起来主要有以下几点。

（1）爆炸容器内冲击波的产生、传播及演化是一个极其复杂的过程，不仅涉及冲击波空气中传播、容器内壁反射以及相互追赶叠加，还涉及容器变形与冲击波之间耦合作用问题。目前，容器内爆炸载荷的研究主要集中于数值模拟，试验研究比较缺乏，装药对容器内冲击波结构及演化变化规律的影响鲜见报道，对实际容器内爆炸载荷特征、产生机理及分布规律缺乏系统认知；对容器动态响应的研究主要集中在对壳体应变响应的幅值及频率的直观分析上，对容器振动模态产生机理、作用规律剖析不够，容器法兰、附加结构等对容器动态响应的影响研究报道较少。

（2）应变增长现象是容器动态响应特征的重要组成部分，对爆炸容器的设计及安全评估具有重要意义。国内对应变增长现象的研究大多集中于对试验现象的直观总结和对理想模型的数值模拟，对真实爆炸容器复杂应变增长现象产生机理、法兰及附件结构对应变增长现象的影响、内部爆炸载荷与应变增长之间的关系等研究较少。

（3）泡沫铝因其优异的力学性能在抗爆领域具有广泛的应用前景。国内关于泡沫铝抗爆机理的理论研究较缺乏，简化理论模型研究缺少试验支撑，泡沫铝夹芯结构参数对抗爆性能影响的试验研究亟待加强，基于应用的泡沫铝夹芯结构抗爆试验研究不足。

（4）国内在爆炸容器设计方面做了许多工作，而将泡沫铝材料应用于爆炸容器设计的相关研究较少，关于泡沫铝夹芯复合多层爆炸容器的抗爆性能、壳体动态响应规律、工程设计方法等系统研究亟须开展和完善。

## 参 考 文 献

[1] Zheng J Y，Hu Y，Ma L，et al. Delamination failure of composite containment vessels subjected to internal blast loading[J]. Composite Structures，2015，130：29-36.

[2] 特种装备网. 北理工研制"柔卫甲"给安全加上金钟罩[EB/OL]. https://news.tezhongzhuangbei.com/zbkx_date_3558.html[2019-4-29].

[3] 张德志，李焰，钟方平，等. 冲击波壁面反射压力的压杆测试法[J]. 兵工学报，2007，28（10）：1256-1260.

[4] 张德志，李焰，王等旺，等. 球形装药近距离爆炸正反射冲击波实验研究[J]. 兵工学报，2009，30（12）：1663-1667.

[5] 刘文祥，谭书舜，景吉勇，等. 球形爆炸容器的内部载荷和响应特性[J]. 爆炸与冲击，2013，33（6）：594-600.

[6] 李芝绒，翟红波，闫潇敏，等. 一种温压内爆炸准静态压力测量方法研究[J]. 传感技术学报，2016，29（2）：208-212.

[7] 李鸿宾，金朋刚，严家佳，等. 炸药在密闭空间中爆炸准静压的计算方法[J]. 火工品，2014，1：45-48.

[8] 刘文祥，张德志，钟方平，等. 球形爆炸容器内炸药爆炸形成的准静态气体压力[J]. 爆炸与冲击，2018，

38（5）：1045-1050.

[9]　叶序双. 爆炸作用理论基础[M]. 南京：解放军理工大学，2001.

[10]　林俊德. 封闭空间的化爆荷载与沙墙消波[J]. 解放军理工大学学报（自然科学版），2007，8（6）：559-566.

[11]　姚哲芳，任辉启，沈兆武. 爆炸冲击波在粗糙坑道中的衰减规律研究[C]. 第十四届全国激波与激波管学术会议，黄山，2010：658-661.

[12]　张亚军，张梦萍，徐胜利，等. 爆炸容器内冲击波系演化及壳体响应的数值研究[J]. 爆炸与冲击，2003，23（4）：331-336.

[13]　张亚军，胡八一，谷岩. 爆炸塔内 120kg TNT 当量爆炸载荷的数值分析[J]. 应用力学学报，2012，29（4）：393-397.

[14]　姚成宝，王宏亮，张柏华，等. TNT 空中爆炸冲击波传播数值模拟及数值影响因素分析[J]. 现代应用物理，2014，5（1）：39-44.

[15]　宋贵宝，蔡腾飞，李红亮. 舱室在爆炸冲击载荷作用下的结构毁伤研究[J]. 科学技术与工程，2014，14（3）：268-270.

[16]　王芸艳，覃彬，张奇. 爆炸空气冲击波在巷道转弯处的传播特性[J]. 安全与环境学报，2007，7（3）：105-106.

[17]　吕鹏飞，庞磊. 不同曲率弯曲巷道爆炸冲击波传播特性数值模拟研究[J]. 中国安全生产科学技术，2016，12（12）：37-41.

[18]　王震，胡可，赵阳. 拱顶钢储罐内部蒸气云爆炸冲击荷载的数值模拟[J]. 振动与冲击，2013，32（20）：35-40.

[19]　庞崇安，王震. 立式柱形钢储罐内部爆炸数值模拟及动力响应分析[J]. 爆破，2015，32（2）：54-58.

[20]　张亚军. 爆炸流场及容器内爆流固耦合问题计算研究[D]. 合肥：中国科学技术大学，2007.

[21]　邓贵德. 离散多层爆炸容器内爆载荷和抗爆特性研究[D]. 杭州：浙江大学，2008.

[22]　Kambouchev N，Noels L，Radovitzky R. Numerical simulation of the fluid-structure interaction between air blast waves and free-standing plates[J]. Computers & Structures，2007，85（11-14）：923-931.

[23]　Baker W E. The elastic-plastic response of thin spherical shells to internal blast loading[J]. Journal of Applied Mechanics，1960，27（1）：139-144.

[24]　陈恺，丁春燕，杨杰，等. 薄壳理论用于厚壳的实验验证[J]. 河北轻化工学院学报，1998，19（2）：24-28.

[25]　Baker W E. Modeling of large transient elastic and plastic deformations of structures subjected to blast loading[J]. Journal of Applied Mechanics，1960，27（3）：521-527.

[26]　Baker W E，Hu W C L，Jackson T R. Elastic response of thin spherical shells to axisymmetric blast loading[J]. Journal of Applied Mechanics，1966，3（4）：800-806.

[27]　Cinelli G. An extension of the finite Hankel transform and applications[J]. International Journal of Engineering Science，1965，3（5）：539-559.

[28]　丁皓江，王惠明，陈伟球. 圆柱壳的轴对称平面应变弹性动力学解[J]. 应用数学和力学，2002，23（2）：128-134.

[29]　Wang X，Gong Y N. An elastodynamic solution for multilayered cylinders[J]. International Journal of Engineering Science，1992，30（1）：25-33.

[30]　王熙. 各向异性轴对称问题的弹性动力学解[J]. 力学学报，1997，29（5）：606-611.

[31]　Wang H M，Ding H J，Chen Y M. Dynamic solution of a multilayered orthotropic piezoelectric hollow cylinder for axisymmetric plane strain problems[J]. International Journal of Solids and Structures，2005，42（1）：85-102.

[32]　陈勇军. 离散多层爆炸容器动力响应及其工程设计方法研究[D]. 杭州：浙江大学，2008.

[33]　崔云霄，胡永乐，王春明，等. 内部爆炸作用下多层钢筒的动态响应[J]. 爆炸与冲击，2015，35（6）：820-824.

[34]　王定贤，胡永乐，曹钧，等. 柱形爆炸容器的振动特性研究[J]. 压力容器，2007，24（11）：6-8.

[35] 霍宏发，黄协清，陈花玲，等. 椭球封头圆柱形爆炸容器振动特性研究[J]. 机械科学与技术，2000，19（6）：967-969.

[36] 胡八一，刘仓理，刘宇，等. 爆炸容器安全运行的典型力学参数测量[J]. 爆炸测试技术学报，2004，18：150-160.

[37] 路胜卓，张博一，王伟，等. 爆炸作用下薄壁柱壳结构动力响应实验研究[J]. 南京理工大学学报，2011，35（5）：621-626.

[38] 陈石勇，胡八一，古岩，等. 球形爆炸容器动力响应的实验研究[J]. 兵工学报，2010，31（4）：504-509.

[39] 张小鹏，葛飞，邢怀念，等. 大型爆炸防护结构的动态应力测试与分析[J]. 爆炸与冲击，2010，30（1）：101-104.

[40] Langdon G S，Ozinsky A，Chung K Y S. The response of partially confined right circular stainless steel cylinders to internal air-blast loading[J]. International Journal of Impact Engineering，2014，73：1-14.

[41] Clubley S K. Long duration blast loading of cylindrical shell structures with variable fill level[J]. Thin-Walled Structures，2014，85：234-249.

[42] Clubley S K. Non-linear long duration blast loading of cylindrical shell structures[J]. Engineering Structures，2014，59：113-126.

[43] Zhang C Y，Chen P，Zhang J H，et al. Evaluation of the structural integrity of the CPR1000 PWR containment under steam explosion accidents[J]. Nuclear Engineering and Design，2014，278：632-643.

[44] Zhang B Y，Li H H，Wang W. Numerical study of dynamic response and failure analysis of spherical storage tanks under external blast loading[J]. Journal of Loss Prevention in the Process Industries，2015，34：209-217.

[45] Zhao C F，Chen J Y，Wang Y，et al. Damage mechanism and response of reinforced concrete containment structure under internal blast loading[J]. Theoretical and Applied Fracture Mechanics，2012，61：12-20.

[46] Buzukov A A. Characteristics of the behavior of the walls of explosion chambers under the action of pulsed loading[J]. Combustion，Explosion and Shock Waves，1976，12（4）：549-554.

[47] 朱文辉. 圆柱形爆炸容器动力学强度的理论和实验研究[D]. 长沙：国防科技大学，1994.

[48] Duffey T A，Romero C. Strain growth in spherical explosive chambers subjected to internal blast loading[J]. International Journal of Impact Engineering，2003，28（9）：967-983.

[49] Karpp R R，Duffey T A，Neal T R. Response of containment vessels to explosive blast loading[J]. Journal of Pressure Vessel Technology，1983，105：23-27.

[50] Abakumov A I，Egunov V V，Ivanov A G，et al. Calculation and experiments on the deformation of explosion-chamber shells[J]. Journal of Applied Mechanics and Technical Physics，1984，25：455-458.

[51] Li Q M，Dong Q，Zheng J Y. Strain growth of the in-plane response in an elastic cylindrical shell[J]. International Journal of Impact Engineering，2008，35（10）：1130-1153.

[52] Dong Q，Li Q M，Zheng J Y. Investigation on the mechanisms of strain growth in cylindrical containment vessels subjected to internal blast loading[C]. 2008 ASME Pressure Vessels and Piping Conference，Chicago，2008：211-220.

[53] Dong Q，Li Q M，Zheng J Y. Interactive mechanisms between the internal blast loading and the dynamic elastic response of spherical containment vessels[J]. International Journal of Impact Engineering，2010，37（4）：349-358.

[54] Dong Q，Li Q M，Zheng J Y，et al. Effects of structural perturbations on strain growth in containment vessels[J]. Journal of Pressure Vessel Technology，2010，132（1）：1-7.

[55] Dong Q，Li Q M，Zheng J Y. Further study on strain growth in spherical containment vessels subjected to internal blast loading[J]. International Journal of Impact Engineering，2010，37（2）：196-206.

[56] Demchuk A F. Method for designing explosion chambers[J]. Journal of Applied Mechanics and Technical Physics，1968，9（5）：558-559.

[57] Kornev V M，Adishchev V V，Mitrofanov A N，et al. Experimental investigation and analysis of the vibrations of the shell of an explosion chamber[J]. Combustion，Explosion，and Shock Waves，1979，15（6）：821-824.

[58] Zhu W H，Xue H L，Zhou G Q，et al. Dynamic response of cylindrical explosive chambers to internal blast loading produced by a concentrated charge[J]. International Journal of Impact Engineering，1997，19（9-10）：831-845.

[59] 饶国宁，胡毅亭，陈网桦，等. 爆炸容器内部爆炸的数值模拟和实验研究[J]. 弹道学报，2008，（1）：76-79，84.

[60] 李蕾. 二维 GEL 耦合方法及其对爆炸容器的数值模拟[D]. 绵阳：中国工程物理研究院，2009.

[61] 成凤生. 密闭空间内爆炸冲击波压力测试及内壁超压分布研究[D]. 南京：南京理工大学，2012.

[62] 陈诗超. 金属泡沫夹芯抗爆容器动力响应的数值模拟[D]. 太原：太原理工大学，2013.

[63] Cox P A，Schick W R. Design Guide for Explosion-Proof Electrical Enclosures. Part 3[R]. Washington DC：Bureau of Minos，1985.

[64] Chasten C P，Lu L W，Driscoll G C. Prying and shear in end-plate connection design[J]. Journal of Structural Engineering，1992，118（5）：1295-1311.

[65] Ibrahim R A，Pettit C L. Uncertainties and dynamic problems of bolted joints and other fasteners[J]. Journal of Sound and Vibration，2005，279（3-5）：857-936.

[66] Hu Y C，Hu Y Z，Li H X，et al. Research on loading simulation of bolt preload in finite element analysis based on ANSYS[C]. International Conference on Advances in Materials and Manufacturing Processes，Shenzhen，2010：615-620.

[67] Butner C M，Adams D E，Foley J R. Experimental investigation of the effects of bolt preload on the dynamic response of a bolted interface[J]. Journal of Applied Mechanics，2013，80（1）：011016.

[68] Lu X，Zeng X，Chen Y，et al. Transient response characteristics of a bolted flange connection structure with shear pin/cone[J]. Journal of Sound and Vibration，2017，395：240-257.

[69] Duffey T A. Optimal bolt preload for dynamic loading[J]. International Journal of Mechanical Sciences，1993，35（3-4）：257-265.

[70] Duffey T A，Lewis B B，Bowers S M. Bolt preload selection for pulse-loaded vessel closures[C]. Proceedings of the 1995 Joint ASME/JSME Pressure Vessels and Piping Conference，Honolulu，1995：167-174.

[71] 霍宏发，黄协清，林俊德. 组合式密闭爆炸容器螺栓预应力范围的计算方法[J]. 机械强度，2001，（2）：194-197.

[72] 霍宏发，黄协清，张安峰. 组合式爆炸容器联接螺栓的动力学分析[J]. 机械科学与技术，2002，（S1）：81-82.

[73] Duffey T A，Hess J E D. Selection of bolt preload for impulsively loaded vessels[C]. ASME 2017 Pressure Vessels and Piping Conference，Hawaii，2017：V005T05A018.

[74] Hess J E D. Numerical study of an impulsively loaded vessel containing double versus single closure bolt patterns[C]. ASME 2017 Pressure Vessels and Piping Conference，Hawaii，2017：V005T05A02.

[75] 程帅，张德志，刘文祥，等. 球形爆炸容器法兰联接螺栓的应变增长现象[J]. 爆炸与冲击，2019，39（3）：93-100.

[76] Karagiozova D，Langdon G S，Nurick G N. Blast attenuation in Cymat foam core sacrificial claddings[J]. International Journal of Mechanical Sciences，2010，52（5）：758-776.

[77] Karagiozova D，Langdon G S，Nurick G N. Propagation of compaction waves in metal foams exhibiting strain

hardening[J]. International Journal of Solids and Structures，2012，49（19-20）：2763-2777.

[78] Karagiozova D，Langdon G S，Nurick G N. Compaction of metal foam subjected to an impact by a low-density deformable projectile[J]. International Journal of Impact Engineering，2013，62：196-209.

[79] Karagiozova D，Alves M. Compaction of a double-layered metal foam block impacting a rigid wall[J]. International Journal of Solids and Structures，2014，51（13）：2424-2438.

[80] Karagiozova D，Alves M. Propagation of compaction waves in cellular materials with continuously varying density[J]. International Journal of Solids and Structures，2015，71：323-337.

[81] Tan P J，Reid S R，Harrigan J J，et al. Dynamic compressive strength properties of aluminium foams. Part II—'Shock' theory and comparison with experimental data and numerical models[J]. Journal of the Mechanics and Physics of Solids，2005，53（10）：2206-2230.

[82] Zheng Z，Liu Y，Yu J，et al. Dynamic crushing of cellular materials：Continuum-based wave models for the transitional and shock modes[J]. International Journal of Impact Engineering，2012，42：66-79.

[83] 王宇新，顾元宪，孙明. 冲击载荷作用下多孔材料复合结构防爆理论计算[J]. 兵工学报，2006，27（2）：375-379.

[84] 钟云岭，郭香华，张庆明. 冲击波在泡沫铝复合结构中的衰减特性理论分析[J]. 兵工学报，2014，35（增刊2）：322-327.

[85] 王志华，张铱鈖，任会兰，等. 冲击波在泡沫金属材料中传播特性的研究[J]. 中国科学，2009，39（9）：1258-1267.

[86] 康建功，石少卿，陈进. 泡沫铝衰减冲击波压力的理论分析[J]. 振动与冲击，2010，29（12）：128-131.

[87] Fleck N A，Deshpande V S. The resistance of clamped sandwich beams to shock loading[J]. Journal of Applied Mechanics，2004，71（3）：386-401.

[88] Qiu X，Deshpande V S，Fleck N A. Dynamic response of a clamped circular sandwich plate subject to shock loading[J]. Journal of Applied Mechanics，2004，71（5）：637-645.

[89] Qiu X，Deshpande V S，Fleck N A. Finite element analysis of the dynamic response of clamped sandwich beams subject to shock loading[J]. European Journal of Mechanics-A/Solids，2003，22（6）：801-814.

[90] Qiu X，Deshpande V S，Fleck N A. Impulsive loading of clamped monolithic and sandwich beams over a central patch[J]. Journal of the Mechanics and Physics of Solids，2005，53（5）：1015-1046.

[91] Zhu F，Wang Z，Lu G，et al. Analytical investigation and optimal design of sandwich panels subjected to shock loading[J]. Materials & Design，2009，30（1）：91-100.

[92] Zhu F，Wang Z，Lu G，et al. Some theoretical considerations on the dynamic response of sandwich structures under impulsive loading[J]. International Journal of Impact Engineering，2010，37（6）：625-637.

[93] Jing L，Wang Z，Shim V P W，et al. An experimental study of the dynamic response of cylindrical sandwich shells with metallic foam cores subjected to blast loading[J]. International Journal of Impact Engineering，2014，71：60-72.

[94] Jing L，Wang Z，Zhao L. Dynamic response of cylindrical sandwich shells with metallic foam cores under blast loading—Numerical simulations[J]. Composite Structures，2013，99：213-223.

[95] Jing L，Wang Z，Zhao L. Response of metallic cylindrical sandwich shells subjected to projectile impact-experimental investigations[J]. Composite Structures，2014，107：36-47.

[96] Jing L，Xi C Q，Wang Z，et al. Energy absorption and failure mechanism of metallic cylindrical sandwich shells under impact loading[J]. Materials & Design，2013，52：470-480.

[97] Jing L，Wang Z，Zhao L. An approximate theoretical analysis for clamped cylindrical sandwich shells with metallic

foam cores subjected to impulsive loading[J]. Composites Part B: Engineering, 2014, 60: 150-157.

[98]　Shen J, Lu G, Wang Z, et al. Experiments on curved sandwich panels under blast loading[J]. International Journal of Impact Engineering, 2010, 37 (9): 960-970.

[99]　Li S, Li X, Wang Z, et al. Finite element analysis of sandwich panels with stepwise graded aluminum honeycomb cores under blast loading[J]. Composites Part A: Applied Science and Manufacturing, 2016, 80: 1-12.

[100]　Zhou H, Wang Y, Wang X, et al. Energy absorption of graded foam subjected to blast: A theoretical approach[J]. Materials & Design, 2015, 84: 351-358.

[101]　敬霖, 王志华, 赵隆茂. 多孔金属及其夹芯结构力学性能的研究进展[J]. 力学与实践, 2015, 37 (1): 1-24.

[102]　Vahid K K, Kolluru S, Yiannis A. Transmission in porous materials impacted by shock waves[J]. Journal of Applied Physics, 2011, 109 (1): 013523.

[103]　Liang X, Luo H, Mu Y, et al. Experimental study on stress attenuation in aluminum foam core sandwich panels in high-velocity impact[J]. Materials Letters, 2017, 203: 100-102.

[104]　王永刚, 胡时胜, 王礼立. 爆炸荷载下泡沫铝材料中冲击波衰减特性的实验和数值模拟研究[J]. 爆炸与冲击, 2003, 23 (6): 516-522.

[105]　Liu H, Fleck N A, Wadley H N G, et al. The impact of sand slugs against beams and plates: Coupled discrete particle/finite element simulations[J]. Journal of the Mechanics and Physics of Solids, 2013, 61 (8): 1798-1821.

[106]　Liu H, Cao Z, Yao G, et al. Performance of aluminum foam-steel panel sandwich composites subjected to blast loading[J]. Materials & Design, 2013, 47: 483-488.

[107]　Dong Q, Wang P, Yi C, et al. Dynamic failure behavior of cylindrical glass fiber composite shells subjected to internal blast loading[J]. Journal of Pressure Vessel Technology, 2016, 138 (6): 060901.

[108]　王立科. 复合材料抗爆容器载荷规律及动力响应研究[D]. 杭州: 浙江大学, 2012.

[109]　钟方平, 陈春毅, 林俊德, 等. 双层圆柱形爆炸容器弹塑性结构响应的实验研究[J]. 兵工学报, 2000, 21 (3): 268-271.

[110]　刘函, 陈鹏万, 郭保桥. 双层爆炸容器的振动响应特性分析[J]. 科学技术与工程, 2016, 16 (19): 1-51.

[111]　马圆圆. 圆柱形爆炸容器壳体动力响应的研究[D]. 杭州: 浙江大学, 2008.

[112]　任新见, 李广新, 张胜民. 泡沫铝夹心排爆罐抗爆性能试验研究[J]. 振动与冲击, 2011, 30 (5): 213-217.

[113]　Liu X R, Tian X, Lu T, et al. Blast resistance of sandwich-walled hollow cylinders with graded metallic foam cores[J]. Composite Structures, 2012, 94 (8): 2485-2493.

[114]　刘新让, 田晓耕, 卢天健, 等. 泡沫铝夹芯圆筒抗爆性能研究[J]. 振动与冲击, 2012, 31 (23): 166-173.

[115]　赵士达. 爆炸容器[J]. 爆炸与冲击, 1989, 9 (1): 85-96.

[116]　Rao K. Boiler and Pressure Vessel Code, Section VIII, Division 3[M]. New York: ASME Press, 1997.

[117]　Rodriguez E A, Duffey D A. Part 2: Ductile failure criteria for detonation-induced pressure loading in containment vessels[J]. Welding Research Council Bulletin, 2002, (477): 31-60.

[118]　Clayton A M, Forgan R. The design of steel vessels to contain explosions[C]. Proceedings of 2000 ASME Pressure Vessels Piping Conference, Seattle, Washington DC, 2000.

[119]　Clayton A M. Design methods used for AWE containment vessel[C]. The PVRC Committee on Dynamics and Analysis Testing Meeting Minutes, Hydrodynamics Research Facility, 2001.

[120]　Clayton A M. Hydrodynamics research facility design methods used for AWE containment vessels[J]. Welding Research Council Bulletin, 2001, 56 (11-12): 6-28.

[121]　Ivanov A G, Syrunin M A, Fedorenko A G. Effect of reinforcing structures on the critical deformability and strength of shells made of oriented glass-plastic composites under an internal explosive load[J]. Journal of Applied

Mechanics and Technical Physics，1992，33（4）：594-598.

[122] Fedorenko A G，Syrunin M A，Ivanov A G. Dynamic strength of spherical fiberglass shells under internal explosive loading[J]. Combustion Explosion and Shock Waves，1995，31（4）：486-491.

[123] Ryzhanskii V A，Rusak V N，Ivanov A G. Estimating the explosion resistance of cylindrical composite shell[J]. Combustion Explosion and Shock Waves，1999，35（1）：103-108.

[124] Dong Q，Li M Q，Zheng Y J. Guidelines for the design of multiple-use explosion containment vessels based on the understanding of the strain growth phenomenon[J]. Journal of Performance of Constructed Facilities，2011，25（5）：394-399.

# 第2章 爆炸容器内爆炸基础与动力学理论

## 2.1 冲击载荷的特性

爆炸容器承受的内部爆炸载荷为完全约束载荷,由完全不同的两种载荷组成:冲击载荷和准静态载荷。容器内装药爆炸后,迅速生成高温高压爆炸产物,爆炸产物强烈压缩周围空气介质形成冲击波,爆炸冲击波在容器内壁面发生反射,向容器内部传播的反射波汇聚后再次传向壁面,发生第二次反射,如此反复后,在容器内逐渐形成分布较为均匀的准静态压力。冲击波对壁面第一次碰撞产生的反射脉冲压力即作用在容器内壁面的冲击载荷,有些情况下后续的几次反射脉冲也可作为冲击载荷,其具有持续时间短、压力幅值高等特点,最后趋近的准静态载荷近似于静压力。爆炸容器与其他压力容器的最大区别在于所承受的是冲击载荷(毫秒级)。冲击载荷通常采用三个参数来度量:反射超压峰值、超压作用时间和超压比冲量。

## 2.2 空气中爆炸载荷的确定

作用在爆炸罐密闭空腔内的载荷,初始为超压峰值大、作用时间短的脉冲载荷,这样的脉冲有多个,一般情况下脉冲峰值迅速递减,逐渐形成准静态压力;在内爆炸载荷简化计算中,初始超压峰值采用空气中相应比例距离处的反射峰值。因此,密闭空腔内首次反射超压计算可分为两个过程:爆炸冲击波未到达容器内壁面,相当于爆炸波在空气中传播,采用空爆经验公式计算;冲击波到达壁面后发生反射,该过程比较复杂,要考虑正反射、斜反射和马赫反射三种情况。

### 2.2.1 无限空气中冲击波载荷经验公式

一般采用比例距离来表达冲击波的峰值超压,比例距离定义为

$$\bar{r} = \frac{r}{\sqrt[3]{W}} \tag{2.1}$$

式中,$r$ 为测点与爆心之间的距离(m);$W$ 为等效 TNT 药量(kg)。

基于空气中爆炸冲击波超压峰值 $\Delta P_1$ 试验研究，提出了一系列裸露 TNT 装药无限空气中爆炸冲击波超压预测公式。

Baker 公式[1]：

$$\Delta P_1 = \begin{cases} \dfrac{2.006}{\bar{r}} + \dfrac{0.194}{\bar{r}^2} - \dfrac{0.004}{\bar{r}^3}, & 0.05 \leqslant \bar{r} \leqslant 0.5 \\[3mm] \dfrac{0.067}{\bar{r}} + \dfrac{0.301}{\bar{r}^2} + \dfrac{0.431}{\bar{r}^3}, & 0.5 < \bar{r} \leqslant 70.9 \end{cases} \tag{2.2}$$

Brode 公式[2]：

$$\Delta P_1 = \begin{cases} 0.098 \times \left( \dfrac{0.975}{\bar{r}} + \dfrac{1.455}{\bar{r}^2} + \dfrac{5.85}{\bar{r}^3} - 0.019 \right), & 0.01 \leqslant \bar{r} \leqslant 0.98 \\[3mm] 0.0098 \times \left( \dfrac{6.7}{\bar{r}^3} + 1 \right), & \bar{r} > 0.98 \end{cases} \tag{2.3}$$

Henrych 公式[3]：

$$\Delta P_1 = \begin{cases} \dfrac{1.407}{r} + \dfrac{0.554}{\bar{r}^2} - \dfrac{0.036}{\bar{r}^3} + \dfrac{0.0006}{\bar{r}^4}, & 0.05 \leqslant \bar{r} \leqslant 0.3 \\[3mm] \dfrac{0.619}{\bar{r}} - \dfrac{0.033}{\bar{r}^2} + \dfrac{0.213}{\bar{r}^3}, & 0.3 < \bar{r} \leqslant 1 \\[3mm] \dfrac{0.066}{\bar{r}} + \dfrac{0.405}{\bar{r}^2} + \dfrac{0.329}{\bar{r}^3}, & 1 < \bar{r} \leqslant 10 \end{cases} \tag{2.4}$$

Haymehko 公式[4]：

$$\Delta P_1 = \dfrac{1.05}{\bar{r}^3} - 0.098 \tag{2.5}$$

Ca 公式[4]：

$$\Delta P_1 = \dfrac{0.074}{\bar{r}} + \dfrac{0.021}{\bar{r}^2} + \dfrac{0.637}{\bar{r}^3}, \quad 1 \leqslant \bar{r} \leqslant 15 \tag{2.6}$$

Mills 公式[5]：

$$\Delta P_1 = \dfrac{0.108}{\bar{r}} - \dfrac{0.114}{\bar{r}^2} + \dfrac{1.772}{\bar{r}^3} \tag{2.7}$$

萨道夫斯基公式[3]：

$$\Delta P_1 = \begin{cases} \dfrac{1.07}{\bar{r}^3} - 0.1, & \bar{r} \leqslant 1 \\[3mm] \dfrac{0.076}{\bar{r}} + \dfrac{0.255}{\bar{r}^2} + \dfrac{0.65}{\bar{r}^3}, & 1 < \bar{r} \leqslant 15 \end{cases} \tag{2.8}$$

军事爆破工程公式[4]：

$$\Delta P_1 = \dfrac{0.084}{\bar{r}} + \dfrac{0.27}{\bar{r}^2} + \dfrac{0.7}{\bar{r}^3} \tag{2.9}$$

Wu 和 Hao 公式[6]：

$$\Delta P_1 = \begin{cases} \dfrac{1.059}{\bar{r}^{2.56}} - 0.051, & 0.1 \leqslant \bar{r} \leqslant 1 \\[2mm] \dfrac{1.008}{\bar{r}^{2.01}}, & 1 < \bar{r} \leqslant 10 \end{cases} \tag{2.10}$$

由于问题的复杂性，冲击波超压峰值的各种经验公式都会有一些偏差，图 2.1 给出了上述不同预测公式中冲击波超压峰值与比例距离的关系。

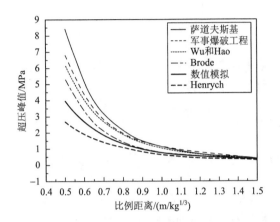

图 2.1　不同预测公式的超压峰值与比例距离的关系

由图 2.1 可知，当 $\bar{r} \geqslant 1.0\text{m/kg}^{1/3}$ 时，各预测公式的预测结果接近；当 $0.5\text{m/kg}^{1/3} \leqslant \bar{r} < 1.0\text{m/kg}^{1/3}$ 时，预测结果开始产生偏差，其中萨多夫斯基公式的预测结果最大，Henrych 公式的预测结果最小；当 $\bar{r} < 0.5\text{m/kg}^{1/3}$ 时，各预测公式的预测结果的偏差进一步增大，甚至产生量级的偏差，因此爆炸近场很难给出较为准确的计算公式。

## 2.2.2　正压作用时间和比冲量经验公式

爆炸冲击波正压作用时间 $t_+$ 和比冲量 $I_+$ 也是衡量爆炸冲击载荷的另外两个重要参数。反射超压正压作用时间 $t_+$ 可以按 Демчук 公式[7]进行计算，即

$$t_+ = \eta R / \sqrt{Q_v}, \quad 10 \leqslant \frac{R}{r} \leqslant 120 \tag{2.11}$$

式中，$t_+$ 的单位为 s；$\eta$ 为经验系数，空间尺寸球对称时取 0.35，柱对称时取 0.5；$Q_v$ 为炸药爆热（J/g）；$r$ 为装药半径（m）；$R$ 为容器壳体内半径（m）。

对于正压作用时间，不同学者给出的经验公式不一样，Henrych 公式为

$$t_+ = 10^{-3} \sqrt[3]{C}(0.107 + 0.444\bar{r} + 0.264\bar{r}^2 - 0.129\bar{r}^3 + 0.0335\bar{r}^4), \quad 0.05 \leqslant \bar{r} \leqslant 3 \tag{2.12}$$

萨道夫斯基公式[3]：

$$t_+ = B \times 10^{-3} \sqrt[6]{W} \sqrt{r} \tag{2.13}$$

式中，对于系数 $B$，不同学者的取值不同，TNT 球形装药在空气中爆炸时通常取 $B = 1.35$。

比冲量计算公式，则可由式（2.14）[4]计算：

$$\begin{cases} I_+ = A \dfrac{\sqrt[3]{W}}{\bar{r}}, & R > 12r \\ I_+ = B \dfrac{W}{r^2}, & R \leqslant 12r \end{cases} \tag{2.14}$$

式中，$A$ 和 $B$ 为经验系数，TNT 装药在无限空气中爆炸时 $A$ 取 400，$B$ 取 250。

Henrych 比冲量经验公式则为

$$\begin{cases} I_+ = \sqrt[3]{W}\left(6501 - \dfrac{10933.7}{\bar{r}} + \dfrac{6168}{\bar{r}^2} - \dfrac{984.5}{\bar{r}^3}\right), & 0.4 \leqslant \bar{r} \leqslant 0.75 \\ I_+ = \sqrt[3]{W}\left(-315.8 + \dfrac{2069.1}{\bar{r}} - \dfrac{2118.1}{\bar{r}^2} + \dfrac{785.5}{\bar{r}^3}\right), & 0.75 < \bar{r} \leqslant 3 \end{cases} \tag{2.15}$$

林俊德[8]通过大量试验，给出了 $0.2\text{m/kg}^{1/3} \leqslant \bar{r} \leqslant 3\text{m/kg}^{1/3}$ 范围内入射超压、反射超压、正压作用时间及比冲量的经验计算公式：

$$\Delta P_1 = 0.75 \bar{r}^{-2.06} \tag{2.16}$$

$$\Delta P_2 = 4.5 \bar{r}^{-2.06} \tag{2.17}$$

$$t_+ = 1.0 \times 10^{-3} \bar{r}^{0.79} W^{1/3} \tag{2.18}$$

$$I_+ = 800 \bar{r}^{1.4} W^{1/3} \tag{2.19}$$

上述经验公式都是通过大量理论和试验总结出来的，具有一定的参考意义，受限于研究背景和当时环境条件不同，实际应用中应根据具体问题进行合理选择。

## 2.3　冲击波的反射作用

### 2.3.1　冲击波正反射

冲击波垂直遇到刚性壁面时，在壁面处空气质点的速度骤然变为零，使质点急剧堆积，压力和密度骤然升高，达到一定值时就要向相反方向反射，于是形成反射冲击波，图 2.2 给出了冲击波在刚性壁面上正反射的情况。

波阵面前后的物理量如图 2.2 所示，假定气体是多方气体，比内能为

$$e = \frac{1}{k-1} \cdot \frac{P}{\rho} \tag{2.20}$$

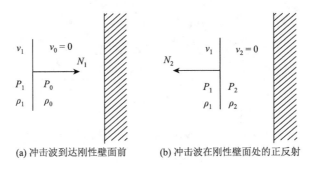

(a) 冲击波到达刚性壁面前        (b) 冲击波在刚性壁面处的正反射

图 2.2   刚性壁面正反射

入射冲击波阵面前后的物理量应满足：

$$
\begin{cases}
\rho_0(N_1 - v_0) = \rho_1(N_1 - v_1) \\
P_0 + \rho_0(N_1 - v_0)^2 = P_1 + \rho_1(N_1 - v_1)^2 \\
\dfrac{(N_1 - v_0)^2}{2} + \dfrac{kP_0}{(k-1)\rho_0} = \dfrac{(N_1 - v_1)^2}{2} + \dfrac{kP_1}{(k-1)\rho_1} \\
v_0 = 0
\end{cases}
\tag{2.21}
$$

令式（2.21）中 $N_1 - v_0 = U_0$，$N_1 - v_1 = U_1$，$kP_1/\rho_1 = a_1^2$，则可以推出：

$$
\begin{cases}
\rho_0 U_0 = \rho_1 U_1 \\
U_0 U_1 = \dfrac{P_0 - P_1}{\rho_0 - \rho_1}
\end{cases}
\tag{2.22}
$$

式（2.22）中消去 $U_0$，则可以推出：

$$
\frac{\rho_1}{\rho_0} = 1 - \frac{P_0 - P_1}{\rho_1 U_1^2}
\tag{2.23}
$$

由冲击波的绝热方程可整理得

$$
\frac{\rho_1}{\rho_0} = \frac{(k+1)P_1 + (k-1)P_0}{(k+1)P_0 + (k-1)P_1}
\tag{2.24}
$$

式（2.23）和式（2.24）联立消去 $\rho_1 / \rho_0$，可得

$$
\frac{P_0}{P_1} + \frac{k-1}{k+1} = \frac{2}{k+1} \cdot \frac{\rho_1 U_1^2}{P_1} = \frac{2k}{k+1} \cdot \frac{U_1^2}{a_1^2}
\tag{2.25}
$$

式（2.25）还可以推出另一种形式：

$$
U_1^2 + \frac{k+1}{2} v_1 U_1 - a_1^2 = 0
\tag{2.26}
$$

反射冲击波前后的物理量应满足：

$$\begin{cases} \rho_1(N_2+v_1)=\rho_2(N_2+v_2) \\ P_1+\rho_1(N_2+v_1)^2=P_2+\rho_2(N_2+v_2)^2 \\ \dfrac{(N_2+v_1)^2}{2}+\dfrac{kP_1}{(k-1)\rho_1}=\dfrac{(N_2+v_2)^2}{2}+\dfrac{kP_2}{(k-1)\rho_2} \\ v_2=0 \end{cases} \quad (2.27)$$

令式（2.27）中 $N_2+v_1=U_2$，$N_2+v_2=U_3$，$kP_1/\rho_1=a_1^2$，则可以推出：

$$\begin{cases} \rho_1 U_2=\rho_2 U_3 \\ U_2 U_3=\dfrac{P_1-P_2}{\rho_1-\rho_2} \end{cases} \quad (2.28)$$

式（2.28）中消去 $U_3$，则可推出：

$$\frac{\rho_1}{\rho_2}=1+\frac{P_1-P_2}{\rho_1 U_2^2} \quad (2.29)$$

由冲击波的绝热方程可整理得

$$\frac{\rho_1}{\rho_2}=\frac{(k+1)P_1+(k-1)P_2}{(k+1)P_2+(k-1)P_1} \quad (2.30)$$

式（2.29）和式（2.30）联立消去 $\rho_1/\rho_2$，可得

$$\frac{P_2}{P_1}+\frac{k-1}{k+1}=\frac{2}{k+1}\cdot\frac{\rho_1 U_2^2}{P_1}=\frac{2k}{k+1}\cdot\frac{U_2^2}{a_1^2} \quad (2.31)$$

式（2.31）还可以推出另一种形式：

$$U_2^2+\frac{k+1}{2}v_1 U_2-a_1^2=0 \quad (2.32)$$

式（2.26）和式（2.32）可以写成一个统一形式的方程：

$$U^2+\frac{k+1}{2}v_1 U-a_1^2=0 \quad (2.33)$$

式（2.33）是 $U$ 的一元二次方程，它有且至多有两个根，而这两个根又应满足式（2.26）和式（2.32），所以满足式（2.26）的一个根 $U_1$ 和满足式（2.32）的一个根 $U_2$ 就是方程（2.33）的两个根，由一元二次方程根与系数的关系可得

$$U_1 U_2=-a_1^2 \quad (2.34)$$

式（2.25）和式（2.31）相乘并利用式（2.34），可求得反射压力与入射压力之间的关系式：

$$\frac{P_2}{P_1}=\frac{(3k-1)P_1-(k-1)P_0}{(k+1)P_0+(k-1)P_1} \quad (2.35)$$

式（2.35）变换形式可得

$$P_2[(k+1)P_0+(k-1)P_1]=P_1[(3k-1)P_1-(k-1)P_0]$$

$$\Downarrow 两边同时减去P_0[(k+1)P_0+(k-1)P_1]$$

$$[(k+1)P_0 + (k-1)P_1](P_2 - P_0) = [(3k-1)P_1 + (k+1)P_0](P_1 - P_0)$$

$$\Downarrow$$

$$\frac{P_2 - P_0}{P_1 - P_0} = \frac{(3k-1)P_1 + (k+1)P_0}{(k+1)P_0 + (k-1)P_1} = 1 + \frac{2k}{(k+1)\dfrac{P_0}{P_1} + (k-1)} \qquad (2.36)$$

对于入射强冲击波，即 $P_0/P_1 \ll 1$ 时，式（2.36）可以得到如下结果：

$$\frac{P_2 - P_0}{P_1 - P_0} \approx 2 + \frac{k+1}{k-1} = \begin{cases} 8, & k = 1.4 \\ 13, & k = 1.2 \\ 23, & k = 1.1 \end{cases} \qquad (2.37)$$

从式（2.37）可以看出，当强冲击波刚性壁面反射时，压力增加很大，$k$ 值越小，$P_2$ 越大。

对于入射弱冲击波，即 $P_1/P_0 - 1 \ll 1$ 时，式（2.36）可以得到如下结果：

$$\frac{P_2 - P_0}{P_1 - P_0} \approx 2 \qquad (2.38)$$

## 2.3.2　冲击波斜反射

当冲击波斜入射到刚性壁面时，反射非常复杂，如图 2.3 所示。当入射冲击波与刚性壁面成 $\varphi_1$ 角入射时，形成的斜反射冲击波与刚性壁面夹角 $\varphi_2$ 并不一定等于入射角 $\varphi_1$。

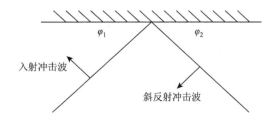

图 2.3　冲击波斜反射

气体通过冲击波阵面后，速度大小和方向都要改变，由于爆炸冲击波切向分量不变，而法向分量减小，气流朝壁面方向偏转。

在入射冲击波阵面两侧，由动量守恒定律和质量守恒定律可得

$$\begin{cases} \rho_0 q_0 \sin \varphi_1 = \rho_1 q_1 \sin(\varphi_1 - \theta) \\ P_0 + \rho_0 q_0^2 \sin^2 \varphi_0 = \rho_1 q_1^2 \sin^2(\varphi_1 - \theta) + P_1 \end{cases} \qquad (2.39)$$

式中，$\rho_0$、$q_0$、$P_0$ 分别为入射冲击波波前密度、波速和压强；$\rho_1$、$q_1$、$P_1$ 分别为入射冲击波波后密度、波速和压强；$\theta$ 为气流折转角。

在反射冲击波阵面两侧，由动量守恒定律和质量守恒定律可得

$$\begin{cases} q_2 \cos\varphi_2 = q_1 \cos(\varphi_2 + \theta) \\ \rho_2 q_2 \sin\varphi_2 = \rho_1 q_1 \sin(\varphi_2 + \theta) \\ \rho_2 q_2^2 \sin^2\varphi_2 + P_2 + \rho_1 q_1^2 \sin^2(\varphi_2 + \theta) + P_1 \end{cases} \tag{2.40}$$

入射冲击波和反射冲击波的绝热方程分别为

$$\frac{\rho_1}{\rho_0} = \frac{\dfrac{k+1}{k-1} \cdot \dfrac{P_1}{P_0} + 1}{\dfrac{k+1}{k-1} + \dfrac{P_1}{P_0}}, \quad \frac{\rho_2}{\rho_1} = \frac{\dfrac{k+1}{k-1} \cdot \dfrac{P_2}{P_1} + 1}{\dfrac{k+1}{k-1} + \dfrac{P_2}{P_1}} \tag{2.41}$$

将式（2.39）、式（2.40）和式（2.41）联立求解可得到斜反射超压的表达式，但运算过程很复杂，学者根据大量的试验数据总结出一个简化的斜反射计算公式：

$$\Delta P_2 = (1 + \cos\varphi_1)\Delta P_1 + \frac{6\Delta P_1^2}{\Delta P_1 + 7P_0}\cos^2\varphi_1 \tag{2.42}$$

### 2.3.3 冲击波马赫反射

式（2.42）针对的是弱冲击波，忽略了 $k$ 值的影响。当规则反射时，存在一个临界入射角 $\varphi_{1c}$，当入射角 $\varphi_1 > \varphi_{1c}$ 时，发生不规则反射，形成马赫冲击波，如图 2.4 所示。

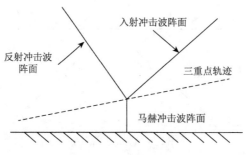

图 2.4　马赫冲击波

一般空气中的爆炸总是在有限高度上进行的，随着距爆心投影点距离的不断增加，入射角 $\varphi_1$ 会越来越大，入射冲击波阵面与反射冲击波阵面之间的夹角也会越来越小；当 $\varphi_1 > \varphi_{1c}$ 时，反射冲击波阵面与入射冲击波阵面贴合，形成新的冲击波，即马赫波。马赫波将沿障碍物表面运动，三个波交点将逐渐离开障碍物，马赫波的超压计算公式为

$$\Delta P_m = \Delta P_g (1 + \cos\varphi_1) \tag{2.43}$$

式中，$\Delta P_{m}$ 为马赫波超压；$\Delta P_{g}$ 为相应的地爆超压。

若地面是钢板、混凝土、岩石等刚性界面，可不考虑地面变形，认为冲击波能量均反射出去，此时地爆超压 $\Delta P_{g}$ 的表达式为

$$\Delta P_{g} = \frac{0.106}{\bar{r}} + \frac{0.43}{\bar{r}^{2}} + \frac{1.4}{\bar{r}^{3}}, \quad 1 \leqslant \bar{r} \leqslant 15 \tag{2.44}$$

若地面是沙、黏土等普通地面，此时爆炸作用下的地面变形会吸收部分能量，冲击波能量不能完全反射出去，这时地爆超压 $\Delta P_{g}$ 的表达式为

$$\Delta P_{g} = \frac{0.102}{\bar{r}} + \frac{0.399}{\bar{r}^{2}} + \frac{1.26}{\bar{r}^{3}}, \quad 1 \leqslant \bar{r} \leqslant 15 \tag{2.45}$$

## 2.4　爆炸容器冲击载荷动力响应

### 2.4.1　单自由度模型动力系数理论推导

爆炸容器动力系数 $C_{d}$ 与冲击波超压值及其作用时间、容器自振频率相关。柱壳自振频率可根据薄膜振动理论推出。若只考虑扩展振动基频，其自振周期表示为

$$T = 2\pi \frac{R}{\sqrt{E / \rho}} \tag{2.46}$$

式中，$E$ 为壳体材料的杨氏模量；$\rho$ 为材料密度；$R$ 为壳体半径。

柱壳振动通常简化为一维无阻尼强迫振动问题。如图 2.5 所示，忽略弹簧质量，设弹簧系数为 $k$，块体质量为 $m$，施加外力为 $p$，系统自振周期为 $T$，位移为 $x$，根据牛顿第二定律可得到：

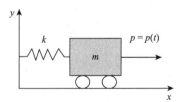

图 2.5　一维的无阻尼强迫振动问题

$$m\frac{d^{2}x}{dt^{2}} = -kx + p(t) \tag{2.47}$$

令 $\omega^{2} = k/m$，$\omega$ 为圆频率，$\omega = 2\pi/T$，则

$$\frac{d^{2}x}{dt^{2}} + \omega^{2}x = \frac{1}{m}p(t) \tag{2.48}$$

当 $t = 0$ 时，位移及其导数为零，假设壳体变形很小、$\omega = \text{constant}$、爆炸压力随时间线性衰减，则可将其视为三角波，$p(t) = p_{max}(1 - t/t_{+})$，式（2.48）求解得到：

$$x = \frac{p_{max}}{K}\left(1 - \cos\omega t - \frac{t}{t_{+}} + \frac{\sin\omega t}{\omega t_{+}}\right), \quad 0 \leqslant t \leqslant t_{+} \tag{2.49}$$

$$x = \frac{p_{max}}{K}\left[-\cos\omega t + \frac{\sin\omega t - \sin\omega(t-t_+)}{\omega t_+}\right], \quad t > t_+ \tag{2.50}$$

首先确定壳体达到最大位移 $x_{max}$ 的时间 $t$ 与爆炸载荷正压作用时间 $t_+$ 之间的关系。若壳体 $x_{max}$ 出现在外力卸载之前，即 $t \leqslant t_+$，则等效静载应按强迫振荡阶段最大位移计算；若壳体 $x_{max}$ 出现在外力卸载之后，即 $t > t_+$，则等效静载应按自由振荡阶段最大位移计算。

1）当 $0 \leqslant t \leqslant t_+$ 时

方程（2.49）两端对 $t$ 求导，且令导数为零，得到壳体达到最大位移的时间为

$$t = \frac{2}{\omega}\arctan\omega t_+ \tag{2.51}$$

根据式（2.51），令 $t_+ \geqslant 2/\omega \arctan\omega t_+$，求解得到 $t_+ \geqslant 3/8T$。

另外，将式（2.51）代入式（2.49），得到：

$$x_{max} = \frac{p_{max}}{K}2\left(1 - \frac{1}{\omega t_+}\arctan\omega t_+\right) \tag{2.52}$$

因此，动力系数为

$$C_d = 2\left(1 - \frac{1}{\omega t_+}\arctan\omega t_+\right) \tag{2.53}$$

2）当 $t > t_+$（即 $t_+ < 3/8T$）时

方程（2.50）两端对 $t$ 求导，令导数为零，得到壳体达到最大位移的时间为

$$t = \frac{1}{\omega}\arctan\left(1 - \frac{\cos\omega t_+}{\sin\omega t_+ - \omega t_+}\right) \tag{2.54}$$

将式（2.54）代入式（2.50）得到：

$$x_{max} = \frac{p_{max}}{K}\sqrt{\left(\frac{\omega t_+}{2}\right)^{-2}\sin^4\frac{\omega t_+}{2} + \left(\frac{\sin\omega t_+}{\omega t_+} - 1\right)^2} \tag{2.55}$$

因此，动力系数为

$$C_d = \sqrt{\left(\frac{\omega t_+}{2}\right)^{-2}\sin^4\frac{\omega t_+}{2} + \left(\frac{\sin\omega t_+}{\omega t_+} - 1\right)^2} \tag{2.56}$$

## 2.4.2　多自由度模型冲击载荷响应

2.4.1 节将爆炸压力容器的径向受迫振动简化为一维质量块弹性运动，对于球

形容器尚且适用；对于圆柱形爆炸容器，内壁面轴向承载并不一致，使用一维方法估算圆柱形爆炸容器爆心环面的动力系数和等效静载荷尚可，而其余部分受载荷状况与爆心环面不同且振幅较小，不能用于估计其动力系数和等效静载荷。对于变壁厚爆炸压力容器，等效单自由度模型更加无法提供参考。为解决圆柱形爆炸容器轴向等效静载荷估算问题，本书提出了等效多自由度模型，即将容器壁简化为受爆炸载荷的多自由度无阻尼弹性地基梁，不考虑应变增长，估算壁面不同位置的受迫振动位移。

### 1. 结构动力学多自由模型

图 2.6（a）所示的圆柱形爆炸容器主要由圆筒、椭球/球形端盖、法兰、螺栓等构成。将法兰和螺栓简化为固定连接，且不考虑质量影响，则圆柱形爆炸容器可视为圆筒与两个端盖的固结组合，如图 2.6（b）所示。受到径向载荷后，由于端盖约束，圆筒与端盖拐角处的轴向位移和径向位移都很小。忽略此处径向位移和轴向位移，只考虑受力后容器拐角处的转动；不考虑容器与地面固结等工况，容器进一步简化为两端铰支的圆柱壳体结构，如图 2.6（c）所示。简化圆柱壳体复杂的薄膜内力和弯曲内力等，只考虑径向位移（挠度）和转角引起的弯矩、剪力，将容器最终简化为两端铰支的单跨梁，如图 2.6（d）所示。在其他工况下，容器筒壁也可假设为简支梁、悬臂梁、一端固结一端铰支、两端固结等结构。

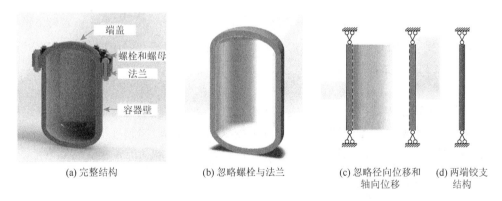

　(a) 完整结构　　　　　　(b) 忽略螺栓与法兰　　　(c) 忽略径向位移和　　(d) 两端铰支
　　　　　　　　　　　　　　　　　　　　　　　　　　　轴向位移　　　　　结构

图 2.6　圆柱形爆炸容器的结构与简化

工程中，阻尼对体系自振频率影响不大。忽略阻尼力影响，用等效质量法将梁简化为弹簧约束的若干个质量。如图 2.7 所示的多自由度系统，自下而上 $m_i$（$i = 1, 2, \cdots, n$）为总质量的 $1/(n+1)$，剩余质量由两端铰支点承担，各质量只能径

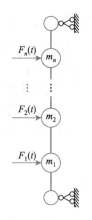

向移动，梁的抗弯刚度为 $EI$（$E$ 为杨氏模量，$I$ 为截面对中性轴的惯性矩）。利用刚度法或柔度法建立体系运动方程，再基于弹性地基梁模型推导挠度函数表达式及柔度矩阵 $\boldsymbol{\Delta}$。系统是正定的，刚度矩阵为非奇异，与柔度矩阵互为逆矩阵。

为求得爆炸载荷下容器受迫振动的位移响应，需先求出自由振动下的固有频率 $\omega_j$ 和振型 $\varphi_j$（$j = 1, 2, \cdots, n$），再将其代入受迫振动运动方程，最终求得广义坐标解。

无阻尼自由振动运动方程为

$$\boldsymbol{M}\ddot{\boldsymbol{Y}} + \boldsymbol{K}\boldsymbol{Y} = 0 \tag{2.57}$$

图 2.7　梁的多自由度系统

式中，$\boldsymbol{M}$ 为质量矩阵；$\boldsymbol{K}$ 为刚度矩阵；$\ddot{\boldsymbol{Y}}$ 为加速度向量；$\boldsymbol{Y}$ 为位移向量。

1）固有频率和振型

其固有频率及振型可由式（2.58）解出：

$$\boldsymbol{K}\boldsymbol{\Phi} - \omega^2\boldsymbol{M}\boldsymbol{\Phi} = 0 \tag{2.58}$$

其中，

$$\boldsymbol{\Phi} = [\varphi_1 \quad \varphi_2 \quad \cdots \quad \varphi_n] \tag{2.59}$$

由于刚度矩阵与柔度矩阵互逆，则式（2.58）可写成：

$$\frac{1}{\omega^2}\boldsymbol{\Phi} = \boldsymbol{\Delta}\boldsymbol{M}\boldsymbol{\Phi} \tag{2.60}$$

其中，

$$\boldsymbol{M} = \mathrm{diag}(m_1, m_2, \cdots, m_n) \tag{2.61}$$

对于式（2.60），可利用矩阵迭代法求得 $n$ 阶固有频率和对应振型。下面分析柔度矩阵 $\boldsymbol{\Delta}$ 的计算方法。

2）柔度矩阵计算

弹性地基梁方法广泛应用于模型分析研究，包括薄板机械弯曲热力学响应、纳米板自由振动、单壁碳纳米管屈曲分析等领域。Chiba[9]将圆柱形储液容器底部视为两端铰支有限长弹性地基梁（图 2.8），得到受集中载荷的位移表达式为[10]

$$y(x) = \frac{p}{8\beta^3 EI}\xi_1(\beta\,|\,x - a\,|)$$

$$- \frac{p}{8\beta^3 EI}[\xi_1(\beta a)\xi_4(\beta x) + \xi_3(\beta a)\xi_2(\beta x)]$$

$$- \frac{p}{8\beta^3 EI}\{\xi_1(\beta b)\xi_4[\beta(a + b - x)] + \xi_3(\beta b)\xi_2[\beta(a + b - x)]\} \tag{2.62}$$

式中，

$$\begin{cases} \beta = \dfrac{\sqrt[4]{3(1-v^2)}}{\sqrt{2R\delta}} \\ \xi_1 = \mathrm{e}^{-\beta x}[\cos(\beta x) + \sin(\beta x)] \\ \xi_2 = \mathrm{e}^{-\beta x}\sin(\beta x) \\ \xi_3 = \mathrm{e}^{-\beta x}[\cos(\beta x) - \sin(\beta x)] \\ \xi_4 = \mathrm{e}^{-\beta x}\cos(\beta x) \end{cases} \tag{2.63}$$

其中，$v$ 为材料泊松比；$R$ 为圆柱结构计算半径；$\delta$ 为容器半壁厚；$x$ 为位移考察点距离下端 $A$ 的长度。

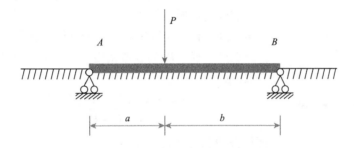

图 2.8　两端固结的有限长弹性地基梁

$A$-下端；$B$-上端；$a$-集中载荷与下端的距离；$b$-集中载荷与上端的距离

$\varDelta$ 中 $\delta_{ij}$ 表示在第 $j$ 个自由度方向施加单位力（$p=1$）引起第 $i$ 个自由度产生的位移。将第 $j$ 个质量受单位力作用时的 $a$ 值和 $b$ 值代入式（2.62），计算各自由度的轴向挠度，并得到柔度矩阵第 $j$ 列的柔度系数向量。例如，将长度为 $L$ 的梁划分为两自由度系统，两个质量均为总质量的 1/3。在距离下端 1/3$L$ 处的第 1 个质量 $m_1$ 上施加单位力，此时 $a=1/3L$，$b=2/3L$，引起第 1 个质量 $m_1$ 和第 2 个质量 $m_2$ 的挠度分别为

$$\delta_{11} = \frac{p}{8\beta^3 EI}\xi_1(0)$$

$$- \frac{p}{8\beta^3 EI}\left[\xi_1\left(\beta\frac{1}{3}L\right)\xi_4\left(\beta\frac{1}{3}L\right) + \xi_3\left(\beta\frac{1}{3}L\right)\xi_2\left(\beta\frac{1}{3}L\right)\right]$$

$$- \frac{p}{8\beta^3 EI}\left[\xi_1\left(\beta\frac{2}{3}L\right)\xi_4\left(\beta\frac{2}{3}L\right) + \xi_3\left(\beta\frac{2}{3}L\right)\xi_2\left(\beta\frac{2}{3}L\right)\right] \tag{2.64}$$

和

$$\delta_{21} = \frac{p}{8\beta^3 EI}\xi_1\left(\beta\frac{1}{3}L\right)$$

$$-\frac{p}{8\beta^3 EI}\left[\xi_1\left(\beta\frac{1}{3}L\right)\xi_4\left(\beta\frac{2}{3}L\right)+\xi_3\left(\beta\frac{1}{3}L\right)\xi_2\left(\beta\frac{2}{3}L\right)\right]$$

$$-\frac{p}{8\beta^3 EI}\left[\xi_1\left(\beta\frac{2}{3}L\right)\xi_4\left(\beta\frac{1}{3}L\right)+\xi_3\left(\beta\frac{2}{3}L\right)\xi_2\left(\beta\frac{1}{3}L\right)\right] \quad (2.65)$$

从而得出在第 1 个质量上施加单位力的挠度向量，即柔度向量。用相同方法计算在第 2 个质量上施加单位力的柔度向量。两个向量组成两自由度梁系统柔度矩阵：

$$\varDelta=\begin{bmatrix}\delta_{11} & \delta_{12}\\ \delta_{21} & \delta_{22}\end{bmatrix} \quad (2.66)$$

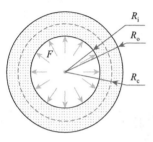

图 2.9　受内力的圆筒截面

3）惯性矩计算

柔度系数与截面对中性轴的惯性矩 $I$ 有关。受内力的圆筒截面（图 2.9）的中性面不是平面，而是圆柱面，因此计算 $I$ 时采用柱面坐标较为简便。记 $R_o$ 为容器壁外半径，$R_i$ 为容器壁内半径，$R_c$ 处为截面的中性轴，则

$$I=\frac{\pi(R_o-R_i)^3(R_o^2+4R_oR_i+R_i^2)}{18(R_o+R_i)} \quad (2.67)$$

事实上，可将环形截面展开成长方形近似计算：

$$I=\frac{2\pi D\delta^3}{3} \quad (2.68)$$

式中，$D$ 为圆筒中径；$2\delta$ 为容器壁厚。

**2. 多自由度系统运动方程**

记爆炸载荷到达梁中心（容器爆心环面）为 0 时刻，$t_+$ 为载荷正压作用时间。在较小尺寸爆炸容器中不同位置载荷作用起止时间差别较小，将不同质量上载荷的函数简化为幅值因子 $f_i(i=1,2,\cdots,n)$ 与特征载荷函数的乘积。其中，特征载荷可以是指数衰减波、方波、三角波等，如图 2.10 所示。按 Henrych 经验公式

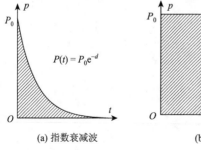

(a) 指数衰减波

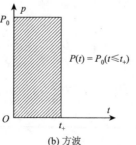

(b) 方波

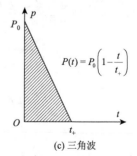

(c) 三角波

图 2.10　三种波形的载荷

计算每个质量所受反射压力,将爆心环面压力设为单位1,其余进行归一化,得到幅值因子向量$f$。

多自由度系统爆炸载荷响应分两个阶段:当$0 \leq t \leq t_+$时,梁在载荷作用下做受迫运动;当$t > t_+$时,外部载荷卸载后系统做自由振动。分析载荷作用下梁的最大位移是关注的焦点,是获得动力系数$C_d$和等效静载荷$p_e$的依据。

在任意爆炸载荷$F(t)$的作用下,体系运动方程为

$$M\ddot{Y} + KY = F(t) \tag{2.69}$$

为方便求解,利用广义坐标解耦得到:

$$M_j^* \ddot{\eta}_j(t) + K_j^* \eta_j(t) = F_j^*(t), \quad j = 1, 2, \cdots, n \tag{2.70}$$

式中,广义质量、广义刚度、广义载荷分别为

$$\begin{aligned} M_j^* &= \boldsymbol{\varphi}_j^{\mathrm{T}} M \boldsymbol{\varphi}_j \\ K_j^* &= \boldsymbol{\varphi}_j^{\mathrm{T}} K \boldsymbol{\varphi}_j \\ F_j^*(t) &= \boldsymbol{\varphi}_j^{\mathrm{T}} F(t) \end{aligned} \tag{2.71}$$

其中,$\boldsymbol{\varphi}_j$为第$j$阶振型。另外,有

$$K_j^* = \omega_j^2 M_j^* \tag{2.72}$$

由此可知,通过第$j$阶自振频率$\omega_j$,可将广义质量与广义刚度联系起来。

### 3. 冲击载荷动力响应广义坐标解

对于$0 \leq t \leq t_+$,载荷作用在梁上,其广义坐标解可由Duhamel积分给出[11, 12]:

$$\eta_j(t) = \int_0^t \frac{F_j^*(\tau)}{M_j^* \omega_j} \sin \omega_j (t - \tau) \mathrm{d}\tau \tag{2.73}$$

对于$t > t_+$,梁上无载荷作用,其解利用自由振动初值问题推导,通解形式为

$$Y = \sum_{j=1}^{n} C_j \boldsymbol{\varphi}_j \sin(\omega_j t + \alpha_j) \tag{2.74}$$

式中,$C_j$和$\alpha_j$由初始条件确定,可利用多自由度体系振型正交性确定这两个参数。当$t = 0$时,记$Y(0) = Y_0$,$\dot{Y}(0) = \dot{Y}_0$,并记$Y_{aj} = \boldsymbol{\varphi}_j^{\mathrm{T}} M Y_0$,$Y_{bj} = \boldsymbol{\varphi}_j^{\mathrm{T}} M \dot{Y}_0$,解得参数为

$$\begin{cases} C_j = \sqrt{\left(\dfrac{Y_{aj}}{M_j^*}\right)^2 + \left(\dfrac{Y_{bj}}{\omega_j M_j^*}\right)^2} \\ \alpha_j = \arctan\left(\dfrac{\omega_j Y_{aj}}{Y_{bj}}\right) \end{cases}, \quad j = 1, 2, \cdots, n \tag{2.75}$$

爆炸压力容器设计中一般采用简化压力波形。对于弹性范围内的动力响应，指数衰减载荷与实际产生最大位移接近时，采用指数函数反射压力波形。Konon[13] 的研究表明，在单层爆炸压力容器内加入泡沫铝夹芯可大幅提高抗爆性能，夹芯使得作用于壁面上的载荷上升沿和下降沿都显著放缓，导致脉冲较宽，将载荷简化为方波。工程中也有将载荷简化为三角波。下面介绍三种载荷下容器响应解的推导过程。

1）指数衰减载荷下广义坐标解的推导

对于多自由度系统，指数衰减载荷表示为

$$F(t) = S_F[f_1 \quad f_2 \quad \cdots \quad f_n]^T P_0 e^{-\alpha t} = fF_0 e^{-\alpha t} \tag{2.76}$$

式中，$S_F = 2\pi R_i l/(n+1)$ 为单个质量承载面积；$P_0$ 为爆心环面载荷峰值；$F_0$ 为爆心环面（梁中间）等效压力；$\alpha$ 为衰减系数。利用 Duhamel 积分求第 $j$ 阶频率的广义坐标：

$$\eta_j(t) = \int_0^t \frac{\varphi_j^T fF_0 e^{-\alpha t}}{\frac{K_j^*}{\omega_j^2}\omega_j} \sin\omega_j(t-\tau)\mathrm{d}\tau \tag{2.77}$$

令 $t-\tau = u$，求得积分为

$$\eta_j(t) = \frac{F_0\varphi_j^T f}{k_j}\frac{\omega_j}{\alpha^2+\omega_j^2}(e^{-\alpha t}\omega_j + \alpha\sin\omega_j t - \omega_j\cos\omega_j t) \tag{2.78}$$

2）方波载荷下广义坐标解的推导

当 $0 \leqslant t \leqslant t_+$ 时，方波载荷表示为

$$F(t) = [f_1 \quad f_2 \quad \cdots \quad f_n]^T F_0 = fF_0 \tag{2.79}$$

第 $j$ 阶频率的广义坐标为

$$\eta_j(t) = \frac{F_0\varphi_j^T f}{k_j}(1-\cos\omega_j t) \tag{2.80}$$

对式（2.80）求导，得

$$\dot{\eta}_j(t) = \frac{F_0\varphi_j^T f}{k_j}\omega_j\sin\omega_j t \tag{2.81}$$

对于 $t>t_+$，载荷已卸去，梁做自由振动。为方便求解，记卸去外力时为 0 时刻，待解完毕后再做时间的函数平移，得到最终解。将式（2.74）改写为广义坐标形式，则

$$\eta_j(t) = C_j\sin(\omega_j t + \alpha_j) \tag{2.82}$$

其中，

$$
\begin{cases}
C_j = \sqrt{\eta_j^2(t_+) + \left(\dfrac{\dot{\eta}_j(t_+)}{\omega_j}\right)^2} \\[4mm]
\alpha_j = \arctan\dfrac{\omega_j \eta_j(t_+)}{\dot{\eta}_j(t_+)}, \quad j = 1,2,\cdots,n \\[4mm]
\eta_j(t_+) = \dfrac{F_0 \boldsymbol{\varphi}_j^{\mathrm{T}} \boldsymbol{f}}{k_j}(1 - \cos\omega_j t_+) \\[4mm]
\dot{\eta}_j(t_+) = \dfrac{F_0 \boldsymbol{\varphi}_j^{\mathrm{T}} \boldsymbol{f}}{k_j}\omega_j \sin\omega_j t_+
\end{cases}
\tag{2.83}
$$

将式（2.83）中的 $C_j$ 和 $\alpha_j$ 代入式（2.82）进行化简，得

$$
\begin{aligned}
\eta_j(t) &= C_j \sin(\omega_j t + \alpha_j) \\[2mm]
&= C_j\left\{ \sin\omega_j t \cos\left[\arctan\frac{\omega_j \eta_j(t_+)}{\dot{\eta}_j(t_+)}\right] + \cos\omega_j t \sin\left[\arctan\frac{\omega_j \eta_j(t_+)}{\dot{\eta}_j(t_+)}\right]\right\} \\[2mm]
&= C_j\left\{ \sin\omega_j t \frac{1}{\sqrt{1 + \left[\dfrac{\omega_j \eta_j(t_+)}{\dot{\eta}_j(t_+)}\right]^2}} + \cos\omega_j t \frac{\dfrac{\omega_j \eta_j(t_+)}{\dot{\eta}_j(t_+)}}{\sqrt{1 + \left[\dfrac{\omega_j \eta_j(t_+)}{\dot{\eta}_j(t_+)}\right]^2}}\right\} \\[2mm]
&= C_j \frac{\dot{\eta}_j(t_+)\sin\omega_j t + \omega_j \eta_j(t_+)\cos\omega_j t}{\dfrac{\dot{\eta}_j(t_+)}{|\dot{\eta}_j(t_+)|}\sqrt{\dot{\eta}_j^2(t_+) + \omega_j^2 \eta_j^2(t_+)}}
\end{aligned}
\tag{2.84}
$$

在 $0 \leqslant t \leqslant t_+$ 内，$\eta_j(t)$ 达到最大值之前，函数单调递增。当 $0 \leqslant t \leqslant t_+$ 时，$\eta_j(t)$ 还未达到最大值，才需考虑自由振动情况。$\dot{\eta}_j(t_+) > 0$，且 $\omega_j$ 恒大于 0，则式（2.84）进一步化简为

$$
\begin{aligned}
\eta_j(t) &= C_j \frac{\dot{\eta}_j(t_+)\sin\omega_j t + \omega_j \eta_j(t_+)\cos\omega_j t_+}{\omega_j \sqrt{\left(\dfrac{\dot{\eta}_j(t_+)}{\omega_j}\right)^2 + \eta_j^2(t_+)}} \\[2mm]
&= \frac{1}{\omega_j}\dot{\eta}_j(t_+)\sin\omega_j t + \eta_j(t_+)\cos\omega_j t
\end{aligned}
\tag{2.85}
$$

将式（2.83）中的 $\eta_j(t_+)$ 和 $\dot{\eta}_j(t_+)$ 代入式（2.85）得

$$\eta_j(t) = \frac{F_0 \boldsymbol{\varphi}_j^{\mathrm{T}} \boldsymbol{f}}{k_j} \left[ \frac{1}{\omega_j} \omega_j \sin \omega_j t_+ \sin \omega_j t + (1 - \cos \omega_j t_+) \cos \omega_j t \right]$$

$$= \frac{F_0 \boldsymbol{\varphi}_j^{\mathrm{T}} \boldsymbol{f}}{k_j} [\cos \omega_j t - \cos \omega_j (t + t_+)] \tag{2.86}$$

将函数沿坐标轴 $t$ 正向平移 $t_+$ 个单位距离可得 $t > t_+$ 时广义坐标的最终解：

$$\eta_j(t) = \frac{F_0 \boldsymbol{\varphi}_j^{\mathrm{T}} \boldsymbol{f}}{k_j} [\cos \omega_j (t - t_+) - \cos \omega_j t] \tag{2.87}$$

3）三角波载荷下广义坐标解的推导

在 $0 \leqslant t \leqslant t_+$ 范围内，三角波载荷表示为

$$\boldsymbol{F}(t) = \begin{bmatrix} f_1 & f_2 & \cdots & f_n \end{bmatrix}^{\mathrm{T}} F_0 \left( 1 - \frac{t}{t_+} \right) = \boldsymbol{f} F_0 \left( 1 - \frac{t}{t_+} \right) \tag{2.88}$$

第 $j$ 阶频率的广义坐标为

$$\eta_j(t) = \frac{F_0 \boldsymbol{\varphi}_j^{\mathrm{T}} \boldsymbol{f}}{k_j} \left( 1 - \cos \omega_j t - \frac{t}{t_+} + \frac{\sin \omega_j t}{\omega_j t_+} \right) \tag{2.89}$$

对式（2.89）求导，得

$$\dot{\eta}_j(t) = \frac{F_0 \boldsymbol{\varphi}_j^{\mathrm{T}} \boldsymbol{f}}{k_j} \left( \omega_j \sin \omega_j t - \frac{1}{t_+} + \frac{\cos \omega_j t}{t_+} \right) \tag{2.90}$$

利用 $t > t_+$ 时梁自由振动的广义坐标，0 时刻卸去外力情况下的广义坐标为

$$\eta_j(t) = C_j \sin(\omega_j t + \alpha_j) \tag{2.91}$$

式中，

$$\begin{cases} \eta_j(t_+) = \dfrac{F_0 \boldsymbol{\varphi}_j^{\mathrm{T}} \boldsymbol{f}}{k_j} \left( -\cos \omega_j t_+ + \dfrac{\sin \omega_j t_+}{\omega_j t_+} \right) \\[3mm] \dot{\eta}_j(t_+) = \dfrac{F_0 \boldsymbol{\varphi}_j^{\mathrm{T}} \boldsymbol{f}}{k_j} \left( \omega_j \sin \omega_j t_+ - \dfrac{1}{t_+} + \dfrac{\cos \omega_j t_+}{t_+} \right) \end{cases} \tag{2.92}$$

将式（2.92）代入式（2.85）进行化简，再利用函数平移得到 $t > t_+$ 时广义坐标的最终解为

$$\eta_j(t) = \frac{F_0 \boldsymbol{\varphi}_j^{\mathrm{T}} \boldsymbol{f}}{k_j} \left[ -\cos \omega_j t + \frac{\sin \omega_j t - \sin \omega_j (t - t_+)}{\omega_j t_+} \right] \tag{2.93}$$

4）不同加载条件下的广义坐标解

表 2.1 给出了三种载荷下的广义坐标解，形式上与单自由度模型相似。不同之处在于，多自由度模型的分子中多了振型向量 $\boldsymbol{\varphi}_j$ 和幅值因子向量 $\boldsymbol{f}$ 的内积，表明各阶频率振动响应模式相同，都以单自由度波形振动，系统振动是各阶频率波动的线性叠加。

**表 2.1　不同加载条件下的广义坐标解**

| 加载波 | 时间 | 载荷表达式 | 广义坐标解 |
|---|---|---|---|
| 指数衰减波 | $t \geqslant 0$ | $\boldsymbol{F}(t) = \boldsymbol{f}F_0 \mathrm{e}^{-\alpha t}$ | $\eta_j(t) = \dfrac{F_0 \boldsymbol{\varphi}_j^{\mathrm{T}} \boldsymbol{f}}{k_j} \dfrac{\omega_j}{\alpha^2 + \omega_j^2} (\mathrm{e}^{-\alpha t} \omega_j + \alpha \sin \omega_j t - \omega_j \cos \omega_j t)$ |
| 方波 | $0 \leqslant t \leqslant t_+$ | $\boldsymbol{F}(t) = \boldsymbol{f}F_0$ | $\eta_j(t) = \dfrac{F_0 \boldsymbol{\varphi}_j^{\mathrm{T}} \boldsymbol{f}}{k_j} (1 - \cos \omega_j t)$ |
| | $t > t_+$ | $\boldsymbol{F}(t) = \boldsymbol{0}$ | $\eta_j(t) = \dfrac{F_0 \boldsymbol{\varphi}_j^{\mathrm{T}} \boldsymbol{f}}{k_j} [\cos \omega_j (t - t_+) - \cos \omega_j t]$ |
| 三角波 | $0 \leqslant t \leqslant t_+$ | $\boldsymbol{F}(t) = \boldsymbol{f}F_0 \left(1 - \dfrac{t}{t_+}\right)$ | $\eta_j(t) = \dfrac{F_0 \boldsymbol{\varphi}_j^{\mathrm{T}} \boldsymbol{f}}{k_j} \left(1 - \cos \omega_j t - \dfrac{t}{t_+} + \dfrac{\sin \omega_j t}{\omega_j t_+}\right)$ |
| | $t > t_+$ | $\boldsymbol{F}(t) = \boldsymbol{0}$ | $\eta_j(t) = \dfrac{F_0 \boldsymbol{\varphi}_j^{\mathrm{T}} \boldsymbol{f}}{k_j} \left[-\cos \omega_j t + \dfrac{\sin \omega_j t - \sin \omega_j (t - t_+)}{\omega_j t_+}\right]$ |

**4. 位移响应向量**

多自由度模型是一个线性系统，利用振型正交性将位移向量 $\boldsymbol{Y}$ 分解成各阶振型的线性组合，即

$$\boldsymbol{Y} = \sum_{j=1}^{n} \eta_j \boldsymbol{\varphi}_j \tag{2.94}$$

将式（2.94）代入运动方程式（2.69），利用振型正交性得到解耦运动方程式（2.70）。将广义坐标解代入式（2.94）即可得到多自由度问题的解。

**5. 等效静载荷**

若按照 GB 150—2011《压力容器》设计爆炸压力容器，需要把爆炸载荷换算为等效静载荷。刚度矩阵 $\boldsymbol{K}$、最大位移 $\boldsymbol{Y}_{\max}$ 和轴向静载荷 $\boldsymbol{F}_{\text{static}}$ 之间的关系如下：

$$\boldsymbol{K}\boldsymbol{Y}_{\max} = \boldsymbol{F}_{\text{static}} \tag{2.95}$$

在求得体系刚度矩阵和容器壁位移向量的情况下，求等效静压力只需提取位移向量 $\boldsymbol{Y}$ 中每个元素方程位移最大值组成的位移向量，即 $\boldsymbol{Y}_{\max}$。将刚度矩阵 $\boldsymbol{K}$（柔度矩阵 $\boldsymbol{\Delta}$ 的逆矩阵）与向量 $\boldsymbol{Y}_{\max}$ 相乘得到容器壁轴向等效静载荷 $\boldsymbol{F}_{\text{static}}$，或用向量 $\boldsymbol{p}_{\mathrm{e}}$ 表示。

## 2.4.3　单自由度模型与多自由度模型的算例对比

为比较单自由度模型和多自由度模型求解的异同，本节将演示多自由度求解

等效静载荷，并比较同一算例求解结果。圆柱形爆炸容器的内半径 $R_i$ 为 40cm，壁厚 $2\delta$ 为 2.2cm，容器壁高度 $L$ 为 110cm。材料为 Q345R 钢，密度 $\rho$ 为 $7.85 \times 10^3 \text{kg/m}^3$，杨氏模量 $E$ 为 209GPa，泊松比 $\nu$ 为 0.28。下面分别用单自由度模型、多自由度梁模型和数值模拟方法分析 150g TNT 爆压下容器壁面中心的振动响应。

### 1. 单自由度模型求解

步骤 1：计算反射压力。根据式（2.1）、式（2.4）及式（2.42），已知式中 $r$ 与容器内半径 $R_i$ 相等，取 40cm，入射角 $\varphi_1$ 为 0，$P_0$ 为 1atm（1atm = 101325Pa），可计算出 $\bar{r} = 0.7528 \text{kg/m}^3$，入射超压 $\Delta P_1 = 1.2650\text{MPa}$，反射超压 $\Delta P_2 = 7.3937\text{MPa}$。

步骤 2：计算正压作用时间。根据式（2.11），$\eta$ 取 0.5，$Q_v$ 取 4229.7kJ/kg，计算出正压作用时间 $t_+ = 9.7247 \times 10^{-5}\text{s}$。

步骤 3：计算出圆频率和刚度分别为 $\omega = \sqrt{E/(\rho R^2)} = 12900\text{rad/s}$，$K = \omega^2 m = 8.1541 \times 10^{10}\text{N/m}$。

步骤 4：计算受迫振动位移。等效单自由度模型中给出了三种波形载荷下质量的位移方程，如表 2.2 所示[7]。其中，$F_0$ 为内表面的受力面积 $S$ 与峰值压力 $P_m$（$P_m = P_0 + \Delta P_2$）的乘积。选择三角波作为载荷，通过表达式得出位移-时间曲线，如图 2.11 中的黑色虚线所示。

**表 2.2　等效单自由度受迫振动位移[7]**

| 加载波 | 时间 | 载荷表达式 | 位移 |
|---|---|---|---|
| 方波 | $0 \leqslant t \leqslant t_+$ | $F = F_0$ | $y = \dfrac{F_0}{k}(1 - \cos\omega t)$ |
| | $t > t_+$ | $F = 0$ | $y = \dfrac{F_0}{k}[\cos\omega(t - t_+) - \cos\omega t]$ |
| 三角波 | $0 \leqslant t \leqslant t_+$ | $F = F_0\left(1 - \dfrac{t}{t_+}\right)$ | $y = \dfrac{F_0}{k}\left(1 - \cos\omega - \dfrac{t}{t_+} + \dfrac{\sin\omega t}{\omega t_+}\right)$ |
| | $t > t_+$ | $F = 0$ | $y = \dfrac{F_0}{k}\left[-\cos\omega t + \dfrac{\sin\omega t - \sin\omega(t - t_+)}{\omega t_+}\right]$ |
| 抛物线形波 | $0 \leqslant t \leqslant t_+$ | $F = F_0\left(\dfrac{t_+ - t}{t_+}\right)^2$ | $y = \dfrac{F_0}{k}\left[\left(1 - \dfrac{2}{\omega^2 t^2}\right)(1 - \cos\omega t) - \dfrac{2t}{t_+} + \dfrac{t^2}{t_+^2} + \dfrac{2\sin\omega t}{\omega t_+}\right]$ |
| | $t > t_+$ | $F = 0$ | $y = \dfrac{F_0}{k}\left\{\dfrac{2}{\omega^2 t^2}[\cos\omega t - \cos\omega(t - t_+)] - \cos\omega t + \dfrac{2\sin\omega t}{\omega t_+}\right\}$ |

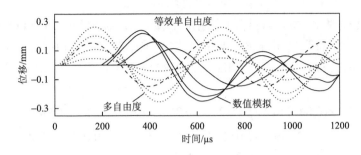

图 2.11　受迫振动位移曲线

## 2. 多自由度梁模型求解

根据研究精度可确定自由度 $n$。通过计算发现各阶频率的计算精度随着自由度取值增大而提高。对于基频，取 7 阶自由度时，其值与稳定解的误差仅有 3%。因此，$n = 7$。

步骤 1：计算 7 个质量块所受反射压力，将其视为正反射压力，按前述方法计算 150g TNT 药量下幅值因子 $f = [0.175, 0.404, 0.767, 1, 0.767, 0.404, 0.175]^{\mathrm{T}}$。

步骤 2：基于经验公式计算 7 个质量块上正反射压力正压作用时间。

步骤 3：按照 2.4.2 节所提出的方法，计算自由振动固有频率 $\omega_j$ 和振型 $\varphi_j$，结果如表 2.3 所示。

步骤 4：按照 2.4.2 节所提出的方法，选取三角波载荷计算其广义坐标下的位移。

步骤 5：将广义坐标解和振型向量代入式（2.94），重新耦合成直线坐标中的解。如图 2.11 中的短虚线所示，幅值由大至小依次为爆心环面、3/8 点、1/4 点、1/8 点的受迫振动位移曲线。这里多自由度梁是对称的，因此 1/8 位置和 7/8 位置、1/4 位置和 3/4 位置、3/8 位置和 5/8 位置的位移曲线是重合的。

表 2.3　固有频率和振型计算结果

| 序号 | 固有频率/(rad/s) | 振型 |
|---|---|---|
| 1 | 11659 | $[1, 1.803, 2.267, 2.342, 2.060, 1.509, 0.793]^{\mathrm{T}}$ |
| 2 | 11660 | $[1, 1.399, 0.950, -0.092, -1.12, -1.529, -1.070]^{\mathrm{T}}$ |
| 3 | 11759 | $[1, 0.765, -0.414, -1.082, -0.414, 0.765, 1]^{\mathrm{T}}$ |
| 4 | 12068 | $[1, 0, -1, 0, 1, 0, -1]^{\mathrm{T}}$ |
| 5 | 12671 | $[1, -0.765, -0.414, 1.082, -0.414, -0.765, 1]^{\mathrm{T}}$ |
| 6 | 13506 | $[1, -1.414, 1.0, 0, -1.0, 1.414, -1]^{\mathrm{T}}$ |
| 7 | 14295 | $[1, -1.848, 2.414, -2.613, 2.414, -1.848, 1]^{\mathrm{T}}$ |

进行变壁厚爆炸容器设计时，增加步骤 6，即提取每个质量位移的最大值组成向量 $\boldsymbol{Y}_{\max}$，将刚度矩阵 $\boldsymbol{K}$ 与向量 $\boldsymbol{Y}_{\max}$ 相乘得到容器壁轴向等效静载荷向量 $\boldsymbol{p}_{\mathrm{e}}$。对每个位置依据 GB 150—2011《压力容器》进行设计。等效静载荷的计算过程如下：

$$\boldsymbol{Y}_{\max} = 10^{-3} \times \begin{bmatrix} 0.046 & 0.107 & 0.202 & 0.261 & 0.202 & 0.107 & 0.046 \end{bmatrix}^{\mathrm{T}} \quad (2.96)$$

$$\boldsymbol{K} = \boldsymbol{\Delta}^{-1} = 10^9 \times \begin{bmatrix} 9.359 & -1.012 & 0.433 & -0.085 & 0.017 & -0.003 & 0.001 \\ -1.012 & 9.792 & -1.098 & 0.450 & -0.089 & 0.018 & -0.003 \\ 0.433 & -1.098 & 9.809 & -1.101 & 0.451 & -0.089 & 0.017 \\ -0.086 & 0.450 & -1.101 & 9.810 & -1.101 & 0.450 & -0.086 \\ 0.017 & -0.089 & 0.451 & -1.101 & 9.809 & -1.098 & 0.433 \\ -0.003 & 0.018 & -0.089 & 0.450 & -1.098 & 9.792 & -1.012 \\ 0.001 & -0.003 & 0.017 & -0.086 & 0.433 & -1.012 & 9.359 \end{bmatrix}$$
$$(2.97)$$

$$\boldsymbol{p}_{\mathrm{e}} = \boldsymbol{K}\boldsymbol{Y}_{\max} = 10^6 \times \begin{bmatrix} 0.390 & 0.881 & 1.679 & 2.204 & 1.679 & 0.881 & 0.390 \end{bmatrix}^{\mathrm{T}} \quad (2.98)$$

### 3. 理论计算与数值计算的结果对比

使用 ANSYS/LS-DYNA 软件，建立椭球圆柱简化模型，采用流固耦合（arbitrary Lagrangian-Eulerian，ALE）方法进行数值模拟。取容器壁上 7 个 1/8 点作为观察点，位移时程曲线如图 2.11 所示，由上至下分别是爆心环面、3/8 点、1/4 点、1/8 点的受迫振动位移曲线。由于设置药量较小，罐体响应为弹性应变。

由三组曲线的对比可知，等效单自由度模型对爆心环面受迫振动位移的描述偏小，爆心环面最大位移数值模拟结果为 0.236mm，而传统模型计算最大位移仅为 0.152mm，相较数值模拟偏差约为–35.6%，等效静载荷严重偏小。多自由度模型对受迫振动预测与数值模拟结果的一致性较好。多自由度模型计算得到的爆心环面最大位移为 0.247mm，与数值模拟结果的偏差仅约为 4.7%，得到的等效静载荷也更精确。另外，多自由度方法还可以得到容器壁轴向任意 $n$ 分点位置的等效静载荷。

## 2.5　应力波在多层介质间的传播

复合结构爆炸容器通常利用内层结构和吸能夹层的塑性变形来吸收冲击波作用载荷，衰减在结构间传递的应力波。当装药量较小、装药比例距离较大时，只需考虑爆炸冲击波与结构的冲击作用；当装药量较大、装药比例距离较小时，甚至需要考虑爆炸产物气体对结构的作用。冲击波作用在复合结构爆炸容器内层时，会产生向内传播的应力波。应力波在多层介质中传播，会在界面处产生入射波、反射横波、反射纵波、透射横波和透射纵波，这是一个非常复杂的过程，涉及空气冲击波和容器内壁相互作用、应力波在复合层间的反射与透射、各层结构应力波作用下形变运动等[14]。

图 2.12 为一维线弹性应力波在多层介质中传播的示意图，外力 $F$ 作用在多层介质表面，引起声阻抗为 $\rho_1 c_1$ 的表层介质响应，产生向内传播的应力 $\sigma_1$。介质内质点速度 $v_1$ 与应力 $\sigma_1$ 之间满足 $v_1 = \sigma_1 / (\rho_1 c_1)$。应力 $\sigma_1$ 继续向内传播，在介质界面处发生透射和反射，透射应力 $\sigma_2$ 在声阻抗为 $\rho_2 c_2$ 的介质中传播。

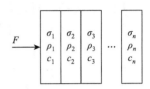

图 2.12 一维线弹性应力波在多层介质中传播的示意图

假设应力波在传播过程中，两种介质界面保持接触，且不考虑材料应变率效应以及一维应力波在传播过程中的衰减，则应力波在界面处的入射波强度 $\sigma_1$、透射波强度 $\sigma_T$ 和反射波强度 $\sigma_F$ 之间的关系为

$$\sigma_T^{1 \to 2} = T^{1 \to 2} \sigma_1, \quad T^{1 \to 2} = \frac{2\rho_2 c_2}{\rho_1 c_1 + \rho_2 c_2} \tag{2.99}$$

$$\sigma_F^{1 \to 2} = F^{1 \to 2} \sigma_1, \quad F^{1 \to 2} = \frac{\rho_2 c_2 - \rho_1 c_1}{\rho_2 c_2 + \rho_1 c_1} \tag{2.100}$$

式中，$T^{1 \to 2}$、$F^{1 \to 2}$ 分别为应力波在介质界面处的透射系数和反射系数，其大小由介质波阻抗比 $\lambda$ 确定。

当 $\rho_1 c_1 < \rho_2 c_2$ 时，$T^{1 \to 2} > 1$，$F^{1 \to 2} > 0$，透射波强度大于入射波强度，反射波与入射波符号同号，发生反射加载，一般发生在应力波由较软材料向硬材料传播的情况下。

当 $\rho_1 c_1 > \rho_2 c_2$ 时，$T^{1 \to 2} < 1$，$F^{1 \to 2} < 0$，透射波强度小于入射波强度，反射波与入射波符号异号，发生反射卸载，一般发生在应力波由较硬材料向软材料传播的情况下。

当 $\rho_1 c_1 = \rho_2 c_2$ 时，入射波完全透射到第二层介质中，界面处不发生任何反射。

对于厚度有限的介质，在应力达到均匀之前，应力波要在其中来回不断地反射，反射次数不仅和外加载荷大小有关，还取决于相邻介质力学性能和几何尺寸。对于波阻抗相差较大的介质组合，应力波在介质间达到平衡需要经过多次透射与反射；对于波阻抗相差不大的介质组合，应力波很快在介质间达到平衡。相邻介质阻抗匹配程度决定应力波在其中透射与反射的次数。根据一维弹性波理论，当 $n$ 层不同波阻抗介质材料组合在一起时，应忽略应力波传播过程中的衰减和横向弥散，仅考虑首次透射与反射情况，则多层介质的透射系数为

$$T^{1\to n} = \frac{2}{1+\rho_1 c_1/(\rho_2 c_2)}\frac{2}{1+\rho_2 c_2/(\rho_3 c_3)}\cdots\frac{2}{1+\rho_{n-1}c_{n-1}/(\rho_n c_n)} = \frac{2^{n-1}}{\prod_{i=1}^{n-1}[1+\rho_i c_i/(\rho_{i+1}c_{i+1})]}$$

（2.101）

因此，多种不同波阻抗材料排列组合，可以产生不同的透射系数。根据一维弹性波理论，寻求最佳排列组合方式，可达到对冲击波最大限度地削弱。

## 2.6　圆柱壳振动响应理论

圆柱形爆炸容器的主体为有限长度的圆柱壳，端盖和法兰视为圆柱壳的边界约束。当圆柱形壳体厚度 $h$ 与半径 $R$ 之比小于 0.05 时，将其视为薄壳。课题组设计的圆柱形爆炸容器的壳体厚度为 22mm，中面半径为 0.411m，两者之比约为 0.053，非常接近 0.05，适用薄壳理论。取图 2.13 所示的柱坐标系，它与正交曲线坐标系间的变换关系为

$$\alpha = x, \quad \beta = \theta, \quad \gamma = z$$

（2.102）

拉梅参数变为

$$A = 1, \quad B = R$$

（2.103）

主曲率半径变为

$$R_a = \infty, \quad R_\theta = R$$

（2.104）

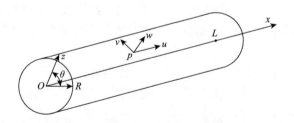

图 2.13　容器圆柱壳体部分简化示意图

假设在爆炸载荷作用下，圆柱壳体中面上的某一微元 $p$ 所受载荷为 $N$，剪切力为 $Q$，力矩为 $M$，微元轴向、环向和径向的位移分别为 $u$、$v$、$w$，则根据薄壳振动理论，中面应变和中面位移关系有

$$\varepsilon_x = \frac{\partial u}{\partial x}, \quad \varepsilon_\theta = \frac{\partial v}{R\partial \theta}+\frac{w}{R}, \quad \varepsilon_{x\theta} = \frac{\partial v}{\partial x}+\frac{\partial u}{R\partial \theta}$$

（2.105）

$$\varepsilon_\theta = \frac{1}{E}(\sigma_\theta - \sigma_z) = \frac{w}{R}$$

（2.106）

$$x_x = \frac{\partial \theta_x}{\partial x}, \quad x_\theta = \frac{\partial \theta_\theta}{R\partial \theta}, \quad x_{x\theta} = \frac{\partial \theta_\theta}{\partial x} + \frac{1}{R}\frac{\partial \theta_x}{\partial \theta} \tag{2.107}$$

$$\theta_x = -\frac{\partial w}{\partial x}, \quad \theta_\theta = \frac{v}{R} - \frac{\partial w}{R\partial \theta} \tag{2.108}$$

式中，$\varepsilon_x$、$\varepsilon_\theta$、$\varepsilon_{x\theta}$ 分别为轴向应变、环向应变及沿轴向中面垂直剪应变；$E$ 为杨氏模量；$x_x$、$x_\theta$、$x_{x\theta}$ 分别为轴向位移、环向位移及沿轴向中面垂直剪位移；$\theta_x$、$\theta_\theta$ 分别为法向、环向的扭转角。

内力与中面应变的一般性关系式[15, 16]有

$$N_x = K(\varepsilon_x + v\varepsilon_\theta) \tag{2.109}$$

$$N_\theta = K(\varepsilon_\theta + v\varepsilon_x) \tag{2.110}$$

$$N_{x\theta} = K\frac{(1-v)}{2}\varepsilon_{x\theta} \tag{2.111}$$

$$M_x = D(x_x + vx_\theta) \tag{2.112}$$

$$M_\theta = D(x_\theta + vx_x) \tag{2.113}$$

$$M_{x\theta} = D\frac{(1-v)}{2}x_{x\theta} \tag{2.114}$$

式中，$N_x$、$N_\theta$、$N_{x\theta}$ 分别为中面单位长度轴向和环向的膜应力及薄膜剪力；$M_x$、$M_\theta$、$M_{x\theta}$ 分别为中面单位长度轴向、环向面内的弯矩和中面扭矩；$v$ 为泊松比；$K$ 为薄膜刚度，$K = Eh / (1-v^2)$；$D$ 为弯曲刚度，$D = Eh^2 / [12(1-v^2)]$。

对于圆柱壳有一般内力动平衡方程[16, 17]：

$$\frac{\partial N_x}{\partial x} + \frac{\partial N_{x\theta}}{R\partial \theta} + q_x = \rho h\frac{\partial^2 u}{\partial t^2} \tag{2.115}$$

$$\frac{\partial N_{x\theta}}{\partial x} + \frac{\partial N_\theta}{R\partial \theta} + \frac{Q_\theta}{R} + q_\theta = \rho h\frac{\partial^2 v}{\partial t^2} \tag{2.116}$$

$$\frac{\partial Q_x}{\partial x} + \frac{\partial Q_\theta}{R\partial \theta} - \frac{N_\theta}{R} + q_z = \rho h\frac{\partial^2 w}{\partial t^2} \tag{2.117}$$

式中，$\rho$ 为筒体密度；$q_x$、$q_\theta$、$q_z$ 分别为外载荷在 $x$、$\theta$、$z$ 方向的分量；$Q_x$、$Q_\theta$ 分别为中面单位长度轴向剪切力和环向剪切力，它们的表达式分别为

$$Q_x = \frac{\partial M_x}{\partial x} + \frac{\partial M_{x\theta}}{R\partial \theta} \tag{2.118}$$

$$Q_\theta = \frac{\partial M_{x\theta}}{\partial x} + \frac{\partial M_\theta}{R\partial \theta} \tag{2.119}$$

则圆柱壳振动的基本微分方程组为

$$\frac{\partial^2 u}{\partial x^2} + \frac{(1-v)}{2}\frac{\partial^2 u}{R^2\partial \theta^2} + \frac{(1+v)}{2}\frac{\partial^2 v}{R\partial x\partial \theta} + v\frac{\partial w}{R\partial x} = \frac{1}{K}\left(\rho h\frac{\partial^2 u}{\partial t^2} - q_x\right) \tag{2.120}$$

$$\frac{(1+v)}{2}\frac{\partial^2 u}{R\partial x\partial \theta}+\frac{(1-v)}{2}\frac{\partial^2 v}{\partial x^2}+\frac{\partial^2 v}{R^2\partial \theta^2}+\frac{\partial w}{R^2\partial \theta}+k\left(\frac{(1-v)}{2}\frac{\partial^2 v}{\partial x^2}\right.$$

$$\left.+\frac{\partial^2 v}{R^2\partial \theta^2}-\frac{\partial^3 w}{\partial x^2\partial \theta}-\frac{\partial^3 w}{R^2\partial \theta^3}\right)=\frac{1}{K}\left(\rho h\frac{\partial^2 v}{\partial t^2}-q_\theta\right) \tag{2.121}$$

$$\frac{12}{h^2}\left[v\frac{\partial u}{R\partial x}+\frac{\partial v}{R^2\partial \theta}+\frac{w}{R^2}-k\left(\frac{\partial^3 v}{\partial x^2\partial \theta}+\frac{\partial^3 v}{R^2\partial \theta^3}\right)\right]+\nabla^2\nabla^2 w=\frac{1}{D}\left(q_z-\rho h\frac{\partial^2 w}{\partial t^2}\right) \tag{2.122}$$

式中，$\nabla^2$ 为微分算子，$\nabla^2=\partial^2/\partial x^2+\partial^2/(R^2\partial \theta^2)$；$k$ 为筒体无量纲厚度，$k=h^2/(12R^2)$。

在给定边界、初始条件下，根据方程组（2.120）～（2.122），可求出中面位移分量 $u$、$v$、$w$；根据薄壳中面位移和非中面位移关系、应变与中面位移关系、应力与中面位移关系、内力与中面位移关系等，可求出非中面位移分量、中面和非中面应变分量、中面和非中面应力分量及内力分量，进而给出容器圆柱壳体部分振动问题的全部解。

## 参 考 文 献

[1] Baker W E. Explosion Hazards and Evaluation[M]. New York：Elsevier Publishing Company，1983.

[2] Brode H L. Blast wave from a spherical charge[J]. The Physics of Fluids，1959，2（2）：217.

[3] Henrych J，Major R，Věd Č A. The Dynamics of Explosion and Its Use[M]. Amsterdam：Elsevier，1979.

[4] 叶序双. 爆炸作用理论基础[M]. 南京：解放军理工大学，2001.

[5] Tolba A. Response of FRP retrofitted reinforced concrete panels to blast loading[D]. Ottawa：Carleton University，2001.

[6] Wu C Q，Hao H. Modeling of simultaneous ground shock and air blast pressure on nearby structures from surface explosions[J]. International Journal of Impact Engineering，2005，31（6）：699-717.

[7] 赵士达. 爆炸容器[J]. 爆炸与冲击，1989，9（1）：85-96.

[8] 林俊德. 10kg 爆炸罐物理设计总结[R]. 西安：西北核技术研究所，1997.

[9] Chiba M. Axisymmetrical free hydroelastic vibration of a flexural bottom plate in a cylindrical tank supported on an elastic-foundation[J]. Journal of Sound and Vibration，1994，169（3）：387-394.

[10] 张昌叙，张炜. 圆筒形结构计算[M]. 北京：中国建筑工业出版社，2007.

[11] Schmitz T L，Smith K S. Mechanical Vibrations[M]. Boston，MA：Springer，2012.

[12] 刘保东. 工程振动与稳定基础[M]. 4 版. 北京：清华大学出版社，北京交通大学出版社，2016.

[13] Konon U A. Explosive Welding（in Russian）[M]. Moscow：Press of Mechanical Industry，1987.

[14] 王礼立. 应力波基础[M]. 北京：国防工业出版社，1985.

[15] 王定贤. 柱形爆炸容器振动特性的理论分析和实验研究[D]. 重庆：重庆大学，2007.

[16] 朱文辉. 圆柱形爆炸容器动力学强度的理论和实验研究[D]. 长沙：国防科技大学，1994.

[17] Werner S. Vibrations of Shells and Plates[M]. New York：Marcel Dekker Inc.，2005.

# 第3章 冲击载荷下材料与结构的吸能机制

## 3.1 多胞材料结构与加载特性

多胞材料因其孔隙特征而具有良好的能量吸收特性。工程中常用的多胞材料包括蜂窝材料和泡沫材料,且广泛用作芯层结构。Gibson 等[1]对多胞固体性质做了全面论述;余同希等[2]对包括多胞材料、复合材料夹层板在内的多种材料与结构的能量吸收进行了论述分析。下面结合相关试验,对蜂窝材料与泡沫材料的结构特征、应力-应变关系以及胞元层次等基本性质和力学特性进行讨论。

### 3.1.1 蜂窝材料

#### 1. 结构与相对密度

蜂窝材料的结构形式基本上是二维有规则的,胞元截面大多为六角形,也有三角形、正方形、菱形或圆形等其他形状,制成胞元的基体材料有金属、聚合物、陶瓷和纸张等。这里主要讨论工程中最常用的六角形胞元金属蜂窝材料,简称蜂窝材料。

图 3.1 所示的蜂窝材料的几何尺寸主要取决于胞壁长度 $l$ 和 $c$、两个胞壁间夹角 $\theta$ 以及胞壁厚度 $h$。在蜂窝平面 $x_1x_2$ 内加载引起的变形称为面内响应,在 $x_3$ 方向加载引起的变形称为面外响应[2]。

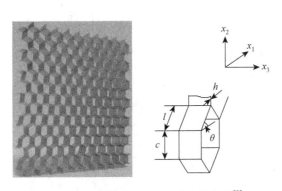

图 3.1 蜂窝材料以及胞元的参数定义[2]

　　相对密度是描述多胞材料特性的一个重要参数，其定义为 $\rho^* / \rho_s$，$\rho^*$ 和 $\rho_s$ 分别为多胞材料表观密度和构成多胞材料的基体材料密度。另一个重要参数为孔隙度，其定义为 $1 - \rho^* / \rho_s$，即多胞材料中孔隙部分体积所占总体积的比值。当 $h \ll l$ 时，有

$$\frac{\rho^*}{\rho_s} = C_1 \frac{h}{l} \tag{3.1}$$

式中，$C_1$ 为常数，取决于胞元几何形状。Gibson 等[1]给出了详细的计算公式：

$$\frac{\rho^*}{\rho_s} = \frac{h / l (c / l + 2)}{2 \cos\theta (c / l + \sin\theta)} \tag{3.2}$$

对于等边胞元，$l = c$，$\theta = 30°$，代入式（3.2）可得

$$\frac{\rho^*}{\rho_s} = \frac{2}{\sqrt{3}} \frac{h}{l} \tag{3.3}$$

　　对于部分蜂窝材料，是通过先将若干张冲压成形的板材沿特定条带黏结在一起，再进行展开的方式制作的，其 1/3 的胞元壁（即长度 $c$）为双层厚度，该蜂窝材料密度为

$$\frac{\rho^*}{\rho_s} = \frac{8}{3} \frac{h}{l} \tag{3.4}$$

当 $h/l < 1/4$ 时，式（3.3）和式（3.4）使用简单且足够精确。

2. 应力-应变关系

蜂窝材料沿 $X_1$ 或 $X_2$ 方向单轴应力-应变曲线如图 3.2 所示。蜂窝材料的应力-

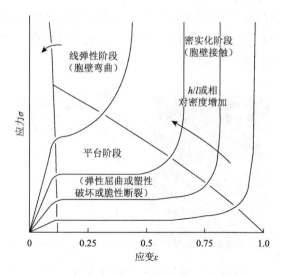

图 3.2　蜂窝材料面内加载典型应力-应变曲线示意图[2]

应变关系包括三个阶段：①线弹性阶段，此阶段结束时的应力称为临界应力；②平台阶段，在该阶段随着应变增长，应力基本保持临界应力不变；③密实化阶段，在该阶段胞元被压实，应力随应变增长而快速上升，相对密度或 $h/l$ 变化，应力-应变曲线也会随之改变。

在外部载荷作用下，受波及的胞壁类似于板结构发生变形，胞壁弯曲变形引发宏观上蜂窝材料的应变。因此，蜂窝材料的应力-应变关系取决于蜂窝胞元结构响应。在线弹性阶段，胞壁发生小挠度弹性弯曲变形。在平台阶段，可能出现弹性屈曲、塑性破坏或脆性断裂三种胞壁失效机制。前两种类似于压杆失效，当 $h/l$ 值较小时，胞壁发生弹性屈曲；当 $h/l$ 值较大时，胞壁发生塑性破坏。若基体材料为临界应变很小的脆性材料，胞壁会因过大变形而产生脆性断裂，导致平台应力出现较大波动。

图 3.3 展示了 15×10 胞元铝蜂窝屈曲行为[3, 4]，图 3.3（a）为载荷-位移试验

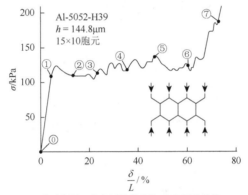

(a) 蜂窝铝沿 $X_2$ 方向压溃的载荷-位移试验曲线

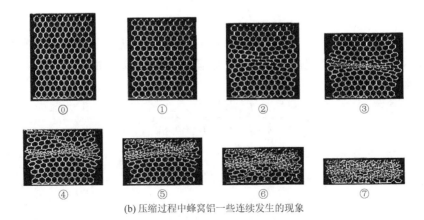

(b) 压缩过程中蜂窝铝一些连续发生的现象

图 3.3　蜂窝胞元的典型后屈曲行为[2]

曲线，编号处的应力-应变与图 3.3（b）相应编号对应。蜂窝开始变形时是均匀弹性的，胞壁弯曲变形关于中心竖直轴对称（图①）。当应力达到 110kPa 左右时，载荷-位移曲线不再是线性关系，应力在 121.9kPa 时达到峰值。进一步压缩导致某些行胞元发生局部变形（图②和图③），相应应力峰值略有减小，随后发生波动，这与胞壁坍塌和相邻胞元几何约束相关。随着压缩继续，某一行胞元完全压溃，胞壁彼此触及，局部变形将传播到下一行胞元（图④～图⑦）。

能量吸收主要发生在平台阶段，能量吸收的大小主要与平台应力和压实应变（也称锁定应变）$\varepsilon_{\mathrm{D}}$ 相关。理论上压实应变应等于孔隙度 $p^*$，由方程（3.2）有

$$\varepsilon_{\mathrm{D}} = p^* = 1 - \frac{(2 + c/l)h/l}{2\cos\theta(c/l + \sin\theta)} \tag{3.5}$$

实际中发现，蜂窝压实应变 $\varepsilon_{\mathrm{D}}$ 要比式（3.5）给出的小，蜂窝材料压实应变更接近以下公式：

$$\varepsilon_{\mathrm{D}} = 1 - 1.4 \cdot \frac{(2 + c/l)h/l}{2\cos\theta(c/l + \sin\theta)} \tag{3.6}$$

### 3. 平台应力与失效机制

#### 1）面内加载下的平台应力

平台应力取决于胞元失效机制。对于较小 $h/l$ 值，胞壁发生图 3.4 所示的弹性屈曲，竖直胞壁行为与压杆类似。当外部应力为 $\sigma_2$ 时，由力平衡关系得到对应压杆作用力 $p$，表示为

$$p = 2\sigma_2 bl\cos\theta \tag{3.7}$$

式中，$b$ 为胞元宽度。压杆的 Euler 屈曲载荷为[5]

$$p_{\mathrm{cr}} = \frac{n^2\pi^2 E_{\mathrm{s}} I}{c^2} \tag{3.8}$$

式中，$I$ 为面积的二次矩，对于竖直胞壁有 $I = bh^3/12$；$E_{\mathrm{s}}$ 为胞壁材料的弹性模量；因子 $n$ 反映杆端约束情况。当 $p = p_{\mathrm{cr}}$ 时胞壁发生弹性屈曲。由式（3.7）和式（3.8）得到临界应力为

$$\frac{\sigma_{\mathrm{e2}}}{E_{\mathrm{s}}} = \frac{n^2\pi^2}{24} \cdot \frac{h^3}{lc^2} \cdot \frac{1}{\cos\theta} \tag{3.9}$$

式中，下标 e2 表示 $X_2$ 方向弹性屈曲应力。若杆端可自由转动，则 $n = 0.5$；若杆端不可转动，则 $n = 2$。对于正六角形蜂窝（$l = c$，$\theta = 30°$），有 $n = 0.69$，可得到

$$\frac{\sigma_{\mathrm{e2}}}{E_{\mathrm{s}}} = 0.22\left(\frac{h}{l}\right)^3 \tag{3.10}$$

式（3.10）表明，当胞壁失效机制为弹性屈曲时，无量纲临界应力与 $h/l$ 的三次方成正比。对于高弹体蜂窝，式（3.10）与试验数据符合得很好。

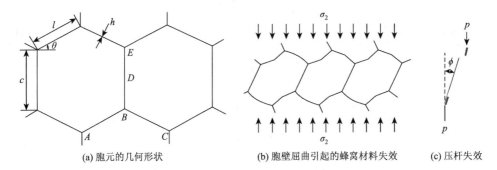

(a) 胞元的几何形状　　　　　(b) 胞壁屈曲引起的蜂窝材料失效　　　(c) 压杆失效

图 3.4　胞壁弹性屈曲[2]

对于胞壁较厚的蜂窝，对平台应力作用的失效机制为塑性破坏，每一个六角形胞元视为包含图 3.5 的 6 个塑性铰。当梁 $AB$ 在 $\sigma_1$ 作用下转过小角度 $\phi$ 时，点 $B$ 相对于点 $A$ 向内移动了 $l\sin\theta\phi$。$\sigma_1$ 所做外功等于塑性铰 $A$、$B$、$C$、$D$ 所耗散的塑性功，则有

$$2\sigma_{p1}(c+l\sin\theta)bl\sin\theta\phi = 4M_p\phi \tag{3.11}$$

式中，$M_p=(1/4)Y_s h^2 b$，$Y_s$ 为胞壁材料的屈服应力；$\sigma_{p1}(c+l\sin\theta)b$ 为由 $\sigma_{p1}$ 引起的在 $B$ 点沿 $\sigma_1$ 方向的作用力。因此，有

$$\frac{\sigma_{p1}}{Y_s} = \left(\frac{h}{l}\right)^2 \cdot \frac{1}{2(c/l+\sin\theta)\sin\theta} \tag{3.12}$$

当 $l=c$、$\theta=30°$ 时，有

$$\frac{\sigma_{p1}}{Y_s} = \frac{2}{3}\left(\frac{h}{l}\right)^2 \tag{3.13}$$

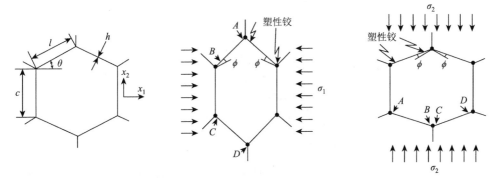

图 3.5　因胞壁局部化塑性铰破坏引起的蜂窝材料失效[1]

类似地，有

$$\frac{\sigma_{p2}}{Y_s} = \left(\frac{h}{l}\right)^2 \cdot \frac{1}{2\cos^2\theta} \tag{3.14}$$

比较式（3.14）与式（3.9），确定弹性屈曲条件为 $\sigma_{e2} \leqslant \sigma_{p2}$。因此，胞元临界厚度为

$$\left(\frac{h}{l}\right)_{cr} = \frac{12}{n^2\pi^2\cos\theta} \cdot \left(\frac{h}{l}\right)^2 \cdot \frac{Y_s}{E_s} \tag{3.15}$$

当 $l=c$、$\theta=30°$ 时，有

$$\left(\frac{h}{l}\right)_{cr} = 3\frac{Y_s}{E_s} \tag{3.16}$$

图3.6对理论公式与试验所得无量纲屈服强度进行比较，可知塑性极限分析法所得平台应力比试验值高。将外力做功直接表示为 $\sigma_1$ 函数，可得另一种理论表达式：

$$\sigma_{p1}(c + 2l\sin\theta)bl\sin\theta\phi = 4M_p\phi \tag{3.17}$$

进一步得到：

$$\frac{\sigma_{p1}}{Y_s} = \left(\frac{h}{l}\right)^2 \cdot \frac{1}{2(c/l + 2\sin\theta)b\sin\theta} \tag{3.18}$$

当 $l=c$、$\theta=30°$ 时，有

$$\frac{\sigma_{p1}}{Y_s} = \frac{1}{2}\left(\frac{h}{l}\right)^2 \tag{3.19}$$

式（3.19）给出值大约只有式（3.13）的75%，与图3.6的试验数据吻合得更好。

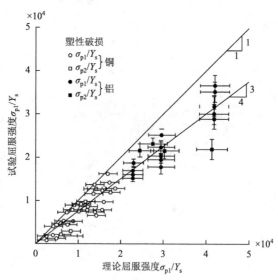

图3.6　理论公式（3.12）与试验结果的比较[2]

2）面外加载下的平台应力

对蜂窝材料 $X_3$ 方向压缩加载，平台应力对应于弹性屈曲或塑性破坏。对于弹性屈曲，胞壁可视为带转动约束的平板。将各胞壁屈曲载荷相加得总弹性屈曲应力为

$$\sigma_{33} \approx \frac{2}{1-\nu^2} \cdot \frac{l/c+2}{(c/l+\sin\theta)\cos\theta} \cdot \left(\frac{h}{l}\right)^3 \tag{3.20}$$

对于泊松比 $\nu = 0.3$ 的正六角形，有

$$\sigma_{e3} \approx 5.2\left(\frac{h}{l}\right)^3 \tag{3.21}$$

Wierzbicki[6]对铝蜂窝进行了六边形管道轴向压溃塑性破损分析，同时考虑拉伸和弯曲变形。当 $l=c$、$\theta = 30°$ 时，平均压溃应力为

$$\frac{\sigma_{p3}}{Y_s} = 5.6\left(\frac{h}{l}\right)^{5/3} \tag{3.22}$$

式中幂次为 5/3，主要体现弯曲和拉伸联合作用效应。Gibson 等[1]进行胞壁塑性弯曲分析给出：

$$\frac{\sigma_{p3}}{Y_s} = \frac{\pi}{4} \cdot \frac{h/l+2}{4(h/l+\sin\theta)\cos\theta} \cdot \left(\frac{h}{l}\right) \tag{3.23}$$

当 $l=c$、$\theta = 30°$ 时，有

$$\frac{\sigma_{p3}}{Y_s} = 2\left(\frac{h}{l}\right)^2 \tag{3.24}$$

## 3.1.2　泡沫材料结构与加载特性

泡沫材料胞元结构是三维的。若胞元内部相通，则为开胞泡沫；若胞元完全被胞壁所封闭，胞元之间不相通，则为闭胞泡沫。开胞泡沫的相对密度为

$$\frac{\rho^*}{\rho_s} = C_2\left(\frac{h}{l}\right)^2 \tag{3.25}$$

闭胞泡沫的相对密度为

$$\frac{\rho^*}{\rho_s} = C_3\frac{h}{l} \tag{3.26}$$

铝制泡沫材料是目前使用最为广泛的吸能材料。将闭胞泡沫铝加工成大、小两种长方体试样，尺寸分别为 50mm×50mm×20mm、25mm×25mm×20mm，试样密度为 $0.35\sim0.58\text{g/cm}^3$，相对密度为 13.0%~20.4%，平均胞孔直径为 2mm，胞孔结构如图 3.7 所示。

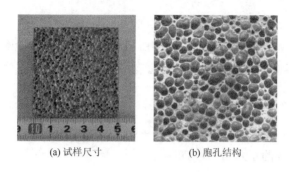

(a) 试样尺寸　　　　　　　　(b) 胞孔结构

图 3.7　闭胞泡沫铝试样

　　对泡沫铝进行准静态压缩试验，得到压缩应力-应变关系曲线，如图 3.8 所示。泡沫铝压缩变形明显区分为：弹性变形区、塑性平台区和密实区。在弹性变形区和塑性平台区之间还有一小段过渡区，说明胞壁并不是同时发生坍塌，过渡区内弹性屈曲和塑性坍塌同时存在。同样，在塑性平台区和密实区之间也有一段过渡区，说明胞壁并不是突然被压实的，在压实过程中伴随着胞壁塑性坍塌。试验还发现，泡沫铝细胞壁坍塌并没有出现自上而下或者自下而上的顺序，不同试样中最先发生坍塌的位置明显出现在细胞结构最薄弱的地方，这与高速冲击条件下泡沫铝材料变形模式有较大差异[7]。

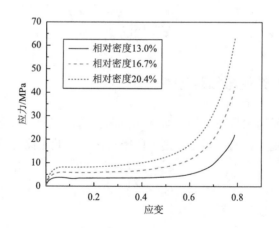

图 3.8　不同密度泡沫铝的应力-应变曲线

　　泡沫铝材料的弹性模量随着材料密度的增大而增大，为 200～300MPa，远小于铝材料的弹性模量 72GPa。另外，当密度增加时，平台应力也随之增加，但压实应变会减小。开胞泡沫材料和闭胞泡沫材料的压实应变都可表示为[2]

$$\varepsilon_{\mathrm{D}} = 1 - 1.4 \left( \frac{\rho^*}{\rho_{\mathrm{s}}} \right) \tag{3.27}$$

式中，系数 1.4 是通过试验得到的。

类似蜂窝材料，泡沫铝材料平台应力对应于胞元弹性屈曲、塑性破坏或脆性断裂。对闭胞泡沫铝，平均平台应力还会因胞元中空气或液体压缩而有所增加。开胞泡沫铝的弹性屈曲可利用图 3.9（a）所示的理想化开胞胞元结构进行研究，相应的名义应力为

$$\sigma_{\mathrm{e}} \propto \frac{F}{l^2} \propto \frac{E_{\mathrm{s}} I}{l^4} \propto E_{\mathrm{s}} \left( \frac{h}{l} \right)^4 \tag{3.28}$$

对于开胞泡沫铝，有 $\rho^* / \rho_{\mathrm{s}} \propto (h/l)^2$，代入式（3.28），则有

$$\frac{\sigma_{\mathrm{e}}}{E_{\mathrm{s}}} \propto \left( \frac{\rho^*}{\rho_{\mathrm{s}}} \right)^2 \tag{3.29}$$

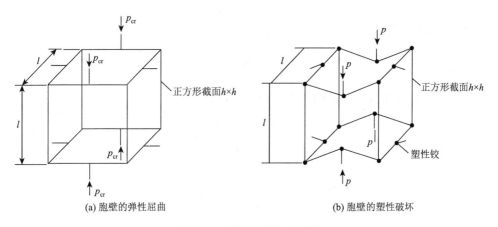

(a) 胞壁的弹性屈曲　　　　　　　　　　　(b) 胞壁的塑性破坏

图 3.9　理想化开胞胞元[1]

对上述方程加以改进，结合理论分析与试验数据，拟合得到以下方程[2]：

$$\frac{\sigma_{\mathrm{e}}}{E_{\mathrm{s}}} = 0.05 \left( \frac{\rho^*}{\rho_{\mathrm{s}}} \right)^2 \tag{3.30}$$

$$\frac{\sigma_{\mathrm{e}}}{E_{\mathrm{s}}} = 0.03 \left( \frac{\rho^*}{\rho_{\mathrm{s}}} \right)^2 \times \left[ 1 + \left( \frac{\rho^*}{\rho_{\mathrm{s}}} \right)^{1/2} \right]^2 \tag{3.31}$$

式（3.31）比式（3.30）更精确。闭胞胞内初始压力为 $p_0$，大气压力为 $p_{\mathrm{atm}}$，压差 $p_0 - p_{\mathrm{atm}}$ 会引起胞壁拉伸。在胞壁屈曲前，外加应力需先克服拉伸作用。将式（3.30）和式（3.31）修改为

$$\frac{\sigma_{\mathrm{e}}}{E_{\mathrm{s}}} = 0.05 \left( \frac{\rho^*}{\rho_{\mathrm{s}}} \right)^2 + \frac{p_0 - p_{\mathrm{atm}}}{E_{\mathrm{s}}} \tag{3.32}$$

和

$$\frac{\sigma_{\mathrm{e}}}{E_{\mathrm{s}}} = 0.03 \left( \frac{\rho^*}{\rho_{\mathrm{s}}} \right)^2 \left[ 1 + \left( \frac{\rho^*}{\rho_{\mathrm{s}}} \right)^{1/2} \right]^2 + \frac{p_0 - p_{\mathrm{atm}}}{E_{\mathrm{s}}} \tag{3.33}$$

泡沫铝进一步被压缩，胞元体积减小，封闭在胞元内的流体对胞壁产生更大的压力，其值可由 Boyle 定律求出，得到如下应力-应变关系：

$$\frac{\sigma_{\mathrm{e}}}{E_{\mathrm{s}}} = 0.05 \left( \frac{\rho^*}{\rho_{\mathrm{s}}} \right)^2 + \frac{p_0 - p_{\mathrm{atm}}}{E_{\mathrm{s}} (1 - \varepsilon - \rho^* / \rho_{\mathrm{s}})} \tag{3.34}$$

分析理想化胞元塑性破坏，如图 3.9（b）所示。因为塑性极限弯矩 $M_{\mathrm{p}} \propto Y_{\mathrm{s}} h^3 / 4$，力 $F \propto M_{\mathrm{p}} / l \propto Y_{\mathrm{s}} h^3 / l$，从而名义应力 $\sigma_{\mathrm{p}}$ 为

$$\sigma_{\mathrm{p}} \propto \frac{F}{l^2} \propto Y_{\mathrm{s}} \frac{h^3}{l^3} \tag{3.35}$$

因 $\rho^* / \rho_{\mathrm{s}} \propto (h/l)^2$，故有

$$\frac{\sigma_{\mathrm{p}}}{Y_{\mathrm{s}}} = 0.3 \left( \frac{\rho^*}{\rho_{\mathrm{s}}} \right)^{3/2} \tag{3.36}$$

将开胞泡沫方程与试验结果进行拟合，可得

$$\frac{\sigma_{\mathrm{p}}}{Y_{\mathrm{s}}} = 0.3 \left( \frac{\rho^*}{\rho_{\mathrm{s}}} \right)^{3/2} \tag{3.37}$$

和

$$\frac{\sigma_{\mathrm{p}}}{Y_{\mathrm{s}}} = 0.23 \left( \frac{\rho^*}{\rho_{\mathrm{s}}} \right)^{3/2} \left[ 1 + \left( \frac{\rho^*}{\rho_{\mathrm{s}}} \right)^{1/2} \right] \tag{3.38}$$

闭胞泡沫铝塑性破坏不仅涉及胞元棱边的弯曲，还涉及胞壁拉伸，胞壁拉伸对应力的贡献正比于 $\rho^* / \rho_{\mathrm{s}}$。设胞元棱边所占的体积率为 $\phi$，则剩余部分 $1 - \phi$ 属于胞壁。闭胞泡沫铝塑性破损强度为

$$\frac{\sigma_{\mathrm{p}}}{Y_{\mathrm{s}}} = 0.3 \left( \phi \frac{\rho^*}{\rho_{\mathrm{s}}} \right)^{3/2} + (1 - \phi) \frac{\rho^*}{\rho_{\mathrm{s}}} + \frac{p_0 - p_{\mathrm{atm}}}{Y_{\mathrm{s}}} \tag{3.39}$$

Santosa 等[8]利用截头立方体作为理想化闭胞胞元，通过分析和有限元计算得到：

$$\frac{\sigma_{\mathrm{p}}}{Y_{\mathrm{s}}} = 0.63 \left( \frac{\rho^*}{\rho_{\mathrm{s}}} \right)^{2/3} + 0.07 \frac{\rho^*}{\rho_{\mathrm{s}}} + 0.80 \left( \frac{\rho^*}{\rho_{\mathrm{s}}} \right)^2 \tag{3.40}$$

近似有限元的计算结果为

$$\frac{\sigma_p}{Y_s} = 1.05 \left( \frac{\rho^*}{\rho_s} \right)^{1.52} \tag{3.41}$$

式中，幂次 1.52 与式（3.36）几乎相同，但系数约为式（3.36）的 3 倍。

## 3.2　多胞材料对冲击波的衰减作用

### 3.2.1　多胞材料的吸能机理

多胞材料在爆炸冲击波作用下会产生较大的压缩变形，材料间空洞会逐渐坍缩、压实，产生较大的塑性变形，同时吸收爆炸能量。在一维情况下，多胞材料单位体积吸收能量可表示为应力 $\sigma$ 和应变 $\varepsilon$ 的乘积，称为材料比能。通常情况下材料比能表示为

$$E_n = \int_0^s \sigma \mathrm{d}\varepsilon \tag{3.42}$$

由式（3.42）可知，多胞材料的吸收能量取决于材料变形情况及变形过程中材料承受的压应力。在爆炸冲击载荷作用下，材料微元承受应力越高、形变量越大，吸收的能量就越多，同时传递到下层介质的应力也会越大。寻找一种波阻抗较低而吸能效率较高的材料是防护工程的重要课题，但低波阻抗和高吸能效率通常此消彼长，甚至产生冲突[9]。另外，吸能效率是特定应力范围内的参考指标，某些材料适合在低应力情况下防护，而某些材料只在高应力下才有较高的吸能效率。吸能材料的作用还体现在将非均布载荷或集中载荷变得更均匀，从而避免结构由于应力集中产生破坏，提高结构抗冲击能力。

泡沫铝应力平台适用于爆炸冲击防护。在设计能量吸收结构时，主要考虑峰值载荷或峰值应力，对于实际应用，当给定最大许用应力时，可以很容易地挑选出具有最佳吸能密度的泡沫铝。下面以泡沫铝为例说明多胞材料对冲击波的衰减作用。

### 3.2.2　泡沫铝材料的 R-P-P-L 模型

泡沫铝衰减爆炸冲击波研究领域有两个热点问题：一是泡沫铝材料冲击压缩机理；二是结构迎爆面上反射压力流固耦合解析。为简化研究，多孔材料理想模型可以简化为一种 R-P-P-L 模型，如图 3.10 所示。该模型忽略多孔材料本构中线弹性和线性硬化部分。该模型自 Tan 等[10, 11]提出并通过试验验证后得到了广泛应用，这里 R-P-P-L 模型被用来确定泡沫铝材料的密实应变。

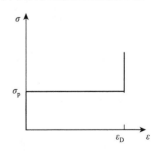

图 3.10　泡沫铝压缩行为的 R-P-P-L 模型

### 3.2.3　一维冲击理论

根据简化多孔材料 R-P-P-L 模型，泡沫铝力学特征主要由两个参数表征，即平台应力 $\sigma_p$ 和锁死（密实）应变 $\varepsilon_D$。泡沫铝初始长度、密度和横截面面积分别为 $l_0$、$\rho_0$、$A_0$；其一端固支，另一端固定质量为 $M_f$ 的刚性体，如图 3.11 所示。

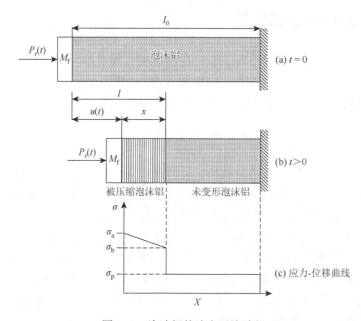

图 3.11　泡沫铝的冲击压缩过程

假设在强度为 $P_r(t)$ 的爆炸冲击波作用下，泡沫铝中产生一维应力波，并在其内部传播，根据一维冲击理论，波后泡沫铝被完全压实，在 $t$ 时刻，泡沫铝被压缩的长度为 $l$，刚体位移为 $u(t)$，泡沫铝压实部分的长度为 $x$，钢块与泡沫铝之间的应力波强度为 $\sigma_a$，泡沫铝材料中冲击波阵面上的应力波强度为 $\sigma_b$。根据一维弹塑性理论，泡沫铝材料在发生屈服时，会产生弹性前驱波和塑性波，其中弹性前驱波的强度为 $\sigma_p$。

在图 3.11（b）中，对压实部分泡沫铝的总作用力为

$$\sum F = (\sigma_a - \sigma_p)A_0 \tag{3.43}$$

由动量守恒方程有

$$\sum F = m\frac{\mathrm{d}v}{\mathrm{d}t} + v\frac{\mathrm{d}m}{\mathrm{d}t} \tag{3.44}$$

根据图 3.11，可得

$$l = x + u \tag{3.45}$$

被压实部分泡沫铝质量 $m$ 及其导数可表示为

$$m = \rho_D A_0 x \tag{3.46}$$

$$\dot{m} = \rho_D A_0 \dot{x} \tag{3.47}$$

由质量守恒还可得到泡沫铝初始密度 $\rho_0$ 和压实密度 $\rho_D$ 之间的关系为

$$\rho_D x = (x + u)\rho_0 \tag{3.48}$$

根据 R-P-P-L 模型，被压缩后的泡沫铝应变均达到密实应变 $\varepsilon_D$：

$$\varepsilon_D = \frac{u}{x + u} \tag{3.49}$$

对式（3.48）进行微分，结合式（3.49）得到：

$$\rho_D \dot{x} = \frac{\rho_0}{\varepsilon_D} \dot{u} \tag{3.50}$$

将式（3.43）、式（3.48）～式（3.50）代入方程（3.44），并且取 $v = \dot{u}$，得到钢块与泡沫铝界面的应力波强度为

$$\sigma_a = \sigma_p + \frac{\rho_0 v^2}{\varepsilon_D} + \frac{\rho_0 u}{\varepsilon_D} \frac{dv}{dt} \tag{3.51}$$

同样地，在冲击波阵面上再次应用质量守恒和动量守恒，可得

$$\rho_0 c = \rho_D (c - v) \tag{3.52}$$

$$\sigma_b - \sigma_p = \rho_0 c v \tag{3.53}$$

式中，$c$ 为泡沫铝中冲击波速度；$v$ 为泡沫铝粒子速度。

由式（3.48）、式（3.49）、式（3.52）、式（3.53）可以推导出：

$$\sigma_b = \sigma_p + \frac{\rho_0 v^2}{\varepsilon_D} \tag{3.54}$$

式（3.54）描述了泡沫铝中冲击波压力与粒子速度的关系，通过粒子速度可确定冲击波强度。接下来推导冲击波作用下泡沫铝中的粒子速度。刚性质量块的动量可表示为

$$M_f dv = (P_r(t) - \sigma_a) A_0 dt \tag{3.55}$$

经变换可得到：

$$\frac{M_f}{A_0} \frac{dv}{dt} = P_r(t) - \sigma_a \tag{3.56}$$

因此，有

$$\frac{dv}{dt} = \frac{dv}{du} \frac{du}{dt} = v \frac{dv}{du} \tag{3.57}$$

将式（3.57）和式（3.51）代入式（3.56），可得

$$\frac{v\mathrm{d}v}{P_{\mathrm{r}}(t)-\sigma_{\mathrm{p}}-(\rho_0/\varepsilon_{\mathrm{D}})v^2}=\frac{\mathrm{d}u}{M_{\mathrm{f}}/A_0+\rho_0 u/\varepsilon_{\mathrm{D}}} \tag{3.58}$$

进一步整理得

$$\frac{\mathrm{d}v}{\mathrm{d}t}=\frac{P_{\mathrm{r}}(t)-\sigma_{\mathrm{p}}-(\rho_0/\varepsilon_{\mathrm{D}})v^2}{M_{\mathrm{f}}/A_0+\rho_0 u/\varepsilon_{\mathrm{D}}} \tag{3.59}$$

至此，给出爆炸载荷表达式 $P_{\mathrm{r}}(t)$，利用 MATLAB 软件可求解泡沫铝材料中冲击波的数值解。

### 3.2.4　泡沫铝压缩理论

多孔材料的压缩应力-应变关系取决于其胞孔特征，泡沫铝是典型的多孔材料，其宏观应力-应变关系由图 3.12 描述。为建立泡沫铝材料一维压缩模型，将闭孔泡沫铝简化为等效质量弹簧系统，如图 3.13 所示。模型中弹簧非线性由泡沫铝材料单个胞孔的压缩应力-应变关系决定。由于泡沫铝材料变形是胞孔集体统计平均响应，在简化模型中可用泡沫铝宏观本构特征代替单个胞孔的应力-应变关系。对于泡沫铝材料中的应力波传播，气相响应可能主导低密度泡沫铝中冲击波应力传播[12]，在当前一维模型中，忽略了气体响应和气体-胞体间的相互作用，主要关注泡沫铝材料固相中的应力波传播。

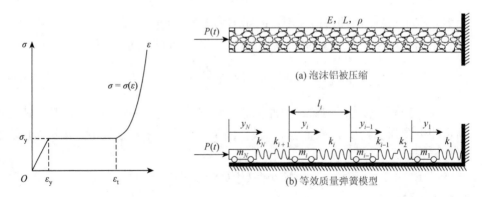

图 3.12　泡沫铝宏观应力-应变关系　　图 3.13　泡沫铝压缩等效质量弹簧系统
　　　　　近似曲线

如图 3.13（a）所示，泡沫铝圆柱受到持续时间为 $T$ 的平面压力脉冲 $P(t)$ 作用，泡沫铝厚度和横截面面积分别为 $L$ 和 $A$，相应的一维等效质量弹簧模型如图 3.13（b）所示，模型中泡沫铝被简化为 $N$ 个离散质量块，质量块之间由 $N$ 个相同的非线性弹簧连接，输入压力脉冲施加在第 $N$ 块质量块上，第一个弹簧连接到刚性壁。其中，每个质量块的质量为 $m_i = m = \rho AL/N$（$i = 1, 2, \cdots, N$）；$\rho$ 为泡沫铝密度；弹簧弹性特征由 $k_i = k = EA/(L/N)$ 确定。为简化分析，假定输入载荷为矩形压力脉冲，脉冲强度为 $P$，加载时间为 $T$。

对于大多数多孔材料，单轴压缩时，材料横截面面积保持恒定。因此，分析中忽略泡沫铝圆柱横截面面积变化，有以下平衡方程：

$$\mu \ddot{y}_j = \sigma_{j+1} - \sigma_j, \quad 1 \leqslant j \leqslant N, \quad \sigma_{N+1} = P(t) \tag{3.60}$$

式中，压缩应力为正值，$\mu = \rho L / N$；$y_j$ 为图 3.13（b）中第 $j$ 个质量块在给定方向的位移。模型初始条件为

$$y_j(t = 0) = 0 \tag{3.61}$$

$$\dot{y}_j(t = 0) = 0 \tag{3.62}$$

非线性弹簧压缩应力-应变关系如图 3.12 所示，其中压缩模量为 $E$、平台应力为 $\sigma_p$、压实应变为 $\varepsilon_D$，硬化阶段的应力-应变关系为 $\sigma = \sigma(\varepsilon)$。压缩应变和离散质量块位移之间的关系为

$$\varepsilon_j = \frac{N(y_j - y_{j-1})}{L} \tag{3.63}$$

影响多孔材料压力脉冲传递的参数有 $\rho$、$E$、$\sigma_p$、$\varepsilon_D$、$P$、$T$、$N$、$L$，形成无量纲数：

$$p = \frac{P}{\sigma_p} \tag{3.64}$$

$$\varepsilon_p = \frac{1}{E / \sigma_p} \tag{3.65}$$

$$\tau_d = \frac{T}{L / \sqrt{E / \rho}} \tag{3.66}$$

以及无量纲变量 $\bar{y}_j = y_j / L$ 和 $\tau = t / (L / \sqrt{E / \rho})$。将无量纲表达式代入式（3.60），得

$$\ddot{\bar{y}} = \varepsilon_p N(\bar{\sigma}_{j+1} - \bar{\sigma}_j) \text{ 且 } \bar{\sigma}_{N+1} = P \tag{3.67}$$

式中，

$$\bar{\sigma}_j = \sigma_j / \sigma_p, \quad \ddot{\bar{y}}_j = \ddot{y}_j / [E / (\rho L)] \tag{3.68}$$

相应初值条件变成如下形式：

$$\bar{y}_j(\tau = 0) = 0 \tag{3.69}$$

$$\dot{\bar{y}}_j(\tau = 0) = 0 \tag{3.70}$$

式中，$\dot{\bar{y}}_j = \dot{y}_j / \sqrt{E / \rho}$。式（3.62）的无量纲形式为

$$\varepsilon_j = N(\bar{y}_j - \bar{y}_{j-1}) \tag{3.71}$$

泡沫铝所受脉冲荷载为

$$p(\tau) = \frac{P(\tau)}{\sigma_p}, \quad 0 \leqslant \tau \leqslant \tau_d \text{或} P(\tau) = 0, \quad \tau \geqslant \tau_d \quad (3.72)$$

非线性弹簧单轴本构方程包含加载和卸载规律，其压缩载荷下应力-应变关系近似于图 3.12。根据文献[13]和[14]，泡沫铝拉伸平台阶段之前的卸载与压缩弹性模量相同，拉伸平台应力远低于压缩平台应力。虽然少有文献解释泡沫铝材料卸载后的重新加载行为，但当泡沫铝经历较大压缩应变 $\varepsilon_{max}$ 时，而此应变小于压实应变 $\varepsilon_D$，在重新加载时，加载应力在超过压缩应变 $\varepsilon_{max}$ 前很小。因此，在压缩应变 $\varepsilon_{max}$ 之前，假定重加载应力为 0，而超过这个应变之后，应力将弹性上升到如图 3.12 给定的应力 $\sigma = \sigma(\varepsilon)$。综上可知，非线性弹簧完整的单轴本构关系如下。

（1）$0 \leqslant \varepsilon_{max} \leqslant \varepsilon_p$，$\varepsilon_{max}$ 是泡沫铝最大压缩应变，则

$$d\bar{\sigma} = \frac{d\varepsilon}{\varepsilon_p} \quad (3.73)$$

（2）$\varepsilon_{max} \geqslant \varepsilon_D$。

①$\varepsilon \geqslant \varepsilon_D$。

$$d\bar{\sigma} = \bar{\sigma}' d\varepsilon \quad (3.74)$$

式中，$\bar{\sigma} = \bar{\sigma}(\varepsilon)$ 由图 3.12 所示的单轴压缩硬化阶段的应力-应变曲线所定义，满足

$$\frac{d\bar{\sigma}}{d\varepsilon} > 0 \quad (3.75)$$

且

$$\frac{d^2\bar{\sigma}}{d\varepsilon^2} > 0 \quad (3.76)$$

研究表明，不同泡沫铝硬化阶段有不同的 $\bar{\sigma} = \bar{\sigma}(\varepsilon)$ 表达式。基于 Rohacell-51WF 泡沫铝试验结果的表达式[13, 14]为

$$\bar{\sigma}(\varepsilon) = 1 + \beta \left[ \tan\left( \frac{\pi}{2}\left( (1-\gamma) + \gamma\frac{\varepsilon - \varepsilon_D}{1-\varepsilon_D} \right) \right) - \tan\left( \frac{\pi}{2}(1-\gamma) \right) \right] \quad (3.77)$$

式中，$\beta = 0.275$；$\gamma = 0.05$；$\varepsilon_D = 68.9\%$。值得注意的是，硬化阶段压缩的应力-应变关系选择并不影响定性分析的一般性，只要满足式（3.75）和式（3.76）即可。

②$\varepsilon_D - \varepsilon_p \leqslant \varepsilon < \varepsilon_D$，本构关系同式（3.73）。

③$\varepsilon < \varepsilon_D - \varepsilon_p$，本构关系表示为

$$d\bar{\sigma} = 0 \quad (3.78)$$

（3）$\varepsilon_p < \varepsilon_{max} < \varepsilon_D$，当 $\varepsilon = \varepsilon_{max}$ 且 $d\varepsilon \geqslant 0$，或 $\varepsilon < \varepsilon_{max} - \varepsilon_p$，或 $\varepsilon = \varepsilon_{max} - \varepsilon_p$ 且 $d\varepsilon < 0$ 时，本构关系为式（3.78）；当 $\varepsilon = \varepsilon_{max}$ 且 $d\varepsilon < 0$，或 $\varepsilon = \varepsilon_{max} - \varepsilon_p$ 且 $d\varepsilon \geqslant 0$ 时，本构关系为式（3.73）。

根据式（3.67）及初值条件和相邻泡沫铝离散质间关系，利用逐步积分法求解非线性微分方程，可获得泡沫铝动态压缩响应参数。

### 3.2.5　应变率效应

应变率对多胞材料性能有重要影响，应变率效应一般会增强胞壁屈服应力，提高总体破坏应力。下面对不同孔径闭胞泡沫铝不同应变率下的力学性能进行了试验研究。

对于开胞泡沫铝，当泡沫铝被压缩时，初始存留在胞元内的流体被挤压。要克服流体与胞元棱边之间的摩擦，需要更多外功。应变率越高，所需外功越大，导致平台应力增加。对于线长度为 $L$ 的块体，Gibson 等[1]得到应变率对应力的最终影响为

$$\sigma_{\mathrm{g}} = \frac{C\mu\dot{\varepsilon}}{1-\varepsilon}\left(\frac{L}{l}\right)^2 \qquad (3.79)$$

由于常数 $C \approx 1$，流体贡献正比于黏度 $\mu$ 和应变率 $\varepsilon$，与胞元尺寸 $l$ 的平方成反比。

## 3.3　复合材料夹层板

在爆炸冲击载荷下，复合材料夹层板的能量吸收不仅与材料有关，还与表层和芯层材料的尺寸有关。将夹层板表层的叠层板夹持住，进行静态局部压入，当达到最大贯入载荷时，压入停止，相应静态能量与脱层面积直接相关。利用冲头进行冲击试验，则会产生更为局部化的损伤[2]。定义弹道极限速度为当弹体附着在靶板上或以可忽略速度离去时的冲击速度，弹道极限速度随板厚增加而增加。

采用夹层构件可以获得比单一材料更好的能量吸收能力，外部能量通过表层弯曲、拉伸和断裂以及芯层压溃而耗散。由于蜂窝材料和泡沫材料优良的吸能特性，它们常常用作夹层板的芯层。若冲击能量较低，则表层和芯层只出现塑性变形，表层无穿孔或撕裂，表层和芯层之间可能脱层；对于高速冲击，变形更为局部化，且会发生贯穿。

表层和芯层之间的连接在能量耗散中作用明显，这点可从蜂窝夹层板被准静态压入半径为 458mm 圆柱壳时的载荷-位移曲线（图 3.14）得到证明。较弱连接夹层板的压溃载荷要强于单纯蜂窝材料，上表层弯曲和压头附近芯层材料快速被压溃。充分连接的夹层板明显有更高的压溃载荷，但上表层贯入失效比弱连接夹层板发生得更早。

对于静态加载和低速冲击，芯层屈曲在夹层板厚度上均匀发生，动态效应可以忽略。高速冲击时，由于应力波传播和反射结果，可能在前后表面都引发屈曲，

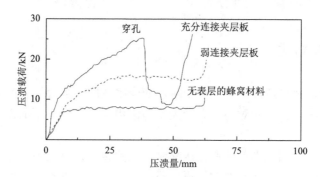

图 3.14　夹层板准静态压入时的载荷-位移曲线[15]

当冲击能量充分大时,夹层板发生穿孔。后面将对爆炸冲击载荷下由钢板-泡沫铝-钢板组成的三明治结构进行详细的试验研究。

# 3.4　纳米多孔材料

纳米材料是一种新型材料,是指在三维空间中至少有一维处于纳米量级的材料或以它们为基本单元构成的材料。德国学者 Gleiter 在 1984 年首次提出纳米材料概念,其中纳米多孔材料由于其卓越的力学性能,如增强比表面积、比强度、比刚度、高孔隙度等,具有很好的缓冲吸能潜力,得到了广泛关注和迅速发展[16]。本节通过分子动力学方法对几种纳米多孔材料的结构特点与缓冲吸能特性进行研究探索,以期促进缓冲吸能结构与材料的发展,为先进爆炸容器及缓冲吸能装置设计提供参考。

## 3.4.1　纳米多孔铝材料

### 1. 材料模型与冲击模拟

通过去合金化技术研制的纳米多孔材料具有双连续微观结构且有诸多尺寸随机的开孔。双连续结构近似于旋节分解,可以用相场方法进行描述[17]。采用相场方法产生纳米多孔铝原子模型,可以对相对密度和平均纽带尺寸进行控制。在相场方法中,模拟一个由 $A$ 和 $B$ 组成的二元流体混合物的旋节分解,起先 $A$ 和 $B$ 是空间均匀分布的,具有不同的体积比例。在冷却到低于临界温度后,该混合物自发分解为两相连续微观结构,每个相代表一个部分。在相分离后,相 $A$ 被去除从而产生孔,剩余部分 $B$ 形成一个纳米多孔微观结构。该旋节演变可以通过 Cahn-Hilliard 方程进行描述[18]:

$$\frac{\partial u}{\partial t} = \nabla^2 \left[ \frac{\mathrm{d}f(u)}{\mathrm{d}u} - \Omega^2 \nabla^2 u \right] \tag{3.80}$$

$$f(u) = \frac{1}{4}(u^2 - 1)^2 \tag{3.81}$$

式中，$u(x,y,z,t)(-1 \leqslant u \leqslant 1)$ 为序参量，决定了某个点属于 $A$ 还是 $B$，$t$ 为系统演变时间。Cahn-Hilliard 方程的特征主要取决于自由能泛函 $f(u)$，$f(u)$ 决定什么样的 $u$ 值是稳定的。这里有两个稳定的 $u$ 值，即 $-1$ 和 $+1$。由自由能方程可知，$-1$ 和 $+1$ 分别代表模型中只有纯 $A$ 部分或纯 $B$ 部分，$\Omega$ 决定了 $A$ 和 $B$ 边界层的厚度。

随机选取一些离散的空间规则分布节点，赋予其一个接近于零的正值或负值，该值决定点属于二元混合物 $A$ 还是 $B$。求解 Cahn-Hilliard 方程，二元混合物被分为纯 $A$ 和纯 $B$ 两个区域，即 $A$ 与 $B$ 发生分离。$A$ 与 $B$ 发生分离后，移除其中一个区域，剩余部分即双连续开孔纳米结构，称为纳米开胞泡沫铝。

图 3.15 所示的纳米多孔铝材料的相对密度为 0.49，纽带直径为 5.6nm，尺寸为 20nm×20nm×20nm，铝原子数目为 241541，可计算出纳米多孔铝模型的质量为 $m_{\mathrm{np\_Al}} = 1.34 \times 10^{-8}\mathrm{ng}$。

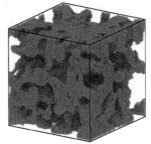

图 3.15　纳米多孔铝模型

分子动力学（molecular dynamics，MD）是模拟分子、原子体系结构和微观相互作用的方法之一，称为计算机试验，常基于 LAMMPS（large-scale atomic/molecular massively parallel simulator）[19]平台进行。作为传统试验的补充和扩展手段，它可以进一步揭示试验结果的底层机理，进行试验难以达到的时间和长度尺度的模拟。

为准确展示金属材料电子云的影响，使用嵌入原子法（embedded atom method，EAM）作用势描述模型中铝原子间的相互作用力。通过周期性边界条件可以使模拟系统中的所有原子位于有效的边界范围内，同时使得它们在空间上是均匀的，从而消除边界效应。在模拟初始时刻，对纳米多孔铝模型进行基于共轭梯度法的能量最小化。在能量最小化、热平衡及初始预应力衰减完成后，在正则系综（NVT）下，对纳米多孔铝模型施加拉伸载荷，应变率设为 $10^{-3}\%/\mathrm{ps}$。单轴应力基于真实应力进行计算：

$$\sigma_{ij} = \frac{1}{V} \sum_{k \in V} \left[ -m^{(k)}(u_i^{(k)} - \bar{u}_i)(u_j^{(k)} - \bar{u}_j) + \frac{1}{2} \sum_{l \in V}(x_i^{(l)} - x_i^{(k)}) f_i^{(kl)} \right] \quad (3.82)$$

式中，$k$ 和 $l$ 为区域内的原子；$V$ 为区域体积；$m^{(k)}$ 为原子 $k$ 的质量；$u_i^{(k)}$ 为原子 $k$ 的速度的第 $i$ 个分量；$u_j^{(k)}$ 为原子 $k$ 的速度的第 $j$ 个分量；$\bar{u}_j$ 为体积中原子的平均速度的第 $j$ 个分量；$x_i^{(k)}$ 为原子 $k$ 位置坐标的第 $i$ 个分量；$x_i^{(l)}$ 为原子 $l$ 位置坐标的第 $i$ 个分量；$f_i^{(kl)}$ 为原子 $l$ 作用于原子 $k$ 的力的第 $i$ 个分量。

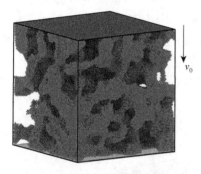

图 3.16　纳米多孔铝分子动力学冲击模型

对纳米多孔铝模型进行冲击模拟，在平衡态纳米多孔铝模型的基础上，建立了纳米多孔铝分子动力学冲击模型，如图 3.16 所示。

在冲击模型中，在纳米多孔铝模型的下方放置一个固定的刚体板，称为接收板。在纳米多孔铝模型的上方放置一个刚体板，称为冲击板。设置冲击板的质量为 $1.34 \times 10^{-8}\mathrm{ng}$，通过改变冲击板速度来改变初始冲击能量的大小。对整个系统应用微正则系综（NVE），模拟中粒子数目 $N$、体积 $V$ 和系统能量 $E$ 均保持不变。模拟过程中，系统与外界无能量交换，也无粒子交换，从而分析能量的转变过程。

2. 吸能机理

初始冲击能量在一定范围内时，纳米多孔铝可吸收几乎全部冲击能量，纳米多孔铝典型的冲击变形过程如图 3.17 和图 3.18 所示。图 3.17（a）为冲击初始状态，当冲击板向下压缩纳米多孔铝时，孔尺寸缩小，如图 3.17（b）所示；随着纳米多孔铝中的孔被压溃，纳米多孔铝变得越来越密实，如图 3.17（c）所示。图 3.18 为纳米多孔铝横截面的冲击变形过程。图 3.18（a）为冲击初始状态，从图 3.18（b）中可以看到纳米多孔铝接近冲击板部分发生了压缩，该部分无序原子增多，随着冲击进行，越来越多接近冲击板的部分发生变形，到图 3.18（c）中几乎整个纳米多孔铝发生了变形，孔尺寸缩小，部分纽带被压溃，无序原子变多，接近冲击板部分的压缩变形比下端部分的变形更为剧烈，从图 3.18（d）至（e）大部分孔会消失，纳米多孔铝被压缩得越来越密实，冲击板动能几乎完全被吸收，缓冲吸能过程结束。

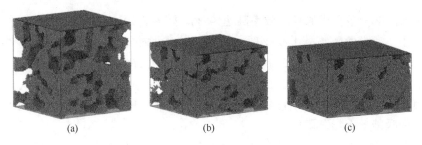

(a)　　　　　　　　　　(b)　　　　　　　　　　(c)

图 3.17　冲击模拟中纳米多孔铝的变形过程

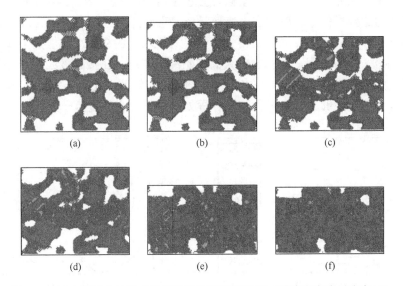

(a)　　　　　　　　　　(b)　　　　　　　　　　(c)

(d)　　　　　　　　　　(e)　　　　　　　　　　(f)

图 3.18　冲击模拟中纳米多孔铝横截面的变形过程（冲击方向为垂直向下）

### 3. 缓冲吸能特性

选取相对密度为 0.44、纽带直径为 5.64nm 的纳米多孔铝为研究对象，赋予冲击板不同的初始冲击动能，本章中令 $E_0 = 0.538$fJ，初始冲击动能从 $E_0$ 变化到 $10E_0$，分别进行分子动力学冲击模拟。图 3.19（a）展示了冲击板的动能随冲击板行程的变化，从图中可以看到，在行程的初始短暂阶段，冲击板动能几乎保持不变，因为冲击板与纳米多孔铝之间存在一个短的初始距离，冲击板与纳米多孔铝之间的作用力很微弱，这一点也可从图 3.19（b）中看出。之后，冲击板的冲击动能随着冲击行程的增加逐渐减小。初始冲击动能较小时（$E_0 \sim 4E_0$），冲击板在达到最大冲击行程后动能衰减至接近于零，即初始动能几乎全部被纳米多孔铝所吸收；当初始冲击动能较大时，冲击板在达到最大冲击行程后，动能有所增加，即有一定剩余动能，冲击板动能不能完全被衰减。冲击过程中缓冲材料的吸能与初始冲击能量的比值即吸能效率。图 3.20（a）表明，当初始冲击能量低于 $4E_0$ 时，即 2.15fJ，纳米多孔铝的吸能效率高达 98%，随着初始冲击动能增加，吸能效率逐渐减小。当吸能效率高于 98% 时，能承担的最大冲击能量为 $4E_0$，此时纳米多孔铝的质量吸能密度为 199.26J/g，体积吸能密度为 268.75J/cm$^3$。从图 3.20（b）可以看出，当冲击板的初始冲击动能从 $E_0$ 变化到 $4E_0$ 时，最大冲击行程从 53.67Å 增长到 96.8Å，当初始冲击能量继续增加，冲击行程的增加变得非常缓慢，纳米多孔铝的吸能效率显著降低。

图 3.19（b）展示了冲击板与纳米多孔铝的冲击力随冲击板行程的变化。从图中可以看出，在冲击初始阶段，接触力会迅速增大，在冲击板位移达到 10Å 左右时，冲击力达到峰值，之后冲击力快速降低，直到冲击行程达到 25Å 左右，冲击力降到一个较小的水平，之后变得较平缓，对于较小的初始冲击能量，该平缓过程维持到最大冲击行程，而对于较大的初始冲击能量，在接近最大冲击行程处，纳米多孔铝近乎被压实，导致冲击力发生增长，初始冲击能量越大，增长越迅速，当初始冲击能量足够大时，最大冲击行程处的冲击力会超过第一个峰值。

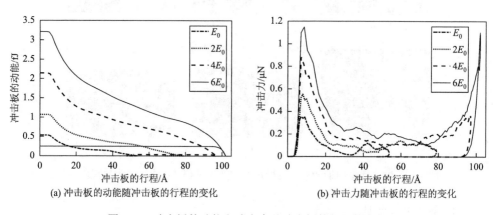

(a) 冲击板的动能随冲击板的行程的变化　　　　(b) 冲击力随冲击板的行程的变化

图 3.19　冲击板的动能和冲击力随冲击板的行程的变化

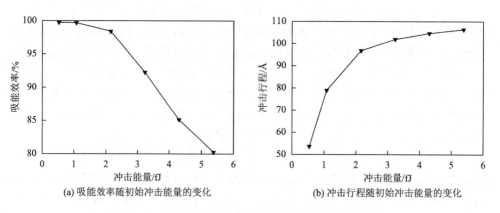

(a) 吸能效率随初始冲击能量的变化　　　　(b) 冲击行程随初始冲击能量的变化

图 3.20　吸能效率和冲击行程随初始冲击能量的变化

### 3.4.2　巴基球填充碳纳米管材料

近年来对富勒烯家族的研究越来越深入，研究者发现利用富勒烯家族有利于设计出新型的缓冲吸能系统，它们可以拥有比现有材料高得多的吸能密度。另外，试验结果表明，拥有填充物的碳纳米管比单纯碳纳米管拥有更强的力学性能[20]。因此，本节提出一个大尺寸巴基球填充碳纳米管缓冲吸能结构。其中，碳纳米管的主要功能是作为载荷的结构支撑、保持结构的完整性、对巴基球进行约束以及减小冲击载荷。

#### 1. 材料模型与冲击模拟

巴基球填充碳纳米管缓冲吸能系统由单壁碳纳米管（single-walled carbon nanotube，SWCNT）和 $C_{720}$ 巴基球组成。图 3.21 描述了巴基球填充碳纳米管缓冲吸能系统的计算模型，在碳纳米管上方与下方各放置一个冲击板和接收板，冲击板质量设为 5.20ng，通过改变冲击板速度来改变冲击能量。由于多壁碳纳米管的层间距为 3.4Å，同时考虑到 $C_{720}$ 巴基球的直径，该模型中单壁碳纳米管直径设为 31.8Å。对碳纳米管内填充 5 个 $C_{720}$ 巴基球的缓冲吸能系统，两个相邻巴基球的质心距离 $L_0$ 设为 28.4Å，单壁碳纳米管长度 $L$ 设为 142Å。为使原子间作用势简单化，假设冲击板和接收板均为石墨烯结构，长度与单壁碳纳米管长度相同，宽度为碳纳米管周长的一半。在整个模拟系统中只有碳原子相互作用。

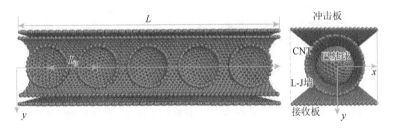

图 3.21　5-$C_{720}$ 碳纳米管缓冲吸能系统及坐标系说明

在完成平衡过程后，对整个系统应用微正则系综（NVE），使系统总能量保持不变。因此，冲击板动能将转换为缓冲吸能系统的动能和势能。巴基球之间的作用势和巴基球-碳纳米管的相互作用均用对势 6-12 Lennard-Jones 进行描述。巴基球内部碳原子之间的作用势和碳纳米管内部碳原子间的作用势使用自适应分子间反应经验键序作用势，简称 AIREBO 作用势。$z$ 方向设置为周期性边界条件，以消除边界效应。

2. 变形机理与冲击力

通过改变冲击速度来改变冲击能量，冲击速度从 20m/s 变化到 400m/s，冲击能量从 64.88eV 变化到 10.138keV。在冲击过程中观察到碳纳米管和巴基球具有不同的变形特征。对于碳纳米管，首先出现梯形变形，随后变为反梯形，再变为梯形，两种变形交替出现。当冲击能量较低时，冲击结束后碳纳米管变形可以完全恢复；当冲击能量较高时，尽管碳纳米管变形不能完全反弹到原来的结构，但与巴基球相比，碳纳米管的不可恢复变形可以忽略。图 3.22 呈现了冲击能为 4.152keV 时碳纳米管的变形过程，图 3.22（a）为碳纳米管初始结构，图 3.22（b）为冲击过程中的最大变形，图 3.22（c）为冲击板与缓冲吸能系统分离后碳纳米管的最终形态，图 3.22（d）～（g）为图 3.22（a）和（b）过程中侧向观察到的碳纳米管梯形变形的某个循环，图 3.22（h）和（i）为冲击板与碳纳米管发生分离时巴基球的变形情况。

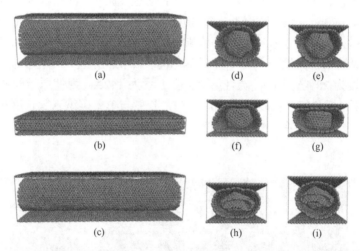

图 3.22　冲击能量为 4.152keV 时 5-$C_{720}$ 碳纳米管缓冲吸能系统的变形过程

对巴基球而言，较小冲击能量会产生可恢复变形，随着冲击能量增加，巴基球逐步出现不可恢复变形。当冲击能量足够大时，所有巴基球均出现不可恢复的变形，且随着能量继续增大，巴基球每一次冲击的变形过程都是相似的，但巴基球不可恢复的变形程度会越来越加剧，直到达到饱和状态。回转半径 $R_g$ 和非球面度 $b$ 这两个参量可以在一定程度上描述巴基球的变形，分别表达为

$$R_g = \sqrt{\frac{1}{N}\sum_{i=1}^{N}(\boldsymbol{q}_i - \boldsymbol{q}_0)^2} \qquad (3.83)$$

$$b = \lambda_z^2 - \frac{1}{2}(\lambda_x^2 + \lambda_y^2) \tag{3.84}$$

式中，$N$ 为巴基球的碳原子数目；$q_i$ 和 $q_0$ 分别为第 $i$ 个原子和质心的位置矢量；$\lambda_x$、$\lambda_y$ 和 $\lambda_z$ 分别为回转张量的主惯量。

图 3.23 分别显示了在两种冲击能量（1.038keV 和 4.152keV）下，某个巴基球的回转半径和非球面度随着冲击行程的演变过程。这两种能量代表了两种典型的变形机理，即所有巴基球均发生可恢复变形和所有巴基球均发生不可恢复变形。在冲击行程达到 10Å 之前，巴基球的回转半径几乎没有变化，巴基球几乎没有发生变形，这是由于冲击板和巴基球之间的相互作用很弱。在冲击板未发生反弹前，低冲击能量和高冲击能量对应的回转半径随冲击行程的变化曲线几乎是吻合的，

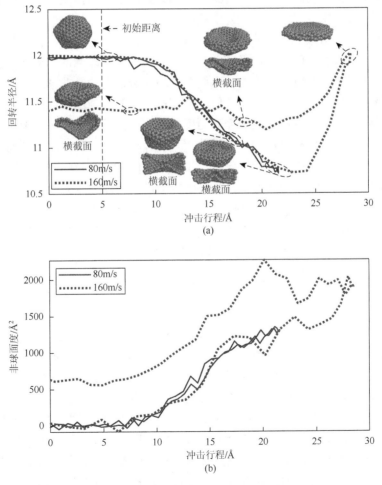

图 3.23  回转半径和巴基球的非球面度与冲击行程的关系

即当冲击板到达相同的位移时巴基球的变形相同。通过对巴基球变形的观察可知，巴基球变形首先出现的是双凹形，随着冲击进行，巴基球变得更扁平，随后变为"W"形，在此过程中回转半径持续减小。然而，当到达低冲击能量反弹临界行程后，低冲击能量和高冲击能量对应的回转半径曲线将发生分离，巴基球最终的形态将取决于初始冲击能量的大小。对于低冲击能量，巴基球变形是可逆的，回转半径演变也随原路返回到最初的状态。对于高冲击能量，冲击板继续向下压缩，直到巴基球变为一个"盘子"，这个过程会导致巴基球的回转半径迅速增长，且在最大行程处达到最大值。随后，冲击板发生反弹，巴基球回转半径经历一个下降的过程后达到 11.3Å，巴基球演变为一个有趣的"V"形。"V"形巴基球逐渐变得非对称，这会使巴基球的回转半径有一个缓慢的增长。最后巴基球的形态和回转半径都达到稳定状态，碳纳米管继续反弹直到冲击板与碳纳米管完全分离，这个过程也可从图 3.22（h）和（g）中观察到。

　　与回转半径相似，在低冲击能量冲击板的临界反弹行程前，低冲击能量和高冲击能量对应的巴基球的非球面度曲线几乎是重合的，即当冲击板到达相同行程时，巴基球非球面度值是相同的。在整个压缩冲击过程中，非球面度随着行程增加持续增长，同时伴有轻微波动。低冲击能量对应的非球面度曲线在冲击反弹后沿原路返回。高冲击能量对应的非球面度曲线在冲击板发生反弹后经历了短暂波动后达到最大值，此时对应的巴基球为"V"形，之后，巴基球非球面度值持续减小直到冲击板与缓冲系统发生分离。由图 3.23（b）可知，在高冲击能量模拟中，反弹过程中巴基球的非球面度值总是高于压缩过程中冲击板处于相同位置时巴基球的非球面度值，这是由于巴基球发生了不可恢复的变形。

　　由于缓冲系统在冲击过程中产生了大变形，与硬冲击相比，冲击板受到的力矢量 $F_i$（冲击板与缓冲系统间的接触力）被很明显地衰减。由功与动能的关系可知：

$$\int F_i \cdot \mathrm{d}y = \Delta E_k \qquad (3.85)$$

式中，$y$ 为冲击板的位移矢量；$\Delta E_k$ 为冲击板初始冲击动能 $E_{\text{impactor}}$ 与缓冲系统分离后冲击板剩余动能 $E'_{\text{impactor}}$ 的差值。由图 3.24 可知，在冲击初始阶段，巴基球发生弹性变形，冲击力随行程增加缓慢增长。随后冲击力随着行程增加有一个短暂降低过程，巴基球形状也从球形逐渐变为双凹结构，这使冲击板、巴基球和碳纳米管之间的相互作用减弱。之后，冲击力又开始增加，直到成熟的双凹结构形成。随着行程的继续增加，巴基球横截面呈现"W"形，接触力增长变得较快，这是由于巴基球的变形逐渐接近它的变形极限，越来越难以使巴基球变得更致密。当压缩过程结束时，冲击力达到最大值。在反弹过程中，冲击力迅速降低，逐渐趋向于零。这是因为相比于正行程，反行程中巴基球不可恢复的变形增加了相应的冲击板和巴基球之间的距离，使它们之间的作用变弱。冲击力与冲击行程曲线所包围的面积即冲击力所做的功，也是缓冲吸能系统吸收的能量。随着冲击能量增加，冲击板最大行程增加，缓冲系统变形加剧，最大冲击力也增加，缓冲系统吸收的能量也增多。

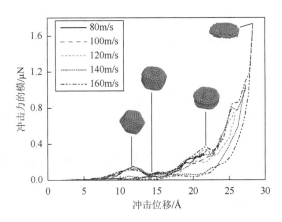

图 3.24　不同冲击速度下冲击力与冲击位移的关系

### 3. 能量转换和吸能效率

根据能量守恒定律，冲击板减少的能量部分转化为缓冲系统的动能和势能，缓冲系统吸能效率为 $\eta = \Delta E_{\text{impactor}} / E_{\text{impactor}}$。缓冲系统所有原子的动能 $E_{\text{kinetic}}$、质心动能 $E_{\text{m\_kinetic}}$ 和热能 $E_{\text{thermal}}$ 分别表示为 $E_{\text{kinetic}} = \sum_{i=1}^{N} 1/2 m_i v_i^2$、$E_{\text{m\_kinetic}} = 1/2 M \overline{v}^2$ 和

$E_{\text{thermal}} = \sum_{i=1}^{N} 1/2 m_i (v_i - \overline{v})^2$，这里 $m_i$ 为第 $i$ 个原子的质量，$v_i$ 为第 $i$ 个原子的速度矢量，$M$ 为缓冲系统的质量，$\overline{v}$ 为缓冲系统的质心速度矢量，从而得到如下关系：

$$E_{\text{kinetic}} = E_{\text{m\_kinetic}} + E_{\text{thermal}} \tag{3.86}$$

图 3.25 表述了冲击能量为 4.152keV 时冲击过程中缓冲系统的热能、质心动能及温度随时间的变化过程。从图中可知，缓冲系统动能的增加 $\Delta E_{\text{kinetic}}$ 绝大部分体现为其热能的增加，即温度的升高，剩余很小部分为巴基球和碳纳米管轻微的质心运动动能。势能的增加 $\Delta E_{\text{potential}}$ 主要体现为缓冲系统由于变形产生的应变能，而剩余很小的部分是由于巴基球之间的相对运动。

为更好地确定吸能的主要因素以及 $\Delta E_{\text{potential}}$ 和 $\Delta E_{\text{kinetic}}$ 在缓冲过程中的贡献，将冲击行为分为两个阶段，如图 3.26 所示。另外，可以观察到冲击中的大部分能

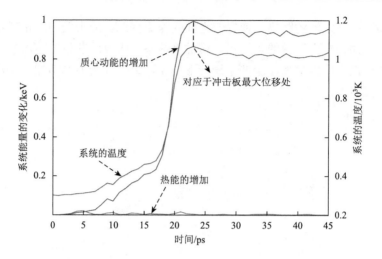

图 3.25　冲击过程中缓冲系统的热能、质心动能及温度随时间的变化

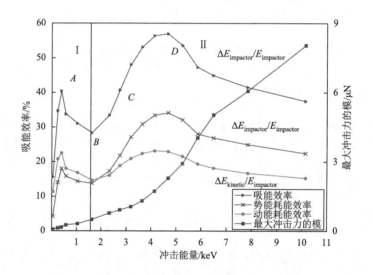

图 3.26　吸能效率和最大冲击力与初始冲击能量的关系

量被转换为缓冲系统中动能的增加，即在第Ⅰ阶段缓冲系统增加的热能在整个吸能中起主导作用。在这个阶段，随着冲击能量的增加，吸能效率从最初的 15.49%迅速增长到 $A$ 点处的 40.37%。在达到第Ⅰ阶段峰值后，吸能效率开始下降，直到降低到 $B$ 点处的 28.19%。同时，动能和势能增量的差值开始逐渐缩小，到 $B$ 点处动能和势能增量相同。在第Ⅰ阶段，$A$ 点处动能和势能的增量都达到最大值，缓冲系统表现出最佳的吸能特性。这是由于该阶段巴基球的变形是可恢复的，冲击板与缓冲系统分离后，巴基球的变形将恢复，系统势能增量较小。$B$ 点后，在第Ⅱ

阶段，吸能效率快速增加，缓冲系统势能增量快速增加，动能增量缓慢增加。这是由于随着冲击能量的增加，碳纳米管内的巴基球逐渐产生了不可恢复的塑性变形，从而更多的冲击动能转化为巴基球应变能。

另外，从图 3.26 中可以观察到从 $C$ 点开始所有的巴基球都发生不可恢复的变形，$C$ 点处的吸能效率与 $A$ 点处非常相近，然而 $C$ 点处缓冲系统的势能和动能增量比值与 $A$ 点处呈近似倒数的关系。在 $D$ 点处，缓冲系统的吸能效率达到最大值 56.93%，动能和势能增量也同时达到最大值，这意味着由于巴基球塑性变形而吸收的能量达到最大值，缓冲系统的吸能能力也达到最大值。在这个阶段，势能在吸能过程中占主导地位。因此，在 $D$ 点后，当冲击能量继续增加时，缓冲系统的吸能效率持续降低。从图 3.26 中还可看出，随着初始冲击能量的增加，冲击过程中的最大接触力持续增长，在较低初始冲击能量下增长速率越来越快，在达到一定冲击能量后增长速率有所下降。

### 3.4.3　单壁碳纳米管巴基纸

由于碳结构之间的范德瓦耳斯力，碳纳米管会逐渐聚集并形成纠缠或捆束，从而变成随机分布的碳纳米管网状结构，称为"巴基纸"。

1. 材料模型与冲击模拟

（1）碳纳米管粗颗粒弹簧模型。对于长范围相互作用的碳纳米管网状结构，由于全原子分子动力学模拟需要消耗的计算代价非常大，为提高计算效率，采用粗颗粒模型进行分子动力学模拟。粗颗粒分子动力学模型可准确描述较大尺度碳纳米管的力学性质[21]。在碳纳米管网状结构的粗颗粒分子动力学模型中，每根碳纳米管被简化为有很多珠状颗粒的链，如图 3.27 所示。对一个特定的链而言，拉伸性质可通过两个相邻的珠状颗粒间的

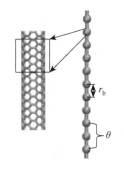

图 3.27　碳纳米管粗颗粒弹簧模型

键来描述，弯曲性质可通过三个连续的珠状颗粒形成的角度进行描述。不同碳纳米管间的相互作用可用珠状颗粒对间的长范围范德瓦耳斯力的相互作用进行表述。碳纳米管粗颗粒模型系统的总能量表达为

$$E_{\text{tot}} = E_{\text{bond}} + E_{\text{angle}} + E_{\text{vdW}} \tag{3.87}$$

式中，$E_{\text{bond}} = \sum\limits_{\text{bonds}} 1/2 k_{\text{b}} (r_{\text{b}} - r_{\text{b0}})^2$，表示碳纳米管粗颗粒模型的轴向拉伸能，$k_{\text{b}}$ 为

拉伸常数，$r_b$ 为当前键长度，$r_{b0}$ 为平衡状态键长；$E_{angle} = \sum\limits_{angles} 1/2 k_a (\theta - \theta_0)^2$，表示碳纳米管的弯曲能，$k_a$ 为弯曲常数，$\theta$ 为当前三个连续珠状颗粒构成的角度，$\theta_0$ 为平衡状态时的角度；$E_{vdW} = \sum\limits_{pairs} 4\varepsilon[(\sigma/r_{ij})^{12} - (\sigma/r_{ij})^6]$，表示 12-6 Lennard-Jones 对势，描述了碳纳米管间的范德瓦耳斯力的相互作用，$\varepsilon$ 为势阱深度，也称范德瓦尔斯能，$\sigma$ 为珠状颗粒间作用势为零时的平衡距离，也称范德瓦尔斯距离。参数 $k_b$、$r_{b0}$、$k_a$、$\theta_0$、$\varepsilon$ 和 $\sigma$ 通过利用 Tersoff 势或 ReaxFF 势进行全原子计算模拟得到[22, 23]，参数如表 3.1 所示。模拟中，长范围范德瓦耳斯力相互作用的截断距离设为 9.35nm。综合考虑单壁碳纳米管的单位长度质量和平衡时珠状颗粒的距离，每个珠状颗粒的质量给定为 1953.23g/mol。

表 3.1　　（5，5）单壁碳纳米管粗颗粒模型作用势参数

| 参数 | （5，5）SWCNT |
| --- | --- |
| 平衡状态键长 $r_{b0}$/Å | 10 |
| 拉伸常数 $k_b$/(kcal/(mol·Å²)) | 1000 |
| 平衡状态相邻键的尖角 $\theta_0$/(°) | 180 |
| 弯曲常数 $k_a$/(kcal/(mol·rad²)) | 14300 |
| 范德瓦耳斯距离 $\sigma$/Å | 9.35 |
| 范德瓦尔斯能 $\varepsilon$/(kcal/mol) | 15.10 |

　　（2）巴基纸的结构。为确保巴基纸的随机性和各向同性，采用随机行走法建立巴基纸结构。首先将一系列点均布在一个正交三维盒子中，点总数目为 $n_p$，在正交三维盒子的三个轴向分别分布 $n_x$、$n_y$ 和 $n_z$ 个种子，即 $n_p = n_x \times n_y \times n_z$。将每一个点作为一根碳纳米管的初始珠状颗粒，碳纳米管通过一个随机键向量增长到下一个珠状颗粒，键向量的模恰好等于相邻珠状颗粒的平衡距离 10Å。然后重叠检查，避免有重合颗粒。具体来说，若新产生颗粒与其最邻近的颗粒间距离小于一个特定距离（这里设置为 2Å），则认为该新产生的颗粒位置已经被其他颗粒所占领，于是碳纳米管返回到上一步位置，重新产生一个随机键向量，生成新的颗粒位置。该重合检查过程一直重复，直到新的颗粒位置没有被其他颗粒所占领，则新的颗粒形成，随后进行下一个颗粒位置的确定。当随机行走的距离与期望的单根碳纳米管的长度相同时，该碳纳米管的行走结束，当前颗粒即该碳纳米管的末端颗粒。也就是说，点的总数目 $n_p$ 决定碳纳米管的根数，而行走步数决定每根碳纳米管的长度。本书同一个盒子中每根碳纳米管的长度皆相同，即每根碳纳米管行走步数都相同。对随机行走法生成的巴基纸模

型进行分子动力学能量最小化和平衡过程，可得到平衡状态的巴基纸模型，其密度范围为 $40.67\sim107.60\text{kg/m}^3$，该密度范围与文献[24]的试验结果的密度范围近乎一致。

（3）冲击模拟。三个方向均采用周期性边界条件，使用等温等压系综（NPT）（300K，1atm）对巴基纸进行能量最小化过程。图 3.28（a）为随机行走法生成的巴基纸初始结构，图 3.28（b）为巴基纸平衡状态。巴基纸达到平衡状态后，为进行冲击模拟，在巴基纸模型沿 $z$ 轴的上方和下方各添加一个冲击板和接收板，如图 3.28（c）所示。赋予冲击板一定质量和初始冲击速度 $v_0$，从而产生初始冲击能量。在冲击模拟过程中，同样使用微正则系综控制系统，使系统总能量保持不变。在 $x$、$y$ 方向使用周期性边界条件，去除边界效应。

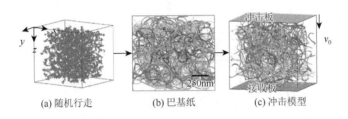

(a) 随机行走　　　　(b) 巴基纸　　　　(c) 冲击模型

图 3.28　巴基纸冲击模型的建立

2. 压缩应力-应变关系

对不同密度的巴基纸进行单轴压缩模拟来研究巴基纸的杨氏模量，巴基纸变形是通过控制模拟盒子在 $x$ 方向的位移来实现的，允许 $y$ 和 $z$ 方向在控压时有所波动。压缩率为 $10^8\text{/s}$，时间步长为 10fs，$x$ 方向的压缩应力 $\sigma_x$ 通过维里公式计算。压缩应变 $\varepsilon_x = 1 - L_x / L_{x0}$，$L_x$ 和 $L_{x0}$ 分别为巴基纸 $x$ 方向当前长度和初始长度。相似地，侧向扩展应变定义为 $\varepsilon_y = L_y / L_{y0} - 1$、$\varepsilon_z = L_z / L_{z0} - 1$。压缩应力-应变关系如图 3.29（a）所示，根据初始线性阶段算出杨氏模量为 $E = -\sigma_x / \varepsilon_x$。

对不同密度的巴基纸进行剪切模拟，得到剪切应力-应变关系如图 3.29（b）所示，剪切应力-应变计算方法同上。根据弹性模量之间的关系计算体积模量 $B = EG / [3(3G - E)]$，巴基纸杨氏模量、体积模量和剪切模量与密度的关系如图 3.30 所示。计算杨氏模量值为 $0.01\sim0.1\text{GPa}$，略低于 Xu 等[25]和 Berhan 等[26]的试验结果，这是计算巴基纸密度较小所致。

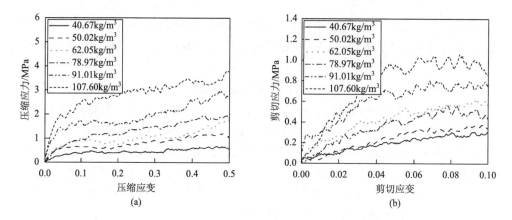

图 3.29   不同密度的巴基纸压缩应力-应变关系和剪切应力-应变关系

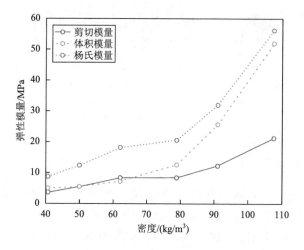

图 3.30   巴基纸的弹性模量与密度的关系

3. 吸能机理

为研究不同冲击下巴基纸的缓冲吸能特性，本节进行不同能量冲击模拟，冲击能量范围为 $E_0 \sim 10E_0$（$E_0 = 1.5\text{fJ}$）。通过调节冲击板初速或冲击板质量，可实现冲击能量的改变。当冲击板质量固定时，通过冲击板初速来改变冲击能量工况，标记为 FM（fixed mass）；当冲击板初速不变时，通过调节冲击板质量来改变冲击能量工况，则标记为 FV（fixed velocity）。对于 FV 工况，冲击板初速为 200m/s，冲击板质量范围为 $7.5 \times 10^{-17} \sim 7.5 \times 10^{-16}$g；对于 FM 工况，冲击板质量为 $3.7 \times 10^{-17}$g，冲击板初速变化范围为 $282.8 \sim 894.4$m/s。

由长度为 100nm 的单壁碳纳米管组成密度为 78.97kg/m³ 的巴基纸，在速度为 200m/s、能量为 15J 冲击下的变形演变过程如图 3.31 所示。其中，图 3.31（a）为未压缩时巴基纸模型的正视图，随着冲击板向下运动，巴基纸靠近上表面的不规则区域内的碳纳米管首先被压缩，逐渐形成一个紧缩致密区域，如图 3.31（b）所示。随着压缩继续进行，冲击板产生的应力波向下传播，使巴基纸上部致密区域范围增大，如图 3.31（c）所示。从图 3.31（a）～（c）还可看出，巴基纸靠近下表面部分在冲击初始阶段不受载荷影响，不发生变形，随着冲击板继续向下压缩，逐渐将应变传递给下面部分，将更多的碳纳米管纳入致密区域，使最下端部分也受到冲击载荷的影响。致密过程中碳纳米管间会不断发生链合-链开行为，使碳纳米管间循环发生接触和分离，形成巴基纸靠近上下表面的部分比中间部分更致密，如图 3.31（d）所示。由于下端固定板支撑，巴基纸模型被压缩成扁平形状，如图 3.31（e）所示。

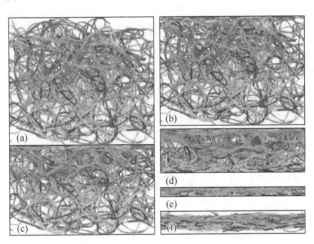

图 3.31　巴基纸在冲击过程中的变形

图 3.32（a）中两根发生部分接触的碳纳米管在图 3.32（b）中发生分离，然后在图 3.32（c）中快速与另一根碳纳米管发生接触，形成更长距离的互相接触，接着在图 3.32（d）中发生分离，在图 3.32（e）中又快速接触，整个过程在冲击中频繁重复发生。由于分离过程需要克服碳纳米管间的范德瓦耳斯力，分离-接触行为产生能量耗散。当冲击速度为零时，冲击板具有最大冲击位移，巴基纸发生最大变形。之后冲击板发生非常轻微的反弹，如图 3.31（e）和（f）所示。巴基纸反弹距离定义为：冲击板达到最大位移和与巴基纸发生分离时巴基纸上表面位移的变化量。需要指出的是，在整个冲击过程中，单根碳纳米管并未发生非常大的变形，因此单根碳纳米管弹性变形假设是合理的，而碳纳米管网状结构巴基纸可发生塑性变形。

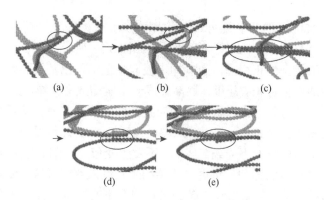

(a)　　　　　　　(b)　　　　　　　(c)

(d)　　　　　　　(e)

图 3.32　冲击过程中碳纳米管间的链合-链开循环

#### 4. 能量转换与吸能效率

在冲击过程中，冲击板的动能转换成巴基纸的势能和动能，其中势能增加会使巴基纸温度增加，势能包括范德瓦耳斯对势能、键能和角能。图 3.33 为密度为 $78.97kg/m^3$ 的巴基纸在冲击能量为 $6E_0$ 时各能量的变化情况。由图可知，范德瓦耳斯对势能减少，即巴基纸中碳纳米管间有更强的范德瓦耳斯相互作用，使巴基纸状态更为稳定，也有利于巴基纸发生不可恢复的塑性变形；键能和角能都会因碳纳米管压缩变形而增加。

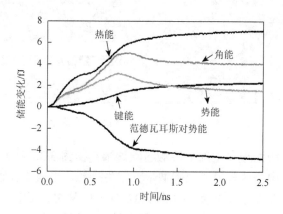

图 3.33　冲击过程中能量的变化

不同密度的巴基纸的吸能效率与初始冲击能量的关系如图 3.34 所示。对于较低初始冲击能量，因为有充足的变形能力，所有工况的吸能效率都非常高，为 90%～98%。这种情况下，较低密度的巴基纸拥有略高的吸能效率。随着初始冲击能量的增加，较低密度的巴基纸的吸能效率先降低，然后随着密度由低到高依次降低，即较高密度的巴基纸在有效变形范围内可承受较高的初始冲击能量。当巴基纸的变形超过极限时,相同初始冲击能量下,较高密度的巴基纸有较大的吸能效率。对于密度为 40.67kg/m³、44.38kg/m³ 和 52.81kg/m³,可以推断出吸能效率下降在初始冲击能量 $4E_0 \sim 5E_0$ 之间依次发生,且在相同初始冲击能量下,由于密度相近,吸能效率也相近。

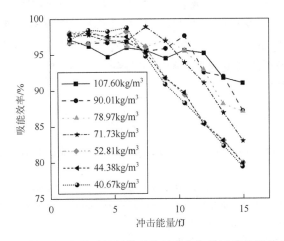

图 3.34　不同密度的巴基纸的吸能效率与初始冲击能量的关系

### 5. 吸能密度

巴基纸的体积吸能密度(energy Absorption per unit volume,EAUV)定义为巴基纸吸能与巴基纸的体积比,如图 3.35 所示。在较低初始冲击能量如 $E_0$ 和 $3E_0$ 时,巴基纸尚未达到有效极限变形,随着密度增加,体积吸能密度呈线性增长。

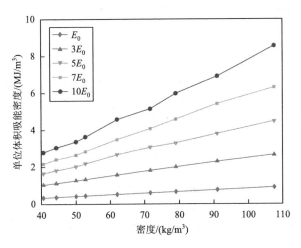

图 3.35　不同冲击能量下巴基纸的体积吸能密度与密度的关系

这是因为单位体积颗粒数目与巴基纸的密度成正比，斜率 $k_c$ 通过 $(\Delta E_h - \Delta E_l) /$ $(\rho_h - \rho_l)$ 计算，$\rho_h$ 和 $\rho_l$ 表示较高密度和较低密度，$\Delta E_h$ 和 $\Delta E_l$ 为对应吸能。

由图 3.35 计算巴基纸最大体积吸能密度为 8.6J/cm$^3$，在密度为 107.60kg/cm$^3$ 时巴基纸的质量吸能密度最大值为 90J/g，质量吸能密度和体积吸能密度均比纳米多孔铝小。需要指出的是，该吸能密度尤其是质量吸能密度相比于传统材料仍然具有很大的优势，且该吸能密度是本书模拟获得的。相关试验表明，巴基纸的密度可以高达 1390kg/m$^{3[27]}$，为本书模拟最大密度的十多倍，能承受的冲击能量显著增加；根据巴基纸的密度与吸能密度的关系，可以推断通过提高巴基纸的密度，能获得更高的吸能密度。

# 参 考 文 献

[1]　Gibson L J，Ashby M F. Cellular Solids，Structure and Properties[M]. 2nd ed. Cambridge：Cambridge University Press，1997.

[2]　余同希，卢国兴. 材料与结构的能量吸收[M]. 华云龙，译. 北京：化学工业出版社，2006.

[3]　Papka S D，Kyriakides S. In-plane compressive response and crushing of honeycomb[J]. Journal of the Mechanics & Physics of Solids，2015，42（10）：1499-1532.

[4]　Papka S，Kyriakides S. Experiments and full-scale numerical simulations of in-plane crushing of a honeycomb[J]. Acta Materialia，1998，46（8）：2765-2776.

[5]　Timoshenko S P，Gere J M，Prager W. Theory of Elastic Stability[M]. 2nd ed. New York：McGraw-Hill，1962.

[6]　Wierzbicki T. Crushing analysis of metal honeycombs[J]. International Journal of Impact Engineering，1983，1（2）：157-174.

[7]　Wang S L，Ding Y Y，Wang C F，et al. Dynamic material parameters of closed-cell foams under high-velocity impact[J]. International Journal of Impact Engineering，2017，99：111-121.

[8]　Santosa S，Wierzbicki T. On the modeling of crush behavior of a closed-cell aluminum foam structure[J]. Journal of the Mechanics and Physics of Solids，1998，46（4）：645-669.

[9]　王代华，刘殿书，杜玉兰，等. 含泡沫吸能层防护结构爆炸能量分布的数值模拟研究[J]. 爆炸与冲击，2006，26（6）：562-567.

[10]　Tan P J，Reid S R，Harrigan J J，et al. Dynamic compressive strength properties of aluminium foams. Part II-'shock' theory and comparison with experimental data and numerical models[J]. Journal of the Mechanics and Physics of Solids，2005，53（10）：2206-2230.

[11]　Tan P J，Reid S R，Harrigan J J，et al. Dynamic compressive strength properties of aluminium foams. Part I—experimental data and observations[J]. Journal of the Mechanics and Physics of Solids，2005，53（10）：2174-2205.

[12]　Olim M，Vandongen M E H，Kitamura T，et al. Numerical simulation of the propagation of shock waves in compressible open-cell porous foams[J]. International Journal of Multiphase Flow，1994，20（3）：557-568.

[13]　Li Q M，Mines R A W，Birch R S. The crush behaviour of Rohacell-51WF structural foam[J]. International Journal of Solids and Structures，2000，37：6321-6341.

[14]　Mines R A W，Birch R S，Close J A，et al. Material data for Rohacell-51WF foam-Part I[R]. Liverpool：University of Liverpool，1997.

[15]　Goldsmith W，Sackman J L. An experimental study of energy absorption in impact on sandwich plates[J].

International Journal of Impact Engineering，1992，12（2）：241-262.

[16]　Birringer R，Gleiter H，Klein H P，et al. Nanocrystalline materials an approach to a novel solid structure with gas-like disorder[J]. Physics Letters A，1984，102（8）：365-369.

[17]　Crowson D A，Farkas D，Corcoran S G. Geometric relaxation of nanoporous metals：The role of surface relaxation[J]. Scripta Materialia，2007，56（11）：919-922.

[18]　Provatas N，Elder K. Phase-Field Methods in Materials Science and Engineering[M]. New York：John Wiley Sons，2011.

[19]　Plimpton S. Fast parallel algorithms for short-range molecular dynamics[J]. Journal of Computational Physics，1995，117（1）：1-19.

[20]　Monteiro A O，Cachim P B，Costa P. Mechanics of filled carbon nanotubes[J]. Diamond and Related materials，2014，44：11-25.

[21]　Cranford S W，Buehler M J. *In silico* assembly and nanomechanical characterization of carbon nanotube Buckypaper[J]. Nanotechnology，2010，21（26）：265706.

[22]　Chenoweth K，van Duin A C T，Goddard W A. ReaxFF：Reactive force field for molecular dynamics simulations of hydrocarbon oxidation[J]. The Journal of Physical Chemistry A，2008，112（5）：1040-1053.

[23]　van Duin A C T，Dasgupta S，Lorant F，et al. ReaxFF：A reactive force field for hydrocarbons[J]. The Journal of Physical Chemistry A，2001，105（41）：9396-9409.

[24]　Xu M，Futaba D N，Yamada T，et al. Carbon nanotubes with temperature-invariant viscoelasticity from-196 to 1000 C[J]. Science，2010，330（6009）：1364-1368.

[25]　Xu G H，Zhang Q，Zhou W P，et al. The feasibility of producing MWCNT paper and strong MWCNT film from VACNT array[J]. Applied Physics A，2008，92（3）：531-539.

[26]　Berhan L，Yi Y，Sastry A，et al. Mechanical properties of nanotube sheets：Alterations in joint morphology and achievable moduli in manufacturable materials[J]. Journal of Applied Physics，2004，95（8）：4335-4345.

[27]　Zhang L，Zhang G，Liu C H，et al. High-density carbon nanotube Buckypapers with superior transport and mechanical properties[J]. Nano Letters，2012，12（9）：4848-4852.

# 第 4 章　圆柱形爆炸容器内爆炸模型与试验系统建立

## 4.1　爆炸容器实体模型

### 4.1.1　圆柱形爆炸容器设计

爆炸容器内炸药中心起爆后，形成空气冲击波向四周传播，经容器壁反射形成的冲击波就是作用于容器的动载荷。设计爆炸容器时，首先确定该动载荷，然后采用动力系数法转化为静载荷，最后根据《压力容器》（GB 150—2011）规范进行设计。

设计的圆柱形爆炸容器能承受 300g TNT 当量爆炸，其结构主要包括圆柱形筒体和椭球形封头。爆炸容器的内径为 800mm，筒体的高度为 1170mm，两端采用标准椭球形封头，长短轴之比为 2∶1。椭球形端盖与筒体之间采用法兰连接和不锈钢密封。为了满足试验测试要求，在圆筒对称的两侧预留 8 个测试孔，并焊接加强管，保证罐体强度。在顶部安装泄压阀，以便爆后及时排出有毒气体，减少对试验人员的危害。

1）爆炸冲击载荷计算

当比例距离大于 $0.5 \text{m/kg}^{1/3}$ 时，几种经验公式的计算结果差别较小，此处选择 Henrych 公式（式（2.4））计算爆炸冲击波入射超压 $\Delta P_1$，由式（2.42）计算反射超压 $\Delta P_2$。计算条件为：爆炸容器半径 $R = 0.4\text{m}$，炸药当量 $W = 300\text{g TNT}$。容器中心起爆时计算结果为：入射超压 $\Delta P_1 = 1.90\text{MPa}$，反射超压 $\Delta P_2 = 12.13\text{MPa}$。

2）动力系数计算

根据式（2.11），$\eta$ 取 0.5，TNT 爆热 $Q_v = 4860874.8\text{J/kg}$，计算得到反射超压正压作用时间 $t_+ = 9.07 \times 10^{-5}\text{s}$。

计算容器自振周期 $T$。容器材料为 16MnR，$E = 206\text{GPa}$，$\rho = 7.8 \times 10^3 \text{kg/m}^3$，容器半径 $R = 0.4\text{m}$ 时，由式（2.46）计算得到 $T = 4.889 \times 10^{-4}\text{s}$。

因为 $t_+ / T = 0.1855 < 3/8 = 0.375$，将 $\omega = 2\pi / T = 1.2845 \times 10^4 \text{rad/s}$ 代入式（2.56），得到 $C_d = 0.56$。

3）等效静载荷计算

根据计算反射超压和动力系数，确定等效静载荷为 $P_e = 6.79\text{MPa}$。

4）工程设计

根据龙建华等的设计方法[1-8]，确定爆炸容器圆筒部分的计算壁厚：

$$2\delta = \frac{P_c D_i}{2[\sigma]^t \varphi - P_c} \tag{4.1}$$

式中，$2\delta$ 为爆炸容器的圆筒厚度（mm）；$D_i$ 为爆炸容器的圆筒内径，依据设计要求 $D_i = 800\text{mm}$；$\varphi$ 为焊接系数，根据《压力容器》（GB 150—2011）有关标准，取值 1.0；$P_c$ 为准静态载荷，取值 $P_c = 6.8\text{MPa}$；$[\sigma]^t$ 为爆炸容器筒体材料的许用应力，在设计温度下 $[\sigma]^t = 163\text{MPa}$。计算得到 $2\delta = 17.0\text{mm}$。

考虑钢材厚度负偏差、焊接腐蚀余量、机械加工工艺减薄量等因素，确定爆炸容器最终设计壁厚为 22mm。基于理论推导和经验计算，初步得到 300g TNT 当量爆炸容器可以按照 6.8MPa 的静态压力容器来设计。

## 4.1.2　爆炸容器制造

爆炸容器实体及各部件示意图如图 4.1 所示。容器主体材料为 Q345R/16MnⅢ高强度合金钢，是常用压力容器制造材料，具有良好的力学性能和冲击韧性，见表 4.1。容器体积为 0.75m³，重约 1.97t，设计温度为 200℃，设计压力为 6.4MPa，试验耐压为 8.8MPa（水压强度试验下的静态压力）。对爆炸罐进行水压试验，在 8.8MPa 压力条件下，保压 72h 未发生泄漏。立式爆炸容器底部设计了底座，通过 8 个地脚螺栓固定在试验台上，试验台周围是深 1.5m、宽 0.4m 的隔振沟，能够有效减少爆炸试验振动对周围建筑物的危害。

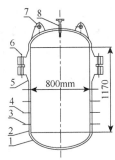

| 件号 | 名称 | 数量 | 材料 | 备注 |
|---|---|---|---|---|
| 1 | 椭球形封头 | 2 | Q345R | |
| 2 | 筒体 | 1 | Q345R | |
| 3 | 侧孔1 | 1 | 16MnⅢ | 测温孔 |
| 4 | 侧孔2 | 8 | 16MnⅢ | 测温孔 |
| 5 | 全螺纹螺柱 | 2 | 16MnR | |
| 6 | 法兰 | 36 | 35CrMoA | |
| 7 | 吊耳 | 2 | Q235-B | |
| 8 | 泄压口加强管 | 1 | 16MnⅢ | 排气、减压 |

图 4.1　爆炸容器实体及各部件示意图

**表 4.1　Q345R 钢的力学性能参数**

| 钢板公称度 /mm | 抗拉强度 $R/(\text{N/mm}^2)$ | 屈服强度 $R/(\text{N/mm}^2)$ | 伸长率 $A/\%$ | 温度/℃ | 冲击吸收能量/(kV²/J) | 180°弯曲试验弯曲直径（$b \geqslant 35\text{mm}$） |
|---|---|---|---|---|---|---|
| 3～16 | 510～640 | ≥345 | ≥21 | 0 | ≥34 | $d = 2a$ |
| >16～36 | 500～630 | ≥325 | ≥21 | 0 | ≥34 | $d = 3a$ |

| 钢板公称度 /mm | 抗拉强度 $R$/(N/mm²) | 屈服强度 $R$/(N/mm²) | 伸长率 $A$/% | 温度/℃ | 冲击吸收能量/(kV²/J) | 180°弯曲试验弯曲直径（$b \geqslant 35$mm） |
|---|---|---|---|---|---|---|
| >36~60 | 490~620 | ≥315 | ≥21 | 0 | ≥34 | $d = 3a$ |
| >60~100 | 490~620 | ≥305 | ≥20 | 0 | ≥34 | $d = 3a$ |
| >100~150 | 480~610 | ≥285 | ≥20 | 0 | ≥34 | $d = 3a$ |
| >150~200 | 470~600 | ≥265 | ≥20 | 0 | ≥34 | $d = 3a$ |

容器分为上下两部分：上半部分主要由半椭球形端盖、泄压阀和吊耳组成；下半部分由圆柱形筒体、半椭球形封头、测试管和底座等部件组成。连接上下部分的是法兰和螺栓。端盖与下筒体通过 36 套螺母和螺栓锁紧法兰进行封闭连接，连接处采用 O 形密封钢圈进行密封；在筒身中心位置往下每隔 150mm 预留一个测孔，共 8 个测压孔和 1 个测温孔。整个爆炸容器通过底座 8 个地脚螺栓固定于水泥试验台上。

# 4.2　数值模型建立

为揭示容器内爆炸载荷的特性，本节分别建立了简化螺栓法兰结构的八分之一模型（简称椭球圆柱简化模型）和近似真实爆炸容器的四分之一模型（简称爆炸压力容器实体模型）。爆炸压力容器实体模型带有螺栓法兰结构，能观察到受内爆炸载荷作用的容器响应对螺栓响应的影响，以及螺栓法兰对罐体、端盖应变响应的影响。由于容器尺寸较大，受制于计算机运算能力，爆炸压力容器实体模型的网格划分只能较为粗糙，对爆炸冲击波峰值压力仿真结果有一定影响。椭球圆柱简化模型允许较为细致的网格划分，能准确模拟冲击波传播、演化过程。兼顾计算效率，椭球圆柱简化模型若采用较为粗糙的网格细分也可满足容器罐体响应精度需求，可用于对比分析多自由度模型的预测误差。

## 4.2.1　基本假设

数值模拟是以动力学方程为基础，并采用一定算法对方程组进行求解的过程。对模型进行假设和简化，是数值方法不可或缺的措施。根据对 ANSYS/LS-DYNA 程序求解原理和容器内爆炸过程的分析与理解，对仿真对象进行如下假设和简化。

（1）连续介质假设。假设防爆罐罐体、炸药等材料由微元连续构成，其微元大小与所讨论系统的整体尺度相比可以忽略不计，即认为介质是无间断地充满定义空间。系统可看成由具有宏观特征量的介质微元构成的物体。

（2）介质均匀性及各向同性假设[9]。假设物体微团在各个方向上的物理性能相同，而每个物体由同一种介质微团构成，从而简化了物体本构方程或状态方程。

（3）将起爆方式简化为理想中心点起爆模式。

### 4.2.2　椭球圆柱简化模型

#### 1. 网格划分与材料模型

不考虑法兰、螺栓、垫圈及容器上下部分的空隙时，将爆炸压力容器简化为八分之一模型，如图 4.2 所示。使用 TrueGrid 建模时，使用 merge 命令将端盖和筒体连接成一个整体。容器端盖及筒体采用 Solid164 实体单元，网格大小为 0.5～0.6cm。空气和炸药选用单点 ALE 多物质单元，空气网格大小取为 0.3cm，在验证多自由度模型时为 0.5～0.6cm。炸药采用*INITIAL_VOLUME_FRACTION_GEOMETRY 关键字将其填充入空气网格中。固体单元采用 Language 算法，空气和炸药编为一个 ALE 多物质组。固体和 ALE 多物质组之间应用流-固耦合，计算采用 μs-cm-g 单位制。

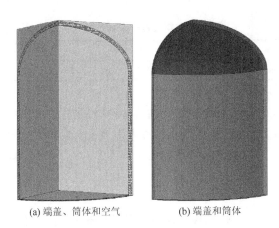

(a) 端盖、筒体和空气　　　　　(b) 端盖和筒体

图 4.2　椭球圆柱简化模型的数值模型

端盖、罐体为 Q345R 钢，使用*MAT_PLASTIC_KINEMATIC 塑性随动硬化模型，材料参数如表 4.2 所示，其中 $\rho_0$ 为密度，$E$ 为杨氏模量，$\nu$ 为泊松比，$\sigma$ 为屈服强度，$\beta$ 为随动硬化系数。此外，塑性随动硬化模型采用 Cowper and Symonds Model 表示：

$$\text{factor} = 1 + \left(\frac{\dot{\varepsilon}}{C}\right)^{1/P} \tag{4.2}$$

与应变率相关的系数 $C$、$P$ 分别设置为 $10^5$ 和 5。

表 4.2　　Q345R 钢的材料参数

| $\rho_0$/(g/cm$^3$) | $E$/GPa | $\nu$ | $\sigma$/MPa | $\beta$ | $C$ | $P$ |
|---|---|---|---|---|---|---|
| 7.85 | 209 | 0.28 | 345 | 1 | $10^5$ | 5 |

　　炸药选用高能爆炸燃烧模型（\*MAT_HIGH_EXPLOSIVE_BURN）及 JWL 状态方程[10]：

$$P_{eos} = A\left(1 - \frac{\omega}{R_1 V}\right)e^{-R_1 V} + B\left(1 - \frac{\omega}{R_2 V}\right)e^{-R_2 V} + \frac{\omega J}{V} \tag{4.3}$$

式中，$P_{eos}$ 为爆轰产物压力；$A$、$B$、$R_1$、$R_2$、$\omega$ 为常数，$A$、$B$ 为压力单位；$V$ 为体积比；$J$ 为能量密度。输入参数时应确定初始能量密度 $J_0$ 和体积比 $V_0$。具体参数如表 4.3 和表 4.4 所示，其中，$P_{CJ}$ 为爆压，$\nu_D$ 为爆速。

表 4.3　　TNT 材料模型参数

| $\rho_0$/(g/cm$^3$) | $P_{CJ}$/GPa | $\nu_D$/(m/s) |
|---|---|---|
| 1.50 | 17.92 | 6547.2 |

表 4.4　　JWL 方程参数

| $A$/GPa | $B$/GPa | $R_1$ | $R_2$ | $\omega$ | $J_0$/(GJ/m$^3$) | $V_0$ |
|---|---|---|---|---|---|---|
| 374.6 | 3.39 | 4.15 | 0.95 | 0.28 | 6.34 | 1.0 |

　　空气采用空物质材料本构模型，该材料模型需要与状态方程联用。空气介质采用线性多项式状态方程，线性多项式状态方程表示单位初始体积内能的线性关系：

$$p = C_0 + C_1\mu + C_2\mu^2 + C_3\mu^3 + (C_4 + C_5\mu + C_6\mu^2)J_0 \tag{4.4}$$

$$\mu = \frac{1}{V} - 1 = \frac{\rho}{\rho_0} - 1 \tag{4.5}$$

式中，$p$ 为压力；$C_0 \sim C_6$ 均为常数；$\mu$ 为体积应变参数。设初始密度 $\rho_0$ 为 1.29g/cm$^3$，初始能量密度 $E_0$ 为 $2.50 \times 10^5$Pa，初始体积比 $V_0$ 为 1.0，参数如表 4.5 所示。

表 4.5　　空气材料模型和状态方程参数[3]

| $\rho_0$/(g/cm$^3$) | $C_0$ | $C_1$ | $C_2$ | $C_3$ | $C_4$ | $C_5$ | $C_6$ | $J_0$/(J/m$^3$) | $V_0$ |
|---|---|---|---|---|---|---|---|---|---|
| 1.29 | 0 | 0 | 0 | 0 | 0.4 | 0.4 | 0 | 0.250 | 1.0 |

## 2. 多自由度模型数值模拟验证与对比分析

　　为考察等效多自由度模型在不同工况下的适用性，本节采用数值模型设计了

4 组数值模拟试验，如表 4.6 所示，并将单自由度、多自由度设计方法与模拟结果进行对比。图 4.3 为爆心环面、三分点和六分点受迫振动最大位移的对比结果。

表 4.6 不同工况下的数值模拟试验

| 序号 | 变量 | 工况 1 | 工况 2 | 工况 3 | 工况 4 |
|---|---|---|---|---|---|
| 1 | TNT 药量 $W$/g | 50 | 100 | 150 | 250 |
| 2 | 容器壁厚 $2\delta$/cm | 1.0 | 1.5 | 2.2 | 4.0 |
| 3 | 容器壁长 $L$/cm | 50 | 80 | 110 | 160 |
| 4 | 容器半径 $R$/cm | 35 | 40 | 45 | 55 |

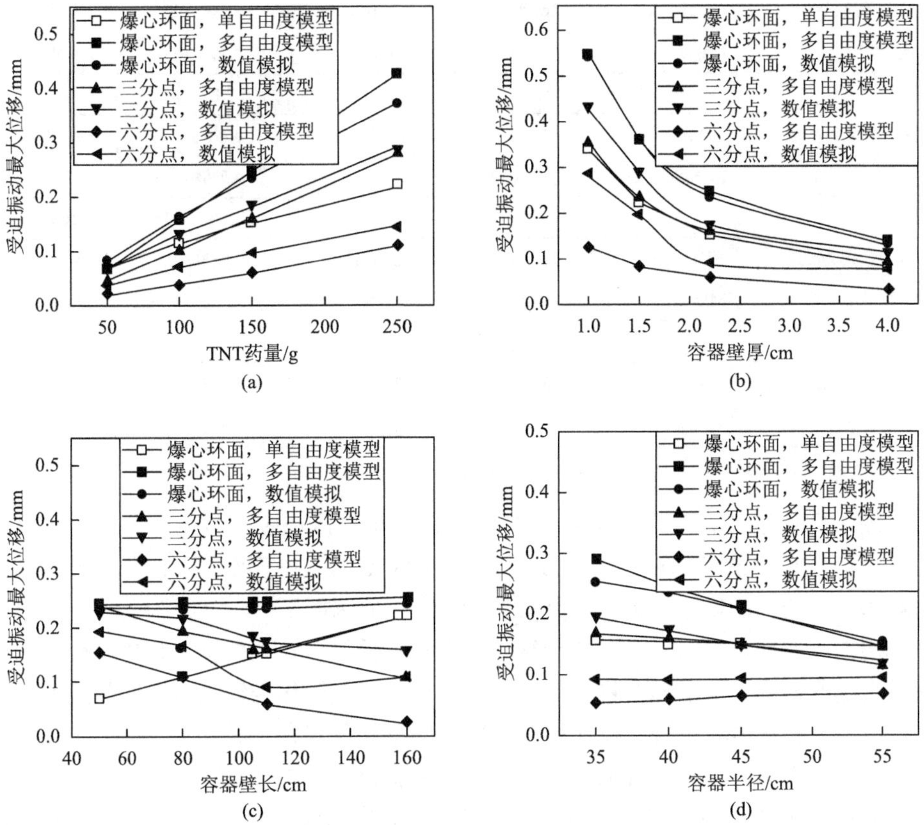

图 4.3 不同条件下容器壁各点的受迫振动最大位移

从图 4.3 可知，多自由度模型对于爆炸冲击载荷作用下容器弹性响应预测结果较为准确，不同壁厚和不同容器径向长度下的爆心环面响应预测结果与数值模拟基本重合。观察图 4.3（a）和（d）可以发现，比例距离较大时，多自由度模型与数值模拟预测结果吻合更好；比例距离太小时，预测结果偏差较大，这是因为多自由度模型计算过程中冲击载荷峰值采用了经验公式计算。而当比例距离过小时，尤其是在远小于 $1m/kg^{1/3}$ 的情况下，经验公式预测的爆炸载荷失真，影响了模型计算精度。

表 4.7 为爆心环面响应的单自由度模型、多自由度模型与数值模拟预测结果之间的误差。由表可以发现单自由度模型与数值模拟预测结果之间的误差大部分在 1/3 以上，而多自由度模型与数值模拟预测结果之间的误差明显小很多。

**表 4.7　单自由度模型和多自由度模型相较于数值模拟预测结果的误差**

| | | 50 | 100 | 150 | 250 |
|---|---|---|---|---|---|
| TNT 药量 $W$/g | SDoF | −16.4% | −29.0% | −35.6% | −40.3% |
| | MDoF | −17.1% | −1.9% | 4.7% | 14.5% |
| | | 1.0 | 1.5 | 2.2 | 4.0 |
| 容器壁厚 $2\delta$/cm | SDoF | −37.5% | −37.7% | −35.6% | −37.9% |
| | MDoF | 0.37% | 0 | 4.7% | 5.3% |
| | | 50 | 80 | 110 | 160 |
| 容器壁长 $L$/cm | SDoF | −70.8% | −53.6% | −35.6% | −9.4% |
| | MDoF | 2.1% | 2.9% | 4.7% | 4.1% |
| | | 35 | 40 | 45 | 55 |
| 容器半径 $R$/cm | SDoF | −38.4% | −35.6% | −27.8% | −4.5% |
| | MDoF | 14.5% | 4.7% | 1.4% | −4.5% |

注：SDoF 代表单自由度模型；MDoF 代表多自由度模型。

图 4.3 也对比了三分点和六分点位置的径向位移响应。其中，多自由度模型对三分点处径向位移响应的预测误差都在 20% 以内，对容器设计具有指导意义；而对六分点的预测误差较大，只具有参考价值。原因如下：一是经验公式主要描述自由场中爆炸冲击波压力，由此计算容器内壁斜反射会较为失真，且离爆心环面越远失真越严重；二是本模型将容器壁端部与端盖连接简化为铰支，与实际工况仍有些许出入；三是实际内爆载荷作用在容器轴向不同位置存在时间差，而多自由度模型假设同时作用，忽略了爆心环面首先受到载荷激发后对端部产生的影响。

通过以下研究可提高模型精度：①改进内爆载荷经验公式，尤其是比例距离为 $1m/kg^{1/3}$ 以下的估算公式；②改进为径向和轴向多自由度模型；③考虑载荷加载时间差。

由图 4.3 进一步分析装药量、容器壁厚、容器壁长和容器半径等参数对不同位置最大径向位移的影响。无论是爆心环面还是其他 $n$ 分点处的最大位移均随装药量增加呈线性增长趋势，且越靠近爆心环面，装药量对受迫振动位移的影响越大；随着容器壁厚增加，各 $n$ 分点处最大位移呈指数衰减趋势，当容器壁厚无限大时容器壁各点受迫振动最大值趋于 0；爆心环面受迫振动最大位移不受容器壁长的影响，随着容器壁长增加，远爆端位移趋向于更小。图 4.3（d）还表明，随着容器半径增加，各 $n$ 分点处最大位移越来越趋近。这是由于爆炸冲击波的传播距离增加，波阵面半径越大，越趋近于平面。当平面冲击波作用于容器壁时，各 $n$ 分点的加载时间和压力相同，响应就趋同。

### 4.2.3　爆炸压力容器实体模型

为模拟法兰对应变响应的影响，观察内爆载荷作用下的螺栓应变行为，本节建立包含法兰螺栓结构的 1/4 数值模型，如图 4.4 和图 4.5 所示。罐体、端盖、垫圈、法兰和螺栓等选择 Solid164 实体单元，空气和炸药仍选用单点 ALE 多物质单元。由于模型体量较大、计算机运算性能有限，模型中空气网格划分较为稀疏，为 0.5～0.6cm。端盖、罐体材料为 Q345R 钢。垫圈和螺杆分别为 S30408 钢和 35CrMoA 钢，材料参数如表 4.8 所示。炸药和空气材料模型及参数与简化模型相同。

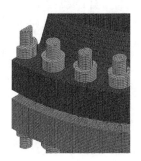

图 4.4　爆炸压力容器实体数值模型　　　　图 4.5　螺栓法兰连接结构细节

表 4.8　S30408 钢和 35CrMoA 钢的材料参数

| 钢号 | $\rho_0/(g/cm^3)$ | $E/GPa$ | $\nu$ | $\sigma/MPa$ | $B$ | $C$ | $P$ |
|---|---|---|---|---|---|---|---|
| S30408 | 7.93 | 204 | 0.285 | 205 | 1 | $10^5$ | 5 |
| 35CrMoA | 7.75 | 211 | 0.286 | 685 | | | |

### 4.2.4　实体模型与简化模型的对比分析

为了将实体模型与简化模型进行对比，布置爆炸容器响应观测点如图 4.6 所示。图4.7和图4.8分别为65g、105g装药下$P_1$和$P_4$测点压力的时程曲线对比。将椭球圆柱简化模型、爆炸压力容器实体模型与试验测试结果进行对比，可知数值模拟基本反映了内爆炸冲击波的特征。图4.9展示了两种模型各测点的模拟压力峰值与试验压力峰值及经验公式计算值的对比。其中，图4.9（c）为距离爆心环面30cm处压力峰值Henrych公式计算结果的对比，这为后面螺栓应变分析提供了便利。此外，测试中端盖极点$P_4$的压力首峰并不清晰，而极点处最大压力峰值也无经验公式参考，因此图4.9（e）和（f）分别展示了$P_4$测点数值模拟与经验公式及数值模拟压力峰值的对比。

　　数值模拟与经验公式的压力峰值计算结果吻合较好，尤其爆心环面和$P_2$测点压力峰值差异较小。比例距离较大时，数值模拟与试验测试及经验公式计算结果的一致性都很好。随着爆心距离增大，冲击波入射角度增大，数值模拟和试验测

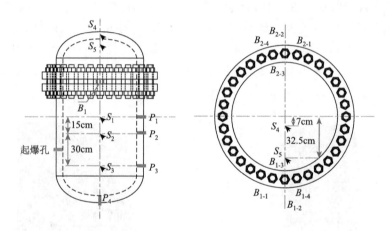

图4.6　测点布置方案

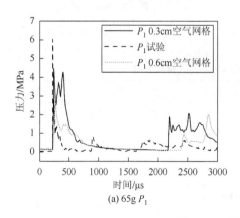

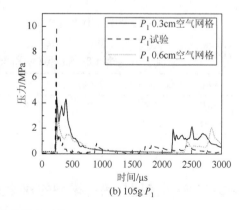

(a) 65g $P_1$　　　　　　　　　　　　　　(b) 105g $P_1$

图4.7　$P_1$测点的压力对比

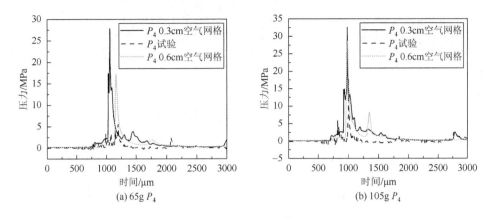

(a) 65g $P_4$　　(b) 105g $P_4$

图 4.8　$P_4$ 测点的压力对比

试及经验公式计算结果的差异增大。两个数值模型网格存在差异，相较于 0.6cm 空气网格的实体模型，0.3cm 空气网格的简化模型的压力峰值更大。

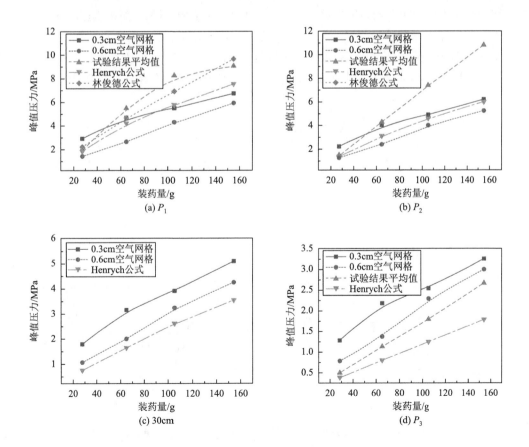

(a) $P_1$　　(b) $P_2$

(c) 30cm　　(d) $P_3$

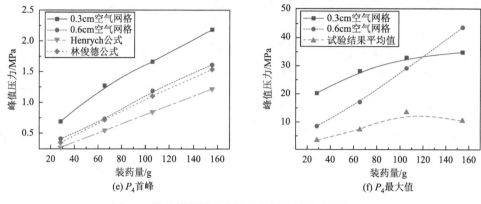

图 4.9　数值模拟压力与测试结果和经验公式的对比

图 4.10 和图 4.11 分别为 28g 和 105g 装药罐体应变数值模拟（指椭球圆柱简化模型（图中为简化模型）和爆炸压力容器实体模型（图中为实体模型））和试验结果对比。可以观察到罐体应变数值模拟与试验结果吻合良好，尤其是带螺栓法兰结构实体模型的应变与试验曲线基本重合。而无法兰的椭球圆柱简化模型应变曲线的前若干峰值也与试验曲线吻合。105g 装药下两种数值模型的应变曲线差异较小，而 28g 装药时简化模型后续振动中出现较为强烈的应变增长。原因分析如下：一方面，椭球圆柱简化模型未考虑法兰螺栓，缺少大质量法兰对罐体应变的影响；另

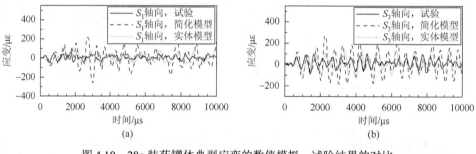

图 4.10　28g 装药罐体典型应变的数值模拟、试验结果的对比

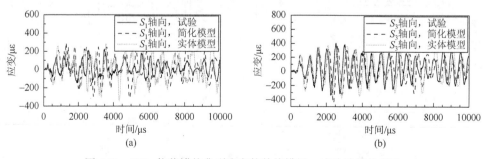

图 4.11　105g 装药罐体典型应变的数值模拟、试验结果的对比

一方面，略去法兰使简化模型上端盖和罐体之间黏合为一体，令特定情况下振动存在明显差异。关于法兰对罐体应变及应变增长的影响将在后面进行详细讨论。

图4.12和图4.13分别为105g和154g装药下螺栓内外两侧轴向应变数值模拟与测试结果的对比（注：图中用非常相近的数值来验证结果是否相似，可近似认为代表相同装药质量，下同）。螺栓外侧应变前三个峰值数值模拟与测试结果基本重合，两条内侧应变曲线虽不重合但有相同响应趋势。程帅等[11]的研究表明，预紧力越小螺栓越易产生较大的轴向应变；在特定预紧力下结构响应周期与载荷共振引起螺栓应变增长。为简化，此处未考虑螺栓预紧力，螺栓响应较试验结果更加剧烈，应变增长更为明显。

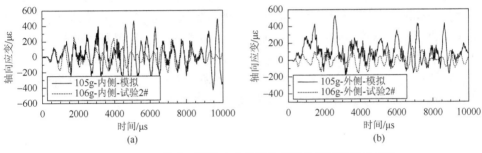

图4.12 105g装药下螺栓应变的数值模拟与测试结果的对比

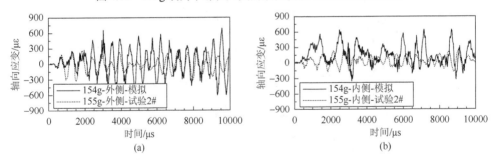

图4.13 154g装药下螺栓应变的数值模拟与测试结果的对比

## 4.3 测试系统建立

为研究结构对冲击载荷的响应问题，往往需要监测压力、应变、振动、热流、加速度等，试验系统对研究结构防护效果具有重要作用。近年来，爆炸测试技术不断发展，使得监测炸药起爆、爆轰、爆炸作用和高速撞击等过程成为可能。当前，试验技术发展很快，但爆炸试验技术还不够成熟，不能有效支撑理论与数值模拟研究。本书作者通过初步设计、测试分析、调整改进，建立了一套爆炸容器测试系统，满足了内爆炸冲击响应测试研究的需要。

### 4.3.1　测试系统初始设计

#### 1. 测点布置

图 4.14 是试验系统传感器安装位置及各测点布置示意图。图 4.14（a）中 $P_1\sim$ $P_5$ 分别为 5 个压电传感器的安装位置，$P_1\sim P_4$ 之间的间距均为 150mm，$P_5$ 测点位于下端盖顶部中央。$S_1\sim S_6$ 分别代表 6 个不同位置的应变监测点，其中，$S_{1\text{-}1}$、$S_{1\text{-}2}$ 和 $S_{1\text{-}3}$ 三个测点均位于爆心环面上，测点之间夹角为 120°，如图 4.14（b）所示；$S_2$ 和 $S_3$ 测点分别对应于 $P_2$ 和 $P_4$ 所在环面；$S_1$ 与 $S_2$ 的间距为 150mm，$S_2$ 与 $S_3$ 的间距为 300mm；$S_4$ 测点位于上端盖顶部，考虑到泄压阀位于上端盖顶点中央，将 $S_4$ 测点设置于椭球盖环面直径为 140mm 处；$S_5$ 和 $S_6$ 为位于螺杆上的两个测点。在 $S_1\sim S_3$ 测点位置上采用正交方法粘贴双向应变计，用于测量轴向应变和环向应变；$S_4$ 测点采用三向应变计进行测试；2 个螺杆上则采用单向应变计轴向粘贴方式。$T_1$ 测点为温度测试孔，采用热电偶进行温度测量。

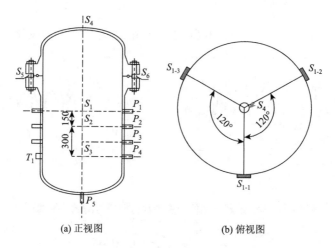

(a) 正视图　　　　　(b) 俯视图

图 4.14　试验系统传感器安装位置及各测点布置示意图

#### 2. 传感器选型与安装

压力传感器选用 JF-YD-205T 和 JF-YD-214T，其性能参数见表 4.9。$P_1$、$P_2$ 测点采用 JF-YD-205T 改进型传感器，在传感器端部外加弹簧垫片、螺帽，保证传感器与内壁之间刚性接触；$P_3$、$P_4$、$P_5$ 测点采用 JF-YD-214T 传感器，其安装示意图如图 4.15 和图 4.16（a）所示。

表 4.9　压电式压力传感器的性能参数

| 型号 | 压力范围/MPa | 参考灵敏度 pC/ $10^5$Pa（静标） | 自振频率/kHz | 非线性（FS） | 工作温度/℃ | 过载能力 |
| --- | --- | --- | --- | --- | --- | --- |
| JF-YD-205T | 30 | 9.53 | ≥200 | ≤1% | −40～150 | 120% |
| JF-YD-214T | 200 | 2.05 | ≥200 | ≤1% | −40～150 | 110% |

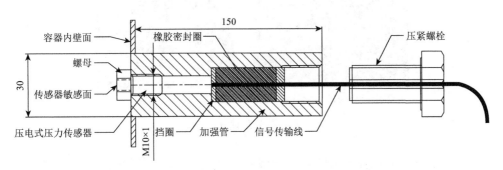

图 4.15　改进型压力传感器的安装示意图

　　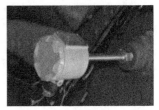

(a) 压电式压力传感器　　　　　　(b) 应变计　　　　　　　　(c) 热电偶

图 4.16　各类型传感器的实际安装示意图

选用两相 BE120-3BA-P100 和三相 BE120-3CA-P100 应变计，其阻值为（120.1±0.3）%，灵敏度系数为（2.22±1）%。安装前，对粘贴面进行抛光打磨、酒精擦洗晾干，将应变计涂抹一层薄薄的 B-711 胶水后粘贴到相应测点上，待牢固后在应变计外表涂一层 G704 硅乳胶做防潮处理，再用胶带进行固定，如图 4.16（b）所示。

测温热电偶传感器的型号为 WRN-240C，其测量范围为 0～1000℃，分度号为 K，精度等级为Ⅱ级，防爆等级为 Exd/ⅡC/T6，安装后如图 4.16（c）所示。

3. 测试系统的组成与连接

数据采集使用 DH5960 动态信号测试分析系统和自主研发的信号存储盒，如图 4.17 所示，最高采样频率为 10MHz，连接不同传感器可实现压力、振动和爆炸冲击等参量的测试，对应变计、压阻和压电式压力传感器测量的自适应性好。电压测量误差≤0.3%，应变测量误差≤（0.003±3）με，放大器带宽可达 1MHz，噪声≤8μV，时间漂移＜3μV/h，温度漂移＜1μV/℃。

(a) DH5960动态信号测试分析系统　　　　(b) 信号自主采集装置

图 4.17　信号测试分析系统

　　压力传感器和应变计按图 4.14 安装后，通过电缆线与信号采集系统连接，如图 4.18 所示，压力传感器连接自主采集装置，应变计连接 DH5960 动态信号测试分析系统，TNT 炸药吊装于容器中心，起爆线通过测孔引出并接到起爆器上。炸药为 TNT 球装药，密度为 $1.5 \times 10^3 \text{kg/m}^3$。

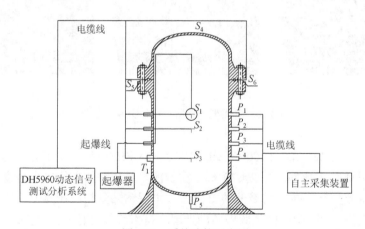

图 4.18　系统连接示意图

## 4.3.2　内爆炸冲击响应测试结果分析

### 1. 冲击波反射超压测试结果分析

　　试验装药为 50g TNT 球形装药，共两组进行，采样频率为 500kHz，试验测得冲击波反射超压时程曲线如图 4.19 所示。由图可知，同一测点的超压时程曲线变化趋势相似，说明设计的试验系统可靠。采用压电式压力传感器可测到冲击波反射超压首峰值，且冲击波响应上升沿吻合较好，但后续冲击波在壁面的多次反射规律不明显，曲线较为紊乱，峰值一致性有差异，个别存在相位相差，且压力曲线的相当部分处于负压区，与冲击波反射作用特点不相符，判断是由该传感器特性导致的，国内大多传感器都有类似现象[12]。

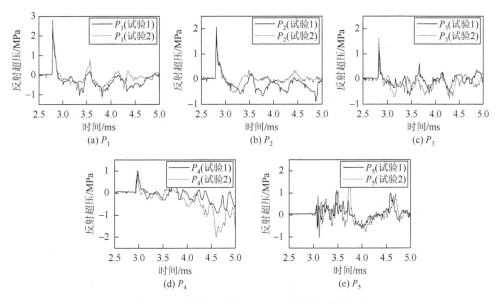

图 4.19　各测点实测冲击波反射超压时程曲线

对比图 4.19 中测点反射超压首峰值可知，压力随测点距爆心距离增加而减小，这与空气中冲击波作用特点相同。观察 $P_5$ 测点，压力曲线先有若干个振荡波存在，这是由传感器固定不紧导致的。表 4.10 列出了 $P_1 \sim P_5$ 测点反射超压首峰值、正压作用时间和比冲量的实测值，由表可知，除 $P_5$ 测点压力相差较大外，其余首峰值的两次实测值较为接近，相对误差在 7.67% 以内，试验结果一致性较好；同一测点、两次测量的正压作用时间较为接近；测点比冲量随测点距爆心距离增加而减小，冲击波做功能力逐渐减弱，符合冲击波随距离增加而衰减的规律。表 4.11是 $P_1$ 测点经验公式与试验结果的对比，由表可知，反射超压首峰实测值均比理论计算结果小，与 Brode 公式计算结果最为接近，而与林俊德公式的计算结果相差最大；平均值与 Brode 公式的误差为 13.81%，与林俊德公式误差为 28.90%，均较大，说明所选传感器对超压测量的可靠性或精准度有待研究。表 4.11 中实测正压作用时间与 Henrych 公式的计算结果接近，误差为 2.18%；实测比冲量与 Baker公式及 Brode 公式的计算值接近，误差为 4.21%。

**表 4.10　50g TNT 球形装药的反射超压首峰值、正压作用时间及比冲量测试结果**

| 参数 | 组别 | $P_1$ | $P_2$ | $P_3$ | $P_4$ | $P_5$ |
|---|---|---|---|---|---|---|
| 首峰值/MPa | 试验 1 | 2.385 | 1.985 | 1.612 | 0.983 | 0.485 |
| | 试验 2 | 2.781 | 2.059 | 1.583 | 0.810 | 0.741 |
| 正压作用时间/μs | 试验 1 | 128 | 184 | 94 | 186 | 144 |
| | 试验 2 | 136 | 148 | 86 | 94 | 138 |
| 比冲量/(Pa·s) | 试验 1 | 124.042 | 112.360 | 41.816 | 72.456 | 21.870 |
| | 试验 2 | 136.019 | 104.634 | 44.650 | 29.510 | 51.882 |

**表 4.11　$P_1$ 测点实测值与经验公式计算值的对比**

| 参数 | Baker 公式 | Brode 公式 | Henrych 公式 | 林俊德公式 | 试验测试值 |
|---|---|---|---|---|---|
| 首峰值/MPa | 3.189 | 2.997 | 3.238 | 3.633 | 2.385/2.781 |
| 正压作用时间/μs | 97.247 | 97.247 | 129.18 | 393.1 | 128/136 |
| 比冲量/(Pa·s) | 135.721 | 135.721 | 149.881 | 262.653 | 124.042/135.967 |

**2. 容器壳体的应变响应测试结果分析**

1）爆心环面的应变响应试验结果分析

图 4.20 是爆心环面上 3 个不同测点的试验应变响应时程曲线。由图可知，环向压应变和拉应变的最大峰值均为曲线首峰值，轴向压缩和拉应变最大值出现在 765～766ms 时刻，发生了应变增长现象，且环向应变最大值均比轴向应变最大值大得多，这是因为圆柱壳体爆心环面上受到的环向应力比轴向大，环向拉伸比轴向明显。段卓平等[13]对密闭容器爆炸试验的研究结果表明，爆炸开始发生环向膨胀时，环向拉伸使轴向朝负方向缩短，环向变形总比轴向变形大。由图 4.21 可知，位于同一环面三个不同距离处的应变响应时程曲线的相位基本吻合，但峰值大小

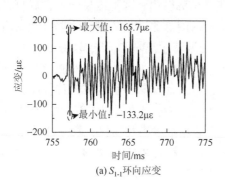

(a) $S_{1-1}$ 环向应变

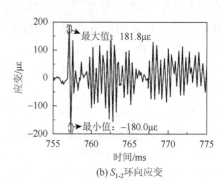

(b) $S_{1-2}$ 环向应变

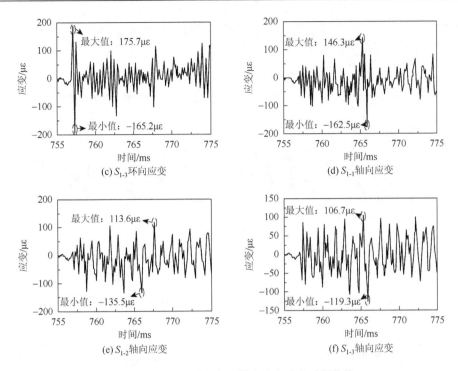

图 4.20　爆心环面环向和轴向应变响应时程曲线

不一，参照表 4.12，最大值与最小值差距几十微应变，这与三个测点实际无法粘贴在同一高度及粘贴点抛光度不同等因素有关。

表 4.12　爆心环面不同测点的最大应变值

| | | $S_1$ | $S_2$ | $S_3$ | 平均值 |
|---|---|---|---|---|---|
| 环向/με | 拉应变 | 165.7 | 181.8 | 175.7 | 174.4 |
| | 压应变 | 133.2 | 180.0 | 165.2 | 159.5 |
| 轴向/με | 拉应变 | 146.3 | 113.6 | 106.7 | 122.2 |
| | 压应变 | 162.5 | 135.5 | 119.3 | 139.1 |

2）近端盖顶点处应变响应试验结果分析

比较图 4.22 与图 4.20 测得的应变值，在近端盖顶点处环向、轴向以及 45°角方向应变均比爆心环面的值大，为其最大峰值的 2 倍多，这是冲击波多次反射后在顶点汇聚作用的结果。受冲击波汇聚影响，端盖应变响应比筒体更加复杂，应变增长峰值更大。图 4.22 表明，三个方向的压应变最大值出现在同一时刻，且数值较为接近，压应变最大值比拉应变最大值小很多；轴向和 45°方向的拉应变最大值响应在同一时刻。这表明，端盖轴向应力分量比环向应力分量大，相同位置的拉应力比压应力大。

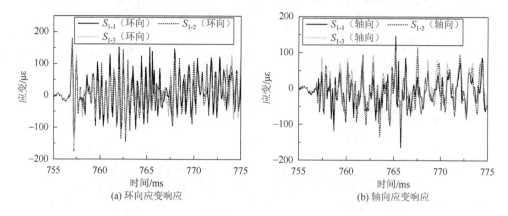

图 4.21　爆心环面不同位置环向和轴向应变响应时程曲线的对比

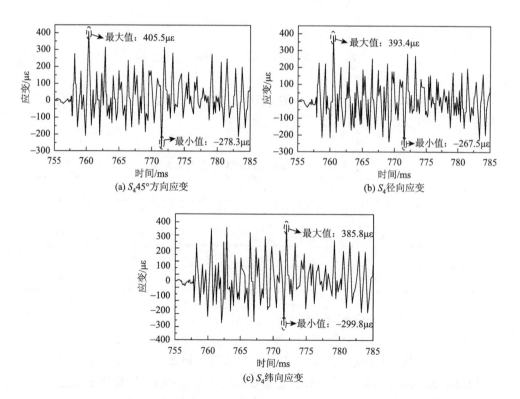

图 4.22　近端盖顶点处的应变

3）螺杆处应变响应试验结果分析

由图 4.23 可知，螺杆上测得的轴向应变比爆心环面处的轴向应变大得多，由于螺杆是半椭球端盖与筒体紧固的连接件，冲击波对半椭球端盖的作用最终转化到螺杆上，螺杆受轴向力作用产生了应变增长现象，结论对螺杆失效分析有重要参考。因此，在进行罐体设计时，要充分考虑螺杆应变响应的影响。试验显示不同螺杆最大峰值相差较大，约为 40με，在后续试验中应对试验方法及粘贴工艺进行改进。

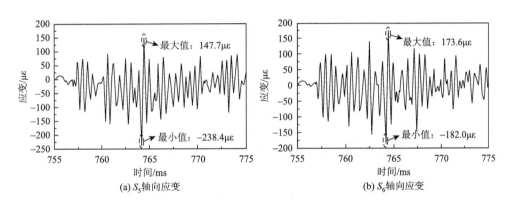

图 4.23　螺杆处的应变响应时程曲线

4）筒体其他位置应变响应试验结果分析

图 4.24 中 $S_2$ 和 $S_3$ 是对应于 $P_2$、$P_4$ 测点环面应变响应曲线。由图可知，不同于爆心环面环向应变，$S_2$ 和 $S_3$ 均出现环向应变增长现象。分析 $S_1$ 测点环向和轴向应变最大峰值，发现 $S_2$ 和 $S_3$ 测点的测量值小于 $S_1$ 测点；试验数据夹杂噪声信号，且部分噪声信号的峰值较大，不利于试验分析，必须加以消除。

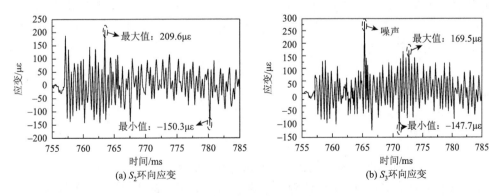

图 4.24　$S_2$ 和 $S_3$ 测点的环向应变响应曲线

**3. 内爆炸场温度响应测试结果分析**

由图 4.25 可知，热电偶传感器的温度响应时间为秒级，最大温度约为 55℃，温度测量滞后明显，说明该类传感器不适用于瞬态温度测量，需要重新选择合适的传感器。

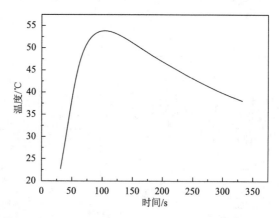

图 4.25　50g 球形装药测得的温度时程曲线

# 4.4　国内外压电传感器性能对比试验

基于压电效应的压力传感器主要有高阻电荷型和 ICP 型两种。高阻电荷型直接输出压电晶体受力产生的电荷；ICP 型将电荷转换电路集成于传感器内部，将产生的电荷转换为电压输出[14]。在测试中，这两种类型的传感器不同程度地受到电磁干扰、地震波、振动冲击、热冲击等寄生效应的影响。前述研究表明，国内压电传感器的测试曲线产生较长负压段，不能反映冲击波密闭容器内多次反射的规律，且受振动冲击影响明显。本节选取国内外不同类型压电传感器进行对比测试，为相关研究提供参考。

## 4.4.1　试验系统设计

**1. 试验装置**

如图 4.26 所示的试验，采用尺寸 1100mm×300mm×20mm 的薄钢板作为靶板，从左至右依次设置 1# 至 5# 测点，测点间距如图 4.26 所示（单位为 mm）。传感器安装于基座上，基座用 4 个螺钉固定在靶板上。靶板通过 6 个螺钉紧固

在 6 个直径为 80mm 的钢柱上，确保试验时靶板的水平稳定性。选用美国 PCB
公司生产的 ICP 型传感器作为测压传感器，高阻电荷型使用前述传感器，参数
见表 4.13。

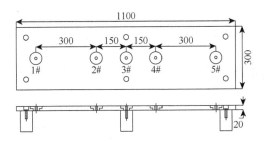
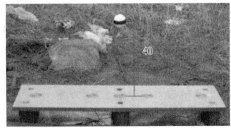

图 4.26  靶板示意图

**表 4.13  各型号传感器的参数**

| 测点 | 传感器类型 | 型号 | 测量范围/MPa | 自振频率/kHz | 灵敏度系数 | 温度范围/℃ | 非线性（FS） |
|---|---|---|---|---|---|---|---|
| 1#、2# | ICP 型 | 102B03 | 68.95 | ≥500 | 0.073mV/kPa | −73～135 | ≤1% |
| 3# | 高阻电荷型 | JF-YD-214T | 200 | ≥200 | 2.05pC/105Pa | −40～150 | ≤1% |
| 4#、5# | 高阻电荷型 | JF-YD-205T | 30 | ≥200 | 9.53pC/105Pa | −40～150 | ≤1% |

## 2. 系统连接

选用 DH5863 程控电荷放大器和 DH5960-1 作为信号采集系统，如图 4.27 所
示，1#和 2#传感器为 ICP 型，通过连接信号调节器（恒流源）为其供电，并将电
荷转换成电压输出；3#、4#、5#传感器为高阻电荷型，因其输出直流响应差，故
采用连接电荷放大器的方式来增强信号采集效果。两种传感器最后均连接到信号
采集系统，并由计算机软件控制数据采集与分析。

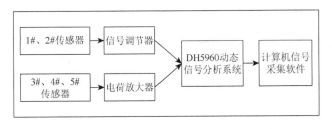
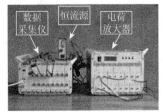

图 4.27  试验系统连接示意图

### 3. 试验方法

试验方案见表 4.14，传感器安装位置始终不变。试验时，在传感器表面涂抹一层隔热材料，避免热冲击效应对传感器的影响。

表 4.14 试验方案

| 组别 | 装药质量/g | 装药密度/(g/cm³) | 炸高/cm | 采样频率/MHz |
|---|---|---|---|---|
| 第一组 | 216（TNT 球形装药） | 1.501 | 40 | 1 |
| 第二组 | 220（TNT 球形装药） | 1.504 | 40 | 1 |
| 第三组 | 211（TNT 球形装药） | 1.499 | 40 | 1 |

## 4.4.2 冲击振动及谐振影响因素分析

图 4.28 为测点典型压力时程实测曲线对比。由图可知，ICP 型压电传感器测

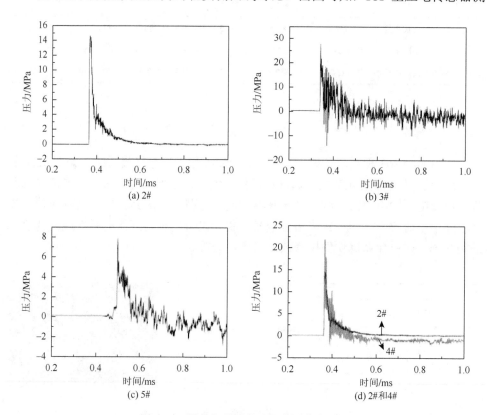

图 4.28 测点典型压力时程实测曲线对比

得的波形曲线较光滑，无复杂振荡；而国产高阻电荷型压电传感器测得的波形振荡明显。原玢[15]在传感器动态校准试验中也发现国产传感器测压信号明显振荡的现象，即冲击振动对测试影响显著。

为揭示传感器测试波形振荡原因，对 ICP 型传感器和高阻电荷型传感器内部结构进行分析，如图 4.29（a）和（b）所示，工作原理如图 4.29（c）所示。由图可知，ICP 型传感器带有加速度补偿用质量块和晶体片。在图 4.29（c）中，$m_1$ 是膜片及传压块等效质量，$m_2$ 是加速度补偿用质量块，$C_1$ 和 $C_2$ 是晶体片。加速度补偿原理是：当传感器受到加速度 $a$ 作用时，惯性力 $m_1 a$ 作用于晶体片 $C_1$，产生电荷量 $Q_1 = k_1 m_1 a$，惯性力 $(m_1 + m_2)a$ 作用于晶体片 $C_2$ 产生电荷量 $Q_2 = k_2(m_1 + m_2)a$；当 $Q_1 = Q_2$ 时，加速度产生的电荷被完全抵消，实现对加速度的补偿。因此，满足以下关系即可：

$$m_1 = \frac{k_2}{k_1}(m_1 + m_2) \tag{4.6}$$

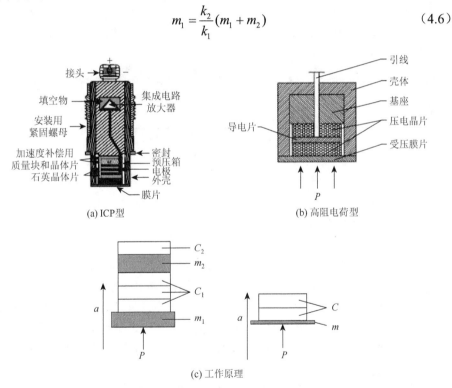

图 4.29　压电传感器结构及其工作原理示意图

国产高阻电荷型传感器不带加速度补偿功能，外界加速度产生的信号叠加到冲击波信号一起输出，导致测试波形振荡剧烈。而 ICP 型压电传感器的加速度补偿对靶板振动噪声有较好的抑制作用。冲击振动还会导致真实信号叠加放大，使测压峰值偏高，影响测量准确性，这是相同测点国产传感器测压峰值比 ICP 型传感器峰值超压大近 2 倍的原因，如图 4.28 所示。将图中 3#、4#、5#测点峰值超压与经验公式计算结果（表 4.15）对比发现，测试值近似于计算值的 2 倍，表明结构振动不仅造成测量结果振荡和叠加放大，还使结果误差增大。3#测点的压力时程曲线包含明显的谐振信号，这是结构振动激发传感器自振而形成的。图 4.30 是测点的频谱图，图中冲击频率主要集中在低频段，但 3#测点频率在 150～380kHz，包含共振频率 200～300kHz，说明传感器受结构振动激发共振，测试信号中包含谐振信号，在爆炸冲击测试时应避免以上不利因素的影响。

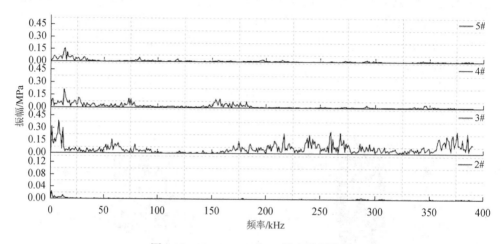

图 4.30　2#、3#、4#和 5#测点的频谱图

### 4.4.3　信号处理与分析

冲击波频率主要集中在低频段，因此采用低通滤波对测试信号进行处理。低通滤波的截止频率还无相关标准可循，国内学者对冲击测试信号比较认可的截止频率为 22kHz 和 40kHz[16, 17]。常用 IIR 和 FIR 数字滤波器，IIR 滤波的幅值精度优于 FIR，但不具有线性相位特性，FIR 滤波既满足一定精度又有良好的线性相位特性，因此常选用 FIR 进行滤波。FIR 滤波方式有汉宁窗滤波器和汉明窗滤波器两种，两者的滤波效果差别不大。

汉宁窗 FIR 滤波器对原始信号在截止频率为 22kHz 和 40kHz 时进行滤波，滤波后的压力曲线如图 4.31 所示。由图可知，滤波后曲线光滑，波峰较为尖锐，波形相位与原始信号相一致，说明该方法能较好地去除结构振动及谐振信号；同一测点不同截止频率滤波后的曲线相位特性一致，但首峰值有差异，截止频率 40kHz 比 22kHz 滤波后的曲线波形要尖锐一些；滤波后峰值比实测信号损耗大，这是冲击振动及谐振等高频率噪声被滤除的结果。

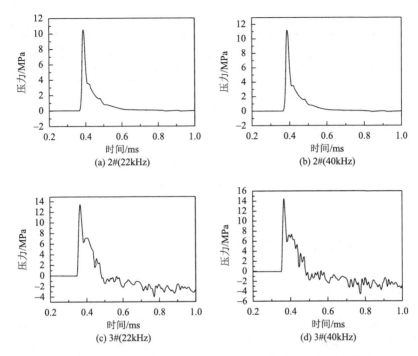

图 4.31　测点在截止频率为 22kHz 和 40kHz 时汉宁窗 FIR 滤波后的压力曲线

### 4.4.4　实测值与经验公式计算值的对比分析

滤波后实测值与经验公式计算值的对比见表 4.15。表中左侧为通带截止频率为 22kHz 滤波的峰值超压，右侧为 40kHz 滤波后峰值超压。分析比较结论为：比例距离在 0.5～1，实测值与 Brode 公式和 Baker 公式的计算值较为接近，但比 Henrych 公式的计算值大得多；ICP 型传感器的测量峰值波动比国内高阻电荷型传感器的测量峰值波动小，说明 ICP 型传感器的测试精度较高，性能较为可靠；5#测点均值误差分别为 24.59%和 28.34%，马赫反射冲击波经验公式计算值与实测值的偏差较大。

表 4.15　各经验公式反射超压计算值及实测值对比表

| 测点 | 经验公式/MPa | | | 实测值/MPa | | | 平均值/MPa | 均值误差/% | | |
|------|---------|-------|-------|--------|--------|--------|------|---------|-------|-------|
| | Henrych | Brode | Baker | 第 1 发 | 第 2 发 | 第 3 发 | | Henrych | Brode | Baker |
| 1# | 3.2 | — | — | 3.2 | | | | — | — | — |
| 2# | 7.6 | 11.9 | 10.8 | 10.5/11.4 | 10.6/11.6 | 10.6/11.5 | 10.6/11.5 | 28.47/34.05 | 11.25/3.73 | 2.26/5.70 |

续表

| 测点 | 经验公式/MPa | | | 实测值/MPa | | | 平均值 /MPa | 均值误差/% | | |
|------|----------|-------|-------|---------|--------|---------|----------|----------|-------|-------|
| | Henrych | Brode | Baker | 第1发 | 第2发 | 第3发 | | Henrych | Brode | Baker |
| 3# | 9.7 | 16.3 | 14.6 | 13.5/14.7 | 14.3/15.3 | 13.1/14.2 | 13.6/14.7 | 29.09/ 34.28 | 19.63/ 34.0 | 6.80/ 0.56 |
| 4# | 7.6 | 11.9 | 10.8 | 10.6/11.8 | 11.1/12.1 | 10.3/11.2 | 10.7/11.7 | 28.84/ 35.20 | 10.78/ 1.95 | 1.74/ 7.39 |
| 5# | — | — | — | 4.3/4.53 | 4.4/4.7 | 4.0/.4.1 | 4.2/4.5 | 24.59/ 28.34 | — | — |

## 4.4.5　实测值与数值模拟的对比分析

### 1. 有限元模型

利用有限元软件对靶板构建三维有限元计算模型，计算网格均为六面实体单元，考虑计算工作量和能力只构建靶板四分之一模型，网格尺寸为 0.4cm。靶板有限元模型如图 4.32 所示，靶板下方定义刚性平面约束。

图 4.32　靶板有限元模型

### 2. 计算结果分析

数值模拟结果如表 4.16 和图 4.33 所示。由于对称性，测点 1#、2#的模拟结果分别与 4#、5#测点相同，表 4.16 中试验测试一栏斜杠左侧为通带截止频率 22kHz 滤波的平均峰值超压，斜杠右侧为 40kHz 滤波的平均峰值超压。对图中曲线进行对比分析可知，各计算点与测试点曲线上升沿较为契合，但下降沿都相差较大；表中各测点峰值超压计算结果，除 3#测点外误差均在 10%以内，测试值与数值结果较为吻合，表明试验系统可靠、滤波方式可行。

**表 4.16　数值模拟与试验测试结果对比**

| 项目 | 1#/MPa | 2#/MPa | 3#/MPa | 4#/MPa | 5#/MPa |
|---|---|---|---|---|---|
| 数值模拟 | 4.28 | 10.712 | 12.337 | 10.712 | 4.28 |
| 试验测试 | — | 10.5896/11.4869 | 13.6348/14.7127 | 10.6459/11.6993 | 4.2338/4.4552 |
| 均值误差 | — | 1.14%/6.75% | 9.52%/16.15% | 0.62%/8.44% | 1.08%/3.93% |

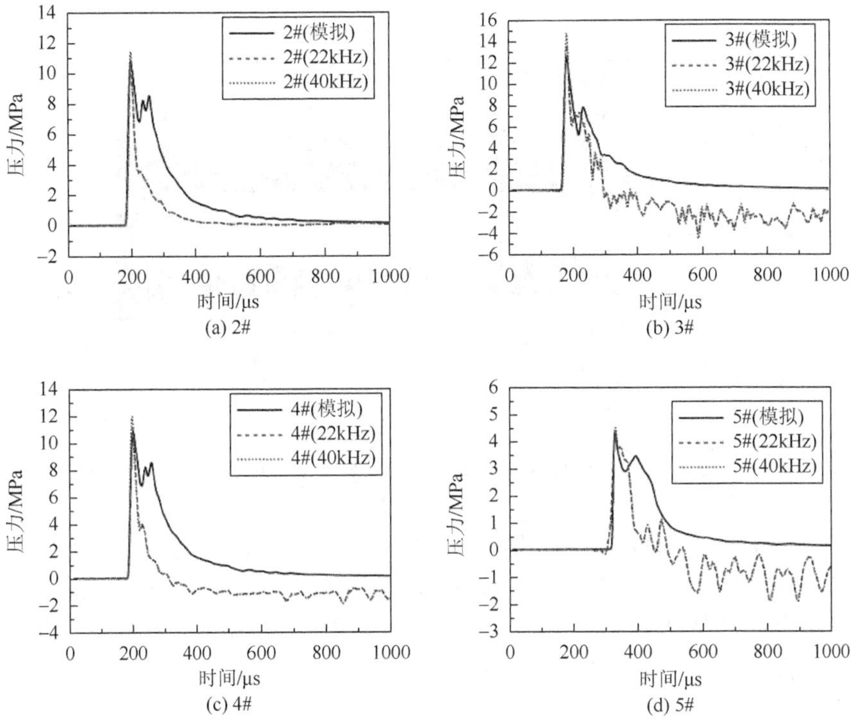

图 4.33　数值模拟与实测压力曲线对比图

## 4.5　爆炸容器内爆炸参数测试系统改进

通过爆炸容器内爆炸动力响应测试与靶板试验研究，虽然建立了爆炸容器内爆炸参数测试系统，但试验系统、试验装置和试验器材设备等仍有改进的地方。为更可靠和更准确地测得爆炸容器内爆炸参数，主要从以下三个方面进行改进。

### 4.5.1　测试管更改

针对国产高阻电荷型传感器测试易受冲击振动、自振、热冲击等影响，导致测量结果不可靠或不精确，不能测出容器内爆炸冲击波多次反射压力响应等问题。通过靶板试验验证，将国产传感器更换为美国 PCB 公司生产的 102B03 系列压力传感器；为配合 ICP 型压电传感器安装要求，对原国产传感器安装孔进行改进；为便于传感器从外部安装，将测试管内外径尺寸加大，同时减小测试管长度；采用传感器配合基座安装方式，用压紧螺栓顶紧基座达到刚性连接目的；最后通过基座上 O 形密封圈和传感器前端紫铜垫圈来保证密封，改进安装方案如图 4.34 所示。

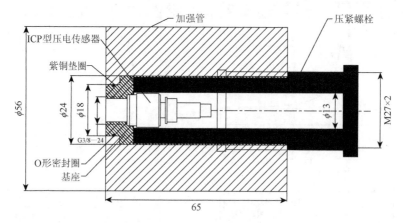

图 4.34　测试管改造后传感器的安装方案（单位：mm）

参照 GB 150—2011《压力容器》设计标准，改进测试管设计尺寸为内径 24mm、外径 56mm、长 65mm。对改进测试管进行水压强度试验，达到了保压 72h 无渗漏。参考袁佳艳[17]和曹学友[18]的研究结果，通过使用基座方式使传感器迎爆面和容器内壁面平齐，避免了传感器凹凸对测试结果的影响，如图 4.34 所示。

### 4.5.2　更换雷管及破片散布验证试验

在爆炸容器内载荷测试及靶板试验过程中，发现军用 8 号雷管破片会散射到容器内壁和靶板表面，如图 4.35 所示，最大凹坑深度为 1~2mm，这对传感器安全及可靠测试不利。为减轻这一危害，制作了铝壳小雷管代替军用 8 号雷管。

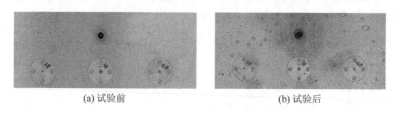

(a) 试验前　　　　　　　　　　　　　　(b) 试验后

图 4.35　靶板试验前后破片散布对照

### 4.5.3　测试系统改进

1. 测点布置

测试系统对传感器选型、安装方式和位置进行改进后，测点设置如图 4.36 所示。其中，$P_1$、$P_2$、$P_3$ 和 $P_4$ 测点设置 ICP 型压电传感器，$S_1 \sim S_{10}$ 为应变测量点。$S_1$、$S_2$、$S_3$ 对应爆心环面、环面下沿 150mm 和 450mm 处应变测点，与 $P_1$、$P_2$ 和 $P_3$ 压力测点高度对应；$S_4$ 和 $S_5$ 测点位于半椭球端盖上，位于端盖直径 140mm 和 650mm 的外壁上；$S_6$ 和 $S_7$ 是离左侧测试管 3cm 处的测点，与 $S_1$ 和 $S_2$ 测点位于同一环面，用于测量同一环面不同位置的应变响应；$S_8$ 和 $S_9$ 为螺杆上测点，应变计沿螺杆轴向粘贴，应变计之间成 90° 排列。$S_1 \sim S_7$ 测点均为三相应变。$T_1$、$T_2$ 和 $T_3$ 为温度测点，供内爆炸场温度测量。

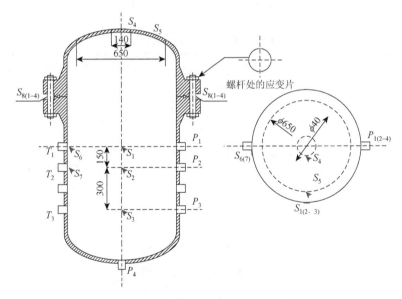

图 4.36　爆炸容器测点布置方案（单位：mm）

2. 传感器及数据采集仪选型

压力测量选用美国 PCB 公司生产的 102B03 和 CA102B 系列 ICP 型压电传感器，$P_1$、$P_2$、$P_3$ 测点安装 102B03 系列，$P_4$ 测点安装 CA102B 系列。CA102B 系列传感器在敏感元件表面添加了一层抗烧蚀材料，用于减弱爆炸火球对测试的影响。压力传感器实物见图 4.37，技术参数和灵敏度系数分别见表 4.17 和表 4.18。温度传感器采用自主设计的钨铼 R5 热电偶，如图 4.38 所示，其具有较好的温度-

电势线性关系及热稳定性等优点，最大测量温度为 1100℃。应变、温度采集采用 DH5902N 型 32 通道数据采集分析系统，见图 4.39（a），最大采样速率为 128kHz，自带锂电池组，专门用于应变测试，配合调节器可兼顾其他类型数据采集。超压数据采集采用 DH5960 系统，该仪器不能对 ICP 型压电传感器进行供电，这里选配 Kistler 公司生产的 5148 型电源适配器进行解调，如图 4.39（b）和（c）所示。

(a) 102B03系列压力传感器　　　　　(b) CA102B系列压力传感器

图 4.37　压力传感器实物图

**表 4.17　各型号传感器的技术参数**

| 系列名称 | 压力范围 /MPa | 共振频率 /kHz | 上升时间 响应/μs | 非线性 | 低频响应 /Hz | 加速度灵敏度 /(kPa/(m/s$^2$)) | 工作温度/℃ |
|---|---|---|---|---|---|---|---|
| 102B03 系列/ CA102B 系列 | 0～68.95 | ≥500 | ≤1 | ≤1% | 0.0005 | ≤0.0014 | −73～＋135 |

**表 4.18　ICP 型压电传感器的灵敏度系数**

| 测点 | $P_1$ | $P_2$ | $P_3$ | $P_4$ |
|---|---|---|---|---|
| 灵敏度系数/(mV/MPa) | 73.98 | 72.96 | 72.57 | 73.17 |

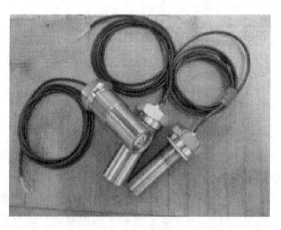

图 4.38　钨铼 R5 热电偶

(a) DH5902N数据采集仪    (b) DH5960数据采集仪    (c) Kistler电源适配器

图 4.39    各型号数据采集仪

### 3. 传感器安装及系统连接

ICP 型压电传感器的安装见图 4.34。传感器安装于基座上，结合处使用紫铜圈密封；基座安装于测孔前端，基座与测孔连接处用 PVDF 橡胶垫密封和减振；基座用压紧螺栓顶紧防止窜动，信号传输线从螺栓通孔引出。热电偶及应变计安装如图 4.40 所示，热电偶通过螺纹安装于测试管上传感器前端与容器内壁平齐。应变计粘贴前容器表面进行抛光处理，防止褶皱、凹坑、凸起、表面不平整等不利因素；粘贴时，在应变计内表面涂 401 胶薄层，迅速粘贴于应测点处，按压 15s 左右，风干 15min 后再在表面涂 G704 硅乳胶防潮层，导线不应交叉，避免短路。

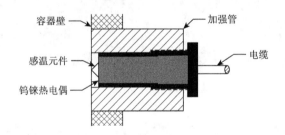

图 4.40    热电偶及应变计的安装方式

改进后，试验系统如图 4.41 所示，ICP 型压电传感器通过 Kistler 电源适配器再连接到 DH5960 信号采集仪；应变计和热电偶通过信号传输线连接到 DH5902N 数据采集仪；数据采集仪通过连接计算机实现信号采集与分析。

### 4. 试验安排

采用 4 种不同药量 TNT 球形炸药进行试验，炸药位于容器中心，采用如图 4.42 所示的吊装方式和中心点起爆法，每一组试验都对药量和装药直径进行测量，如图 4.43 所示。应变测量采样频率为 100kHz，压力测量采样频率为 1MHz。应变测试受到采集仪通道数的限制，因此将筒体的应变与法兰处螺栓的应变分开测量。压力、螺栓应变和温度的测量为同一组试验，筒体应变测量单独为一组试验。

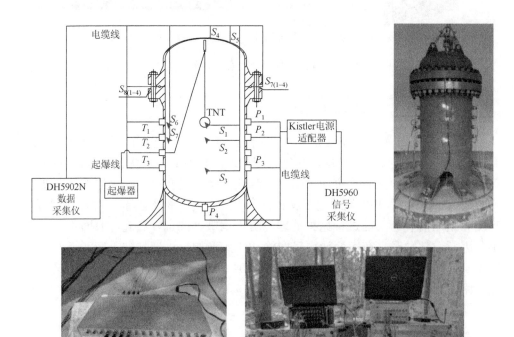

图 4.41　系统连接示意图

图 4.42　TNT 球形装药的吊装方式

图 4.43　试验前药量与装药直径的测量

### 4.5.4　测试管改进前后测试结果对比

改进前国产高阻电荷型压电传感器测得的压力曲线如图 4.44 所示，改造后 ICP 型压电传感器测得的压力曲线如图 4.45 所示。由图可知，采用 ICP 型压电传感器进行测试比高阻电荷型压电传感器有很大改善，能够反映冲击波容器内多次反射情况，测量结果的准确性与可靠性更高；国产高阻电荷型压电传感器只能测到首个冲击波反射超压，后续冲击波反射并不能正确反映，尤其是封头顶点处的压力。因此，采用 ICP 型压电传感器测量爆炸容器内冲击波反射超压是可靠的。

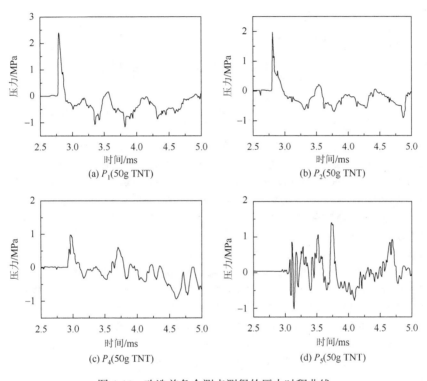

图 4.44　改造前各个测点测得的压力时程曲线

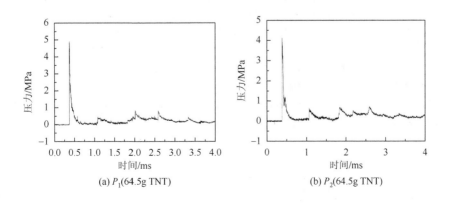

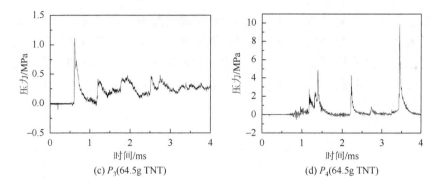

(c) $P_3$(64.5g TNT)　　　　　　　　(d) $P_4$(64.5g TNT)

图 4.45　改造后各个测点测得的压力时程曲线

# 参 考 文 献

[1]　龙建华, 胡八一. 100g（TNT）当量真空密封爆炸容器的设计[J]. 设计与研究, 2006, 33（2）: 27-31.

[2]　龙建华, 苏红梅, 胡八一. 小当量密封爆炸容器的设计[J]. 机械工程师, 2005, 11: 86-87.

[3]　苏红梅, 胡八一, 王晓燕. 80g TNT 当量爆炸容器的研制[J]. 机械工程师, 2011, 2: 41-42.

[4]　张晓娟, 曹雄, 白燕. 5g TNT 当量爆炸容器的设计[J]. 机械管理开发, 2009, 24（4）: 53-55.

[5]　文潮, 刘晓新, 马艳军. 钛/钢复合板密封爆炸容器的设计与制造[J]. 中国有色金属学报, 2010, 20（1）: 972-976.

[6]　廖英强, 韩建平, 苏建河. 复合材料爆炸容器的工程设计方法[J]. 火工品, 2006,（4）: 1-3.

[7]　梁志刚, 马艳军, 秦学军, 等. 小当量双层爆炸容器的研制[J]. 兵工学报, 2010, 31（4）: 525-528.

[8]　曹胜光, 舒挺, 陈冬群, 等. 5kg TNT 当量爆炸容器的研制[J]. 压力容器, 2004, 21（4）: 33-36.

[9]　白金泽. LS-DYNA3D 理论基础与实例分析[M]. 北京: 科学出版社, 2005.

[10]　LSTC. LS-DYNA Keyword User's Manual Volume II Material Models[M]. Livermore: Livermore Software Technology Corporation, 2012.

[11]　程帅, 张德志, 刘文祥, 等. 球形爆炸容器法兰联接螺栓的应变增长现象[J]. 爆炸与冲击, 2019, 39（3）: 1-8.

[12]　成凤生. 密闭空间内爆炸冲击波压力测试及内壁超压分布研究[D]. 南京: 南京理工大学, 2012.

[13]　段卓平, 恽寿榕. 密闭爆炸容器实验研究及数值模拟[J]. 中国安全科学学报, 1994,（3）: 1-7.

[14]　袁佳艳, 狄长安, 徐天文, 等. 基于电荷输出型压电传感器的冲击波超压存储测试系统[J]. 传感器与微系统, 2016, 35（11）: 107-108, 112.

[15]　原玢. 冲击波超压测试系统的动态不确定度研究[D]. 太原: 中北大学, 2012.

[16]　童晓. 爆炸场冲击波压力测量及数据处理方法研究[D]. 南京: 南京理工大学, 2015.

[17]　袁佳艳. 近地爆炸地面冲击波测试方法研究[D]. 南京: 南京理工大学, 2017.

[18]　曹学友. 空中冲击波测试误差研究[D]. 太原: 中北大学, 2014.

# 第 5 章　圆柱形爆炸容器内爆炸载荷及动态响应

## 5.1　内爆炸载荷特征及分布规律

### 5.1.1　测点分布

为研究装药圆柱形容器内爆炸载荷特征及分布规律，对图 5.1（a）中 $P_1 \sim P_5$ 测点进行冲击波载荷测试。$P_1$ 测点位于装药中心所在的容器横截面上，$P_1 \sim P_4$ 测点具有相同的环向坐标，轴向均布，间距为 150cm，$P_5$ 测点位于下端盖极点处。

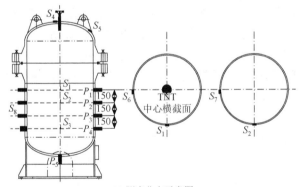

(a) 测点分布示意图

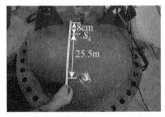

(b) 椭球端盖上应变测点分布　　　(c) 圆柱形壳体上应变测点分布

图 5.1　测点分布图

$S_1 \sim S_8$ 为应变测点。$S_1$ 测点位于容器中心环面，测点 $S_2$、$S_3$ 与 $S_1$ 有相同的环向坐标，测点 $S_2$ 与 $S_1$ 间隔 150cm，$S_3$ 靠近圆柱形壳体与椭球封头连接部，距 $S_1$ 测点 450cm。测点 $S_4$ 和 $S_5$ 位于椭球端盖上，与端盖极点距离分别为 8cm 和 25.5cm。测

点 $S_6$、$S_7$ 分别位于与 $S_1$、$S_2$ 相同的环面上。测点 $S_8$ 位于与 $S_7$ 轴向距离 15cm 的加强管上。除 $S_8$ 为单向应变片外其余均设置三向应变片，$S_8$ 处应变片沿径向布置，圆柱形壳体上 $S_1$～$S_3$、$S_6$、$S_7$ 为三向应变片，其 0° 和 90°敏感栅格分别沿圆柱形壳体周向和轴向。$S_4$ 和 $S_5$ 处应变片 0° 和 90°敏感栅格分别沿椭球端盖纬线方向和经线方向。

### 5.1.2　典型位置的载荷特征

#### 1. 超压峰值和冲量特性

为确保圆柱形爆炸容器在试验过程中不发生塑性变形，采用装药量由小到大逐渐加载的方法进行试验，装药量分别是 27g、64g、100g 和 150g 的球形压装 TNT 炸药，装药密度约为 1.50g/cm³。试验时，每种工况至少进行 2 次试验，以确保试验结果的可靠性。

各测点重复试验的压力时程曲线非常一致。图 5.2 为 64g 球形装药爆炸时各测点的反射冲击波压力时程曲线。由图可知，容器内壁爆炸载荷具有典型多脉冲特征，随着测点位置变化，冲击波传播距离不同，载荷到达测点的时间和峰值有明显差异。冲击波首先到达 $P_1$ 测点，最后到达 $P_5$ 测点；冲击波几乎同时到达 $P_2$ 和 $P_1$ 测点，这可能是由装药设置位置误差，导致装药与 $P_1$ 和 $P_2$ 测点距离相近造成的。

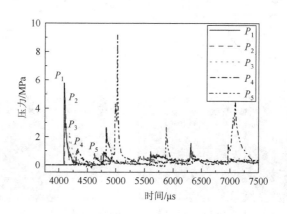

图 5.2　64g 球形装药爆炸时各测点的反射冲击波压力时程曲线

图 5.3 为 64g 球形装药爆炸 $P_1$ 测点冲击波压力时程曲线。由图可知，内爆炸载荷大致分为冲击波第一次反射、冲击波与容器内壁的多次反射以及容器内压力趋稳的准静态三个阶段。在准静态压力前，测点 $P_1$～$P_4$ 分别有 3～4 个清晰上升沿和较为完整的冲击脉冲波形。表 5.1 中测点 $P_1$～$P_4$ 的冲击波压力特征与文献[1]

和[2]的结论一致，首脉冲峰值比后续脉冲大得多。$P_5$ 测点也有多个冲击脉冲波形，且后续脉冲峰值远大于首冲波，第 3 个脉冲超压峰值最大达 13.41MPa。因此，椭球盖极点附近的冲击载荷包括超压峰值和冲量远大于爆心环面，是爆炸容器设计的核心部位。

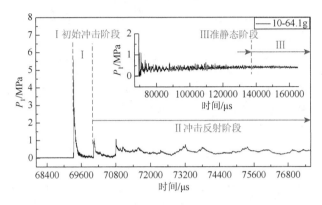

图 5.3　典型冲击波压力时程曲线

**表 5.1　64g 规格球形装药冲击波超压峰值统计表**

| 试验序列 | 位置 | 首脉冲超压峰值/MPa | | | | 次脉冲超压峰值/MPa | | 第 3 个脉冲超压峰值/MPa | | 第 4 个脉冲超压峰值/MPa | |
| --- | --- | --- | --- | --- | --- | --- | --- | --- | --- | --- | --- |
| | | 单次 | 平均值 | 经验值 | 误差 | 单次 | 平均值 | 单次 | 平均值 | 单次 | 平均值 |
| 8 | $P_1$ | 5.76 | 5.67 | 4.5 | 26% | 0.95 | 1.02 | 0.96 | 1.01 | — | — |
| 10 | | 5.58 | | | | 1.09 | | 1.06 | | | |
| 8 | $P_2$ | 4.8 | 4.705 | 3.79 | 24% | 0.74 | 0.695 | 0.66 | 0.695 | — | — |
| 10 | | 4.61 | | | | 0.65 | | 0.73 | | | |
| 8 | $P_3$ | 2.33 | 2.495 | 2.52 | 1% | 0.91 | 0.86 | 0.63 | 0.66 | 0.56 | 0.53 |
| 10 | | 2.66 | | | | 0.81 | | 0.69 | | 0.5 | |
| 8 | $P_4$ | 1.2 | 1.245 | 1.55 | 20% | 0.59 | 0.74 | 0.61 | 0.57 | — | 0.65 |
| 10 | | 1.29 | | | | 0.89 | | 0.53 | | 0.65 | |
| 8 | $P_5$ | 0.75 | 0.78 | 0.72 | 8% | 2.31 | 2.635 | 9.18 | 11.295 | 2.68 | 4.18 |
| 10 | | 0.81 | | | | 2.96 | | 13.41 | | 5.68 | |

表 5.2 为内爆炸作用下测点比冲量统计结果。由表可知，$P_1$ 测点的首脉冲比冲量最大；$P_5$ 测点的第 5 次反射比冲量最大，比冲量次大值总是出现在第 2 个脉冲下。$P_1$、$P_3$、$P_4$ 测点的最大比冲量脉冲出现时机随装药量增大而改变，但总是出现在第 1 个或者第 3 个、第 4 个脉冲下，首脉冲比冲量总为最大值或与最大值非常接近的次大值。这是因为脉冲比冲量由脉冲压力与正压作用时间共同决定，

而不同装药质量下，首脉冲相对于第 3 个或者第 4 个脉冲压力及正压作用时间的相对值发生了改变。

表 5.2 比冲量统计表

| 编号 | 药量/g | 比冲量/(Pa·s) | | | | | | | | | | |
|------|--------|-----|-----|-----|-----|-----|-----|-----|-----|-----|-----|-----|
| | | $P_1$ | | | $P_2$ | | | | $P_3$ | | | |
| | | 1st | 2nd | 3rd | 1st | 2nd | 3rd | 4th | 1st | 2nd | 3rd | 4th |
| 1 | 26.7 | 156 | 48 | 127 | 138 | 51 | 65 | — | 107 | 75 | 123 | — |
| 2 | 27.1 | 130 | 50 | 80 | 143 | 35 | 81 | — | 106 | 61 | 132 | — |
| 3 | 26.7 | 150 | 64 | 95 | 120 | 64 | 61 | — | 109 | 69 | 119 | — |
| 6 | 63.7 | 267 | 92 | 200 | 244 | 108 | 156 | — | 221 | 107 | 203 | 235 |
| 7 | 64.8 | 299 | 166 | 206 | 227 | 122 | 149 | — | 215 | 126 | 223 | 213 |
| 8 | 64.4 | 295 | 175 | 214 | 256 | 131 | 154 | — | 199 | 116 | 197 | 253 |
| 9 | 64.7 | 247 | 154 | 246 | 265 | 129 | 175 | — | 219 | 107 | 240 | 213 |
| 10 | 64.1 | 292 | 156 | 212 | 244 | 121 | 154 | — | 190 | 112 | 210 | 241 |
| 15 | 105.7 | 418 | 223 | 476 | 379 | 194 | 169 | — | 297 | 142 | 178 | 281 |
| 16 | 105.2 | 410 | 263 | 495 | 350 | 185 | 155 | — | 286 | 156 | 257 | 305 |
| 21 | 154.5 | 437 | 211 | 571 | 485 | 187 | 158 | 253 | 356 | 149 | 281 | 180 |
| 22 | 154.3 | 593 | 288 | 559 | 517 | 211 | 158 | 290 | 412 | 161 | 205 | — |
| 23 | 155.2 | 494 | 250 | 577 | 460 | 195 | 143 | 270 | 367 | 152 | 280 | 175 |
| 24 | 154.2 | 630 | 327 | 707 | 474 | 225 | 142 | 335 | 367 | 189 | 308 | — |
| 25 | 154.7 | 557 | 294 | 624 | 461 | 225 | 162 | 321 | 357 | 170 | 297 | 189 |

| 序号 | 药量/g | 比冲量/(Pa·s) | | | | | | | | | | |
|------|--------|-----|-----|-----|-----|-----|-----|-----|-----|-----|-----|-----|
| | | $P_4$ | | | | $P_5$ | | | | | | |
| | | 1st | 2nd | 3rd | 4th | 1st | 2nd | 3rd | 4th | 5th | 6th | 7th |
| 1 | 26.7 | 89 | 117 | 115 | — | 53 | 393 | 95 | 62 | 536 | 65 | 342 |
| 2 | 27.1 | 91 | 94 | 125 | — | 56 | 426 | 116 | 78 | 540 | 93 | 310 |
| 3 | 26.7 | 83 | 83 | 105 | — | 55 | 394 | 112 | 42 | 495 | 69 | 355 |
| 6 | 63.7 | 155 | 151 | 139 | — | 104 | 717 | 304 | 163 | 862 | 342 | 249 |
| 7 | 64.8 | 146 | 127 | 140 | 138 | 88 | 577 | 250 | 88 | 777 | 290 | 180 |
| 8 | 64.4 | 157 | 129 | 147 | 132 | 79 | 688 | 180 | 97 | 758 | 359 | 162 |
| 9 | 64.7 | 147 | 114 | 166 | 147 | 77 | 620 | 150 | 34 | 633 | 270 | 123 |
| 10 | 64.1 | 147 | 120 | 153 | 143 | 69 | 604 | 218 | 82 | 674 | 270 | 146 |
| 15 | 105.7 | 206 | 70 | 103 | 179 | 339 | 705 | 199 | 218 | 883 | 339 | 582 |
| 16 | 105.2 | 184 | 88 | 77 | 162 | — | — | — | — | — | — | — |
| 21 | 154.5 | 265 | 63 | 127 | 297 | 159 | 459 | 795 | 462 | 1084 | 357 | 883 |

续表

| 序号 | 药量/g | 比冲量/(Pa·s) | | | | | | | | | | |
| | | $P_4$ | | | | $P_5$ | | | | | | |
| | | 1st | 2nd | 3rd | 4th | 1st | 2nd | 3rd | 4th | 5th | 6th | 7th |
| 22 | 154.3 | 280 | 62 | 141 | 280 | 194 | 405 | 866 | 524 | 1071 | 445 | 791 |
| 23 | 155.2 | 249 | 85 | 97 | 279 | — | 429 | 713 | — | 1054 | 234 | 727 |
| 24 | 154.2 | 248 | 107 | 81 | 256 | — | — | — | — | — | — | — |
| 25 | 154.7 | 236 | 90 | 88 | 246 | — | — | — | — | — | — | — |

注：1st～7th 代表测点脉冲的顺序。

表 5.3 将不同药量下 $P_1$ 测点的反射超压和比冲量实测值与经验公式计算值进行比较，当比例距离≥1 时，Baker 公式、Brode 公式、Henrych 公式和林俊德公式计算的反射超压较为接近；当比例距离<1 时，Baker 公式、Brode 公式和林俊德公式计算值较为接近，且随着比例距离越来越小，与 Henrych 公式的计算值差异会增大。对比实测值与计算值结果可以发现，药量为 27.4g 和 27.8g 时，首峰反射超压值测试结果与 Baker 公式、Brode 公式、Henrych 公式计算值较为接近，最大误差为 10.7%，但均小于林俊德公式的计算值；药量为 65g 左右、106.0g 和 155.0g 时的反射超压测试结果比经验公式计算值大，最大达 4MPa 左右；式（2.14）与 Henrych 公式计算的比冲量较为接近，但大多比林俊德公式的计算值小；除药量为 27g 的三组比冲量试验结果与 Henrych 公式计算值较为接近外，其他实测值与经验公式计算值差异均较大；试验中因现场环境、容器结构、试验设备、装药密度等条件不同，测量结果存在较大差异，需具体问题具体分析。

表 5.3　不同药量下 $P_1$ 测点反射超压、比冲量实测值与经验公式计算值的对比

| 药量/g | 比例距离 | 反射超压首峰值/MPa | | | | | 比冲量/(Pa·s) | | | |
| | | Baker | Brode | Henrych | 林俊德 | 实测值 | 式（2.14） | Henrych | 林俊德 | 实测值 |
| 27.4 | | 1.70 | 1.59 | 1.78 | 2.15 | 1.78 | 90.9 | 113.6 | 162.3 | 118.1 |
| 27.8 | 1.32 | 1.72 | 1.61 | 1.81 | 2.18 | 1.74 | 91.8 | 114.4 | 164.2 | 114.9 |
| 27.7 | | 1.72 | 1.61 | 1.80 | 2.18 | 2.51 | 91.5 | 114.2 | 163.8 | 129.8 |
| 64.7 | | 4.19 | 3.99 | 4.17 | 4.54 | 7.53 | 161.2 | 169.2 | 322.8 | 269.5 |
| 64.5 | 0.99 | 4.17 | 3.98 | 4.17 | 4.53 | 7.17 | 160.8 | 168.9 | 322.0 | 316.4 |
| 64.8 | | 4.19 | 4.00 | 4.18 | 4.55 | 6.08 | 161.3 | 169.3 | 323.2 | 234.5 |
| 106.0 | 0.85 | 7.03 | 7.55 | 5.79 | 6.97 | 9.78 | 224.0 | 221.6 | 479.1 | 354.2 |
| 155.0 | 0.74 | 10.42 | 11.41 | 7.57 | 9.69 | 11.59 | 288.6 | 299.3 | 649.3 | 477.6 |

爆炸容器相对于炸点截面对称，图 5.4 给出了容器内冲击波作用过程示意图。下面简述容器中爆炸载荷特性形成及演化机理。由图 5.4 可知，装药爆炸产物压缩周围空气形成冲击波，冲击波到达容器内壁面时发生反射，对应于压力时程曲线上初始冲击阶段；反射冲击波到达 $P_1$ 测点后发生正反射，沿图 5.4 路径 1 向容器内传播，反射冲击波沿原路径在容器中心相遇形成汇聚冲击波，再次向容器内壁传播和碰撞，形成第二个反射冲击波，如此重复；对于圆柱形壳体上 $P_2$、$P_3$、$P_4$ 测点，类似途中路径 4 所示，爆炸直达冲击波首先到达测点，发生反射，与从容器内壁其他位置反射的冲击波相遇后再次向外反射到达测点，另外，从容器内壁其他位置反射的冲击波可能在内壁、容器内部和椭球端盖之间反射最后到达测点（类似路径 2 所示），反映在压力时程曲线上表现为多个脉冲；对于 $P_5$ 测点，爆炸直达冲击波到达测点，如路径 8 所示，之后与路径 6、7 产生的反射冲击波在容器内相遇并发生复杂的相互作用；相遇后冲击波压力逐渐升高，当传播到椭球端盖时（图 5.4 中 $A_1$、$A_2$ 位置），若入射角大于马赫反射临界角，则在端盖内壁面发生马赫反射，此时峰值压力再次增大；马赫波沿端盖壁面向中心汇聚，在端盖极点附近碰撞。汇聚后的冲击波会再次向端盖四周反射，如此反复，直到最后容器内达到一种准静止状态。因此，$P_5$ 测点的压力时程曲线上出现多个脉冲，且冲击波汇聚时测点压力达到最大值。

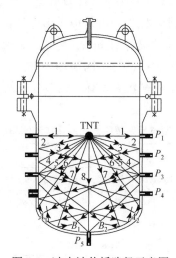

图 5.4 冲击波传播路径示意图

### 2. 冲击波脉冲上升沿时间特性

球形装药容器中心爆炸时，壳体不同位置所受载荷有明显差异，如表 5.4 所示。容器柱壳上 $P_1 \sim P_4$ 测点峰值脉冲（超压峰值最大的脉冲）上升沿时间多在 $10\mu s$ 以内，个别试验数据在 $10 \sim 20\mu s$，如图 5.5（a）所示。对于 $P_5$ 测点，峰值脉冲上升沿时间在 6～161μs，没有明显的分布规律，其原因是峰值脉冲可能是由多个冲击波随机叠加形成的，从而造成上升沿时间离散，如图 5.5（b）所示。

表 5.4 各测点峰值脉冲上升沿时间试验结果统计表

| 编号 | 药量/g | 装药位置 | 上升沿时间/μs | | | | | 编号 | 药量/g | 装药位置 | 上升沿时间/μs | | | | |
| --- | --- | --- | --- | --- | --- | --- | --- | --- | --- | --- | --- | --- | --- | --- | --- |
| | | | $P_1$ | $P_2$ | $P_3$ | $P_4$ | $P_5$ | | | | $P_1$ | $P_2$ | $P_3$ | $P_4$ | $P_5$ |
| 1 | 26.7 | $O$ | 4 | 5 | 10 | 8 | 99 | 16 | 105.2 | $O$ | 5 | 4 | 11 | 6 | — |
| 2 | 27.1 | $O$ | 12 | 9 | 10 | 8 | 126 | 17 | 104.3 | $O_1$ | 4 | 4 | 5 | 6 | 7 |
| 3 | 26.7 | $O$ | 4 | 10 | 8 | 14 | 130 | 18 | 104.1 | $O_1$ | 4 | 3 | 4 | 4 | 12 |
| 4 | 26.5 | $O_1$ | 4 | 9 | 10 | 13 | 161 | 19 | 105.2 | $O_2$ | 4 | 6 | 6 | 5 | 81 |
| 5 | 26.7 | $O_1$ | 5 | 10 | 10 | 12 | 153 | 20 | 105.8 | $O_2$ | 4 | 4 | 6 | 6 | 62 |
| 6 | 63.7 | $O$ | 10 | 5 | 7 | 11 | 15 | 21 | 154.5 | $O$ | 20 | 5 | 4 | 19 | 30 |
| 7 | 64.8 | $O$ | 6 | 5 | 7 | 11 | 12 | 22 | 154.3 | $O$ | 4 | 4 | 4 | 7 | 17 |
| 8 | 64.4 | $O$ | 4 | 4 | 9 | 6 | 46 | 23 | 155.2 | $O$ | 13 | 4 | 4 | 25 | 34 |
| 9 | 64.7 | $O$ | 4 | 3 | 8 | 7 | 10 | 24 | 154.2 | $O$ | 5 | 4 | 4 | 23 | 0 |
| 10 | 64.1 | $O$ | 5 | 4 | 6 | 11 | 37 | 25 | 154.7 | $O$ | 4 | 4 | 6 | 6 | 0 |
| 11 | 62.3 | $O_1$ | 6 | 8 | 5 | 6 | 15 | 26 | 154.7 | $O_1$ | 8 | 4 | 5 | 6 | 0 |
| 12 | 63.8 | $O_1$ | 6 | 6 | 6 | 6 | 6 | 27 | 154.7 | $O_1$ | 5 | 4 | 5 | 5 | 0 |
| 13 | 64.2 | $O_2$ | 4 | 4 | 6 | 13 | 50 | 28 | 154.3 | $O_2$ | 4 | 4 | 6 | 5 | 0 |
| 14 | 64.4 | $O_2$ | 24 | 5 | 6 | 7 | 103 | 29 | 154.7 | $O_2$ | 4 | 11 | 47 | 4 | 0 |
| 15 | 105.7 | $O$ | 13 | 18 | 6 | 17 | 13 | | | | | | | | |

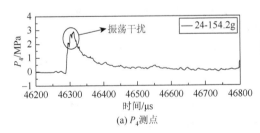 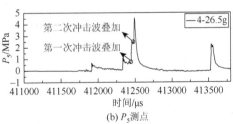

图 5.5 峰值脉冲上升沿形成情况图

### 3. 正压作用时间特性

表 5.5 为不同装药条件下 $P_1$～$P_4$ 测点首脉冲正压作用时间试验结果，表中试验序号对应的加载条件见表 5.6。表中正压作用时间的经验值由式（2.18）计算得到。当装药位于距容器中心 0.1m 的 $O_2$ 位置起爆时的所有测点，以及装药量较大时的 $P_4$ 测点，其第二个脉冲与第一个峰值脉冲相互叠加，正压作用时间无法确定，表中用"—"标出。其他情况下，冲击波首脉冲正压作用时间试验结果和经验值

之间的误差均在 10%内，考虑到噪声等引起的误差，可以认为林俊德公式能够很好地对密闭容器中内壁所受爆炸载荷首脉冲的正压作用时间进行计算。

**表 5.5　测点 $P_1 \sim P_4$ 首脉冲正压作用时间试验结果统计表**

| 序号 | 正压作用时间/ms | | | | | | | | | | | |
|---|---|---|---|---|---|---|---|---|---|---|---|---|
| | $P_1$ | | | $P_2$ | | | $P_3$ | | | $P_4$ | | |
| | 试验结果 | 经验值 | 误差 | 试验结果 | 经验值 | 误差 | 试验结果 | 经验值 | 误差 | 试验结果 | 经验值 | 误差 |
| 1 | 0.349 | 0.376 | 0.072 | 0.361 | 0.396 | 0.089 | 0.439 | 0.449 | 0.022 | 0.507 | 0.520 | 0.024 |
| 2 | 0.345 | 0.377 | 0.084 | 0.402 | 0.397 | 0.013 | 0.465 | 0.449 | 0.035 | 0.552 | 0.520 | 0.061 |
| 3 | 0.357 | 0.376 | 0.051 | 0.411 | 0.396 | 0.037 | 0.453 | 0.449 | 0.009 | 0.538 | 0.520 | 0.035 |
| 4 | 0.379 | 0.396 | 0.043 | 0.390 | 0.376 | 0.037 | 0.394 | 0.396 | 0.005 | 0.449 | 0.449 | 0.001 |
| 5 | 0.374 | 0.396 | 0.056 | 0.382 | 0.376 | 0.015 | 0.389 | 0.396 | 0.018 | 0.439 | 0.449 | 0.022 |
| 6 | 0.404 | 0.400 | 0.010 | 0.436 | 0.421 | 0.035 | 0.439 | 0.477 | 0.080 | 0.584 | 0.552 | 0.057 |
| 7 | 0.406 | 0.400 | 0.014 | 0.412 | 0.422 | 0.023 | 0.516 | 0.478 | 0.081 | 0.572 | 0.553 | 0.034 |
| 8 | 0.403 | 0.400 | 0.007 | 0.439 | 0.422 | 0.041 | 0.475 | 0.477 | 0.005 | 0.580 | 0.553 | 0.049 |
| 9 | 0.411 | 0.400 | 0.027 | 0.392 | 0.422 | 0.070 | 0.483 | 0.477 | 0.012 | 0.535 | 0.553 | 0.032 |
| 10 | 0.397 | 0.400 | 0.008 | 0.388 | 0.421 | 0.079 | 0.448 | 0.477 | 0.061 | 0.553 | 0.553 | 0.001 |
| 11 | 0.420 | 0.421 | 0.001 | 0.385 | 0.399 | 0.036 | 0.442 | 0.421 | 0.051 | 0.497 | 0.476 | 0.044 |
| 12 | 0.422 | 0.421 | 0.002 | 0.376 | 0.400 | 0.060 | 0.390 | 0.421 | 0.074 | 0.483 | 0.477 | 0.013 |
| 13 | — | 0.477 | — | — | 0.494 | — | — | 0.539 | — | — | 0.603 | — |
| 14 | — | 0.477 | — | — | 0.494 | — | — | 0.539 | — | — | 0.603 | — |
| 15 | 0.420 | 0.414 | 0.014 | 0.436 | 0.436 | 0.001 | 0.478 | 0.494 | 0.033 | — | 0.572 | — |
| 16 | 0.410 | 0.414 | 0.010 | 0.424 | 0.436 | 0.028 | 0.496 | 0.494 | 0.004 | — | 0.572 | — |
| 17 | 0.439 | 0.436 | 0.007 | 0.458 | 0.414 | 0.106 | 0.458 | 0.436 | 0.051 | 0.492 | 0.494 | 0.003 |
| 18 | 0.439 | 0.436 | 0.007 | 0.442 | 0.414 | 0.068 | 0.490 | 0.436 | 0.124 | 0.514 | 0.494 | 0.041 |
| 19 | — | 0.494 | — | — | 0.511 | — | — | 0.558 | — | — | 0.624 | — |
| 20 | — | 0.494 | — | — | 0.511 | — | — | 0.558 | — | — | 0.625 | — |
| 21 | 0.420 | 0.425 | 0.013 | 0.411 | 0.448 | 0.083 | 0.521 | 0.507 | 0.027 | — | 0.588 | — |
| 22 | 0.455 | 0.425 | 0.070 | 0.418 | 0.448 | 0.067 | 0.528 | 0.507 | 0.041 | — | 0.588 | — |
| 23 | 0.438 | 0.426 | 0.029 | 0.391 | 0.448 | 0.128 | 0.482 | 0.508 | 0.050 | — | 0.588 | — |
| 24 | 0.432 | 0.425 | 0.016 | 0.436 | 0.448 | 0.027 | 0.506 | 0.507 | 0.003 | — | 0.588 | — |
| 25 | 0.414 | 0.425 | 0.027 | 0.439 | 0.448 | 0.021 | 0.506 | 0.508 | 0.003 | — | 0.588 | — |
| 27 | 0.431 | 0.448 | 0.038 | 0.435 | 0.425 | 0.022 | 0.471 | 0.448 | 0.051 | 0.494 | 0.508 | 0.027 |
| 28 | — | 0.507 | — | — | 0.525 | — | — | 0.573 | — | — | 0.641 | — |
| 29 | — | 0.508 | — | — | 0.525 | — | — | 0.573 | — | — | 0.642 | — |

　　注：表中"—"表示正压作用时间无法判读；这里的试验结果和经验值均保留了小数点后三位，实际计算误差时采用的是更精确的数值，所以会出现微小偏差。

表 5.6　峰值压力结果统计

| 编号 | 药量/g | 装药位置 | $P_1$ 比例距离 | 试验结果/MPa | 经验值/MPa | 误差 | $P_3$ 比例距离 | 试验结果/MPa | 经验值/MPa | 误差 | $P_5$ 比例距离 | 试验结果/MPa | 经验值/MPa | 误差 |
|---|---|---|---|---|---|---|---|---|---|---|---|---|---|---|
| 1 | 26.7 | $O$ | 1.34 | 2.64 | 2.11 | 0.25 | 1.67 | 1.08 | 1.18 | 0.09 | 2.71 | 2.72 | 0.34 | 7.05 |
| 2 | 27.1 | $O$ | 1.33 | 2.36 | 2.14 | 0.10 | 1.67 | 0.97 | 1.20 | 0.19 | 2.69 | 2.89 | 0.34 | 7.44 |
| 3 | 26.7 | $O$ | 1.34 | 2.41 | 2.11 | 0.14 | 1.67 | 0.98 | 1.18 | 0.17 | 2.71 | 3.01 | 0.34 | 7.91 |
| 4 | 26.5 | $O_1$ | 1.43 | 1.76 | 1.77 | 0.00 | 1.43 | 1.77 | 1.77 | 0.00 | 2.21 | 4.52 | 0.57 | 6.90 |
| 5 | 26.7 | $O_1$ | 1.43 | 1.69 | 1.78 | 0.05 | 1.43 | 1.67 | 1.78 | 0.06 | 2.20 | 4.76 | 0.58 | 7.26 |
| 6 | 63.7 | $O$ | 1.00 | 5.33 | 4.48 | 0.19 | 1.25 | 2.58 | 2.51 | 0.03 | 2.03 | 6.93 | 0.72 | 8.65 |
| 7 | 64.8 | $O$ | 1.00 | 5.42 | 4.55 | 0.19 | 1.25 | 2.77 | 2.55 | 0.09 | 2.01 | 14.48 | 0.73 | 18.87 |
| 8 | 64.4 | $O$ | 1.00 | 5.76 | 4.52 | 0.27 | 1.25 | 2.33 | 2.53 | 0.08 | 2.02 | 9.18 | 0.73 | 11.67 |
| 9 | 64.7 | $O$ | 1.00 | 5.11 | 4.54 | 0.13 | 1.25 | 2.68 | 2.54 | 0.05 | 2.02 | 14.26 | 0.73 | 18.59 |
| 10 | 64.1 | $O$ | 1.00 | 5.58 | 4.51 | 0.24 | 1.25 | 2.66 | 2.52 | 0.05 | 2.02 | 13.41 | 0.72 | 17.58 |
| 11 | 62.3 | $O_1$ | 1.08 | 4.51 | 3.71 | 0.22 | 1.08 | 4.3 | 3.71 | 0.16 | 1.66 | 4.11 | 1.20 | 2.42 |
| 12 | 63.8 | $O_1$ | 1.07 | 4.69 | 3.78 | 0.24 | 1.07 | 4.87 | 3.78 | 0.29 | 1.65 | 4.93 | 1.23 | 3.02 |
| 13 | 64.2 | $O_2$ | 1.25 | 2.52 | 2.53 | 0.00 | 1.46 | 1.71 | 1.69 | 0.01 | 2.04 | 4.01 | 0.71 | 4.66 |
| 14 | 64.4 | $O_2$ | 1.25 | 2.31 | 2.53 | 0.09 | 1.46 | 1.79 | 1.70 | 0.05 | 2.03 | 4.07 | 0.71 | 4.73 |
| 15 | 105.7 | $O$ | 0.85 | 7.34 | 6.95 | 0.06 | 1.06 | 4.34 | 3.89 | 0.12 | 1.71 | 19.07 | 1.11 | — |
| 16 | 105.2 | $O$ | 0.85 | 7.73 | 6.92 | 0.12 | 1.06 | 4.26 | 3.88 | 0.10 | 1.71 | — | 1.11 | 16.20 |
| 17 | 104.3 | $O_1$ | 0.91 | 6.98 | 5.79 | 0.21 | 0.91 | 7.07 | 5.79 | 0.22 | 1.40 | 9.74 | 1.88 | 4.19 |
| 18 | 104.1 | $O_1$ | 0.91 | 6.32 | 5.78 | 0.09 | 0.91 | 7.07 | 5.78 | 0.22 | 1.40 | 9.81 | 1.87 | 4.24 |
| 19 | 105.2 | $O_2$ | 1.06 | 4.54 | 3.88 | 0.17 | 1.24 | 2.9 | 2.60 | 0.12 | 1.73 | 6.44 | 1.09 | 4.92 |
| 20 | 105.8 | $O_2$ | 1.06 | 4.25 | 3.89 | 0.09 | 1.23 | 2.87 | 2.61 | 0.10 | 1.72 | 5.27 | 1.09 | 3.82 |
| 21 | 154.5 | $O$ | 0.75 | 11.44 | 9.66 | 0.18 | 0.93 | 6.5 | 5.41 | 0.20 | 1.51 | 13.77 | 1.55 | 7.90 |
| 22 | 154.3 | $O$ | 0.75 | 11.49 | 9.65 | 0.19 | 0.93 | 6.14 | 5.40 | 0.14 | 1.51 | 13.69 | 1.55 | 7.86 |
| 23 | 155.2 | $O$ | 0.74 | 11.17 | 9.70 | 0.15 | 0.93 | 5.99 | 5.43 | 0.10 | 1.51 | 18.3 | 1.55 | 10.78 |
| 24 | 154.2 | $O$ | 0.75 | 10.88 | 9.64 | 0.13 | 0.93 | 5.86 | 5.40 | 0.09 | 1.51 | — | 1.55 | — |
| 25 | 154.7 | $O$ | 0.75 | 11.52 | 9.67 | 0.19 | 0.93 | 5.76 | 5.41 | 0.06 | 1.51 | — | 1.55 | — |
| 26 | 154.7 | $O_1$ | 0.80 | 8.87 | 8.15 | 0.09 | 0.80 | 9.03 | 8.15 | 0.11 | 1.23 | — | 2.64 | — |
| 27 | 154.7 | $O_1$ | 0.80 | 9.31 | 8.15 | 0.14 | 0.80 | 9.09 | 8.15 | 0.12 | 1.23 | — | 2.64 | — |
| 28 | 154.3 | $O_2$ | 0.93 | 6.75 | 5.40 | 0.25 | 1.09 | 4.39 | 3.62 | 0.21 | 1.52 | — | 1.52 | — |
| 29 | 154.7 | $O_2$ | 0.93 | 6.15 | 5.41 | 0.14 | 1.09 | 4.41 | 3.63 | 0.22 | 1.52 | — | 1.52 | — |

　　注：这里的试验结果和经验值均保留了小数点后两位，实际计算误差时采用的是更精确的数值，所以会出现微小偏差。

### 5.1.3　内壁冲击载荷分布规律

1. 峰值压力分布规律

不同装药条件下测点峰值压力试验结果与林俊德公式计算结果如表 5.6 所示，表 5.6 中仅列出了 $P_1$、$P_3$ 和 $P_5$ 测点的统计结果。研究发现，圆柱形壳体上 $P_1 \sim P_4$ 测点的试验结果与经验公式计算值（简称经验值）的误差在 0%～37%，其中误差超过 20%的数据有 31 个，占 26.7%，误差在 10%以内的数据有 40 个，占 34.5%，其余数据误差在 10%～20%。因此，试验结果和经验值之间存在偏差。对于 $P_5$ 测点，试验结果和经验值之间普遍存在很大的偏差，说明林俊德公式不适用于椭球端盖极点位置反射超压峰值计算。

为提高内爆炸峰值压力计算精度，根据表 5.6 的试验结果对林俊德公式进行修正，设

$$\Delta P = k(r / \sqrt[3]{W})^{\alpha} \tag{5.1}$$

式中，$\alpha$ 与 $k$ 为试验常系数。对式（5.1）取对数，得

$$\ln \Delta P = \alpha \ln(r / \sqrt[3]{W}) + \ln k \tag{5.2}$$

令 $y = \ln \Delta P$、$x = \ln(r / \sqrt[3]{W})$、$b = \ln k$，则有 $y = \alpha x + b$。利用一元线性回归对表 5.6 中试验结果进行拟合，剔除奇异数据得到拟合结果如图 5.6 所示。回归公式系数 $\alpha = -2.9234$，$b = 1.6102$，因此有

$$y = -2.9234x + 1.6102 \tag{5.3}$$

修正后冲击波反射超压峰值计算公式为

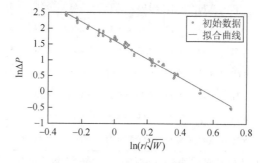

图 5.6　冲击波峰值压力拟合结果

$$\Delta P = 5(r / \sqrt[3]{W})^{-2.92}, \quad 0.74 \leqslant r / \sqrt[3]{W} \leqslant 2.7 \qquad (5.4)$$

图 5.7 给出了 27g、64g、100g、150g 四种装药质量下，$P_1 \sim P_5$ 测点峰值压力随壳体与装药间轴向距离变化的情况，基于式（5.4）得到图中四条趋势线对应的解析式为

$$\Delta P = 5[(0.16 + h^2)^{0.5} / \sqrt[3]{W}]^{-2.92}, \quad 0.74 \leqslant r / \sqrt[3]{W} \leqslant 2.7 \qquad (5.5)$$

由图 5.7 可知，对于容器圆柱形壳体部分，随着与装药间轴向距离增大，内壁所受载荷峰值逐渐减小，图中数据点都落在趋势线邻近位置，表明式（5.5）较好地反映了容器圆柱形壳体内壁承载峰值沿轴向的衰减规律。容器圆柱形壳体内壁压力峰值源于装药爆炸入射冲击波，随测点与爆心间距离增大，壳体内壁所受载荷峰值逐渐减小。由图还可看出，四种装药质量下，$P_5$ 测点的压力峰值远大于 $P_1$ 测点，因此对于整个容器，椭球端盖极点附近是容器受爆炸载荷最大的位置。这是容器圆柱形壳体内壁反射冲击波沿容器内壁传播与复杂相互作用，逐渐形成马赫反射，马赫波沿端盖内壁传播并在端盖极点汇聚的结果。

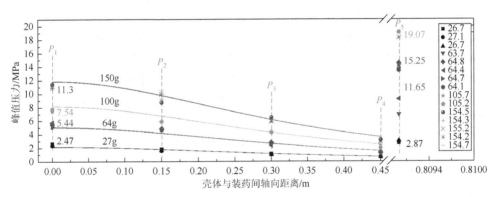

图 5.7　装药中心爆炸内壁所受峰值压力随测点分布

相同条件下，$P_5$ 测点的峰值压力与容器圆柱形壳体部分测点的最大压力对比见表 5.7。椭球端盖极点所受峰值压力为容器圆柱形壳体部分峰值压力的 0.795～2.791 倍，峰值压力之比受装药质量（药量）及位置影响明显。因此，当炸药在容器中心位置爆炸时，安全起见，可将椭球端盖最大设计载荷取为圆柱形壳体最大载荷的 3 倍。

表 5.7　椭球端盖极点和圆柱形壳体所受载荷峰值压力比较

| 编号 | 药量/g | 装药位置 | 峰值压力试验结果/MPa | | | $K$ | 序号 | 药量/g | 装药位置 | 峰值压力试验结果/MPa | | | $K$ |
|---|---|---|---|---|---|---|---|---|---|---|---|---|---|
| | | | $P_5$ | $P_1$ | $P_2$ | | | | | $P_5$ | $P_1$ | $P_2$ | |
| 1 | 26.7 | $O$ | 2.72 | 2.64 | 1.83 | 1.030 | 3 | 26.7 | $O$ | 3.01 | 2.41 | 1.61 | 1.249 |
| 2 | 27.1 | $O$ | 2.89 | 2.36 | 1.56 | 1.225 | 4 | 26.5 | $O_1$ | 4.52 | 1.76 | 2.33 | 1.940 |

续表

| 编号 | 药量/g | 装药位置 | 峰值压力试验结果/MPa | | | K | 序号 | 药量/g | 装药位置 | 峰值压力试验结果/MPa | | | K |
|---|---|---|---|---|---|---|---|---|---|---|---|---|---|
| | | | $P_5$ | $P_1$ | $P_2$ | | | | | $P_5$ | $P_1$ | $P_2$ | |
| 5 | 26.7 | $O_1$ | 4.76 | 1.69 | 2.43 | 1.959 | 16 | 105.2 | $O$ | — | 7.73 | 5.87 | — |
| 6 | 63.7 | $O$ | 6.93 | 5.33 | 4.71 | 1.300 | 17 | 104.3 | $O_1$ | 9.74 | 6.98 | 7.97 | 1.222 |
| 7 | 64.8 | $O$ | 14.48 | 5.42 | 4.83 | 2.672 | 18 | 104.1 | $O_1$ | 9.81 | 6.32 | 7.72 | 1.271 |
| 8 | 64.4 | $O$ | 9.18 | 5.76 | 4.8 | 1.594 | 21 | 154.5 | $O$ | 13.77 | 11.44 | 8.7 | 1.204 |
| 9 | 64.7 | $O$ | 14.26 | 5.11 | 4.75 | 2.791 | 22 | 154.3 | $O$ | 13.69 | 11.49 | 9.1 | 1.191 |
| 10 | 64.1 | $O$ | 13.41 | 5.58 | 4.61 | 2.403 | 23 | 155.2 | $O$ | 18.3 | 11.17 | 10.28 | 1.638 |
| 11 | 62.3 | $O_1$ | 4.11 | 4.51 | 5.17 | 0.795 | 24 | 154.2 | $O$ | — | 10.88 | 9.92 | — |
| 12 | 63.8 | $O_1$ | 4.93 | 4.69 | 5.37 | 0.918 | 25 | 154.7 | $O$ | — | 11.52 | 9.23 | — |
| 15 | 105.7 | $O$ | 19.07 | 7.34 | 5.93 | 2.467 | | | | | | | |

注：$K$ 为椭球端盖极点和圆柱形壳体所受载荷峰值压力之比。

## 2. 比冲量分布规律

为分析容器所受首次脉冲载荷比冲量分布规律，将不同装药条件下 $P_1 \sim P_4$ 测点首脉冲比冲量统计结果列于表 5.8 中，表中经验公式计算值（简称经验值）由林俊德公式所得。由表可知，试验结果与林俊德公式计算值有一定偏差，绝大部分误差都在 10% 以上，几乎所有试验结果都小于公式计算值。为提高公式计算精度，利用试验数据进行修正。假设

$$I = k(r / \sqrt[3]{W})^{\alpha} W^{1/3} \tag{5.6}$$

令 $y = \ln I$，$x_1 = \ln(r / \sqrt[3]{C})$，$x_2 = \ln C$，$b = \ln k$，则有 $y = \alpha x_1 + x_2/3 + b$，拟合可得 $\alpha = -1.302$，$b = 6.49$，于是有

$$y = -1.302 x_1 + \frac{x_2}{3} + 6.49 \tag{5.7}$$

修正后比冲量计算公式为

$$I = 658.52 (r / \sqrt[3]{W})^{-1.3} W^{1/3}, \quad 0.74 \leqslant r / \sqrt[3]{W} \leqslant 2.7 \tag{5.8}$$

表 5.8　首脉冲比冲量试验结果统计表　　　　（单位：Pa·s）

| 编号 | $P_1$ | | | $P_2$ | | | $P_3$ | | | $P_4$ | | |
|---|---|---|---|---|---|---|---|---|---|---|---|---|
| | 试验结果 | 经验值 | 误差 | 试验结果 | 经验值 | 误差 | 试验结果 | 经验值 | 误差 | 试验结果 | 经验值 | 误差 |
| 1 | 156 | 159 | 0.019 | 138 | 145 | 0.048 | 107 | 116 | −0.080 | 89 | 90 | −0.008 |
| 2 | 130 | 161 | 0.192 | 143 | 147 | 0.026 | 106 | 118 | −0.100 | 91 | 91 | 0.003 |
| 3 | 150 | 159 | 0.057 | 120 | 145 | 0.173 | 109 | 116 | −0.063 | 83 | 90 | −0.075 |

续表

| 编号 | $P_1$ | | | $P_2$ | | | $P_3$ | | | $P_4$ | | |
| --- | --- | --- | --- | --- | --- | --- | --- | --- | --- | --- | --- | --- |
| | 试验结果 | 经验值 | 误差 | 试验结果 | 经验值 | 误差 | 试验结果 | 经验值 | 误差 | 试验结果 | 经验值 | 误差 |
| 4 | 130 | 144 | 0.098 | 153 | 158 | 0.032 | 119 | 144 | −0.174 | 95 | 116 | −0.179 |
| 5 | 121 | 145 | 0.166 | 162 | 159 | 0.019 | 130 | 145 | −0.104 | 102 | 116 | −0.123 |
| 6 | 267 | 319 | 0.162 | 244 | 291 | 0.161 | 221 | 233 | −0.053 | 155 | 180 | −0.138 |
| 7 | 299 | 323 | 0.075 | 227 | 295 | −0.230 | 215 | 236 | −0.091 | 146 | 182 | −0.199 |
| 8 | 295 | 322 | −0.083 | 256 | 293 | −0.127 | 199 | 235 | −0.154 | 157 | 181 | −0.135 |
| 9 | 247 | 323 | 0.235 | 265 | 294 | −0.100 | 219 | 236 | −0.073 | 147 | 182 | −0.193 |
| 10 | 292 | 320 | 0.089 | 244 | 292 | −0.165 | 190 | 234 | −0.190 | 147 | 181 | −0.187 |
| 11 | 233 | 286 | 0.184 | 230 | 313 | −0.266 | 250 | 286 | −0.125 | 197 | 229 | −0.140 |
| 12 | 227 | 291 | 0.220 | 260 | 319 | −0.186 | 244 | 291 | −0.162 | 175 | 234 | −0.251 |
| 13 | 204 | 235 | 0.131 | 201 | 221 | −0.090 | 169 | 189 | −0.107 | 133 | 155 | −0.142 |
| 14 | 182 | 235 | 0.227 | 202 | 222 | −0.088 | 184 | 190 | −0.030 | 131 | 155 | −0.157 |
| 15 | 418 | 478 | 0.126 | 379 | 436 | −0.131 | 297 | 350 | −0.151 | 206 | 270 | −0.236 |
| 16 | 410 | 476 | 0.139 | 350 | 434 | −0.194 | 286 | 348 | −0.179 | 184 | 269 | −0.315 |
| 17 | 383 | 431 | 0.112 | 394 | 473 | −0.167 | 376 | 431 | −0.128 | 264 | 346 | −0.237 |
| 18 | 352 | 431 | 0.183 | 425 | 472 | −0.100 | 394 | 431 | −0.085 | 280 | 346 | −0.190 |
| 19 | 294 | 348 | 0.156 | 266 | 328 | −0.189 | 230 | 281 | −0.181 | 166 | 230 | −0.278 |
| 20 | 288 | 350 | 0.177 | 275 | 330 | −0.166 | 243 | 282 | −0.139 | 170 | 231 | −0.264 |
| 21 | 437 | 648 | 0.325 | 485 | 591 | −0.179 | 356 | 474 | −0.249 | 265 | 365 | −0.275 |
| 22 | 593 | 647 | 0.083 | 517 | 590 | −0.124 | 412 | 473 | −0.130 | 280 | 365 | −0.233 |
| 23 | 494 | 650 | −0.240 | 460 | 593 | −0.224 | 367 | 476 | −0.228 | 249 | 367 | −0.321 |
| 24 | 630 | 647 | −0.026 | 474 | 590 | −0.196 | 367 | 473 | −0.224 | 248 | 365 | −0.320 |
| 25 | 557 | 648 | 0.141 | 461 | 591 | −0.220 | 357 | 474 | −0.247 | 236 | 366 | −0.355 |
| 26 | 503 | 591 | 0.149 | 541 | 648 | −0.166 | 479 | 591 | −0.190 | 345 | 474 | −0.273 |
| 27 | 523 | 591 | 0.115 | 532 | 648 | −0.179 | 478 | 591 | −0.192 | 358 | 474 | −0.245 |
| 28 | 402 | 473 | 0.151 | 349 | 446 | −0.217 | 316 | 382 | −0.172 | 217 | 312 | −0.306 |
| 29 | 416 | 474 | 0.123 | 282 | 447 | −0.369 | 328 | 383 | −0.143 | 187 | 313 | −0.403 |

注：这里的试验结果和经验值均为整数，实际计算误差时采用的是更精确的数值，所以会出现微小偏差。

图 5.8 给出了约 27g、64g、105g、155g 四种装药质量下 $P_1 \sim P_5$ 测点首脉冲比冲量平均值随壳体与装药间轴向距离变化。基于式（5.8）得到四条趋势线对应解析式为

$$I = 658.52[(0.16 + h^2)^{0.5} / \sqrt[3]{W}]^{-1.3} W^{1/3} \tag{5.9}$$

对于容器圆柱形壳体，随着与装药间轴向距离的增大，内壁所受首脉冲比冲

量逐渐减小，同时所有实测结果数据点都落在趋势线邻近位置，表明式（5.9）可较好地描述容器内壁首脉冲比冲量衰减规律。由图可看出，4 种装药质量下，$P_5$ 测点的峰值脉冲比冲量远大于 $P_1$ 测点的首脉冲比冲量。因此，对于整个容器，椭球端盖极点附近所受载荷单次脉冲比冲量最大，而圆柱形壳体部分，随着与装药轴向距离增大，容器所受单次脉冲比冲量峰值逐渐衰减。

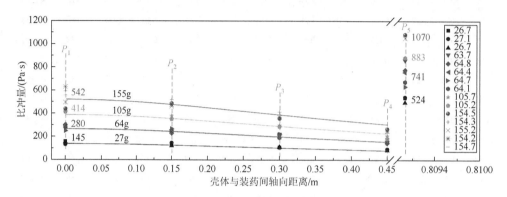

图 5.8　首脉冲比冲量随壳体位置变化关系

## 5.1.4　装药量对冲击载荷的影响

为分析装药量对容器壳体所受载荷的影响，选取约为 27g、64g、105g、155g 四种装药量下，炸药在容器中心爆炸时典型试验结果进行对比。$P_1$ 和 $P_5$ 测点的压力时程曲线如图 5.9 所示。随着装药量增加，$P_1 \sim P_4$ 测点（由于篇幅所限，这里删去了 $P_2 \sim P_4$ 的图，仅保留了 $P_1$ 和 $P_5$ 作示意）峰值压力逐渐增大，而 $P_5$ 测点峰值压力出现先增大后减小的趋势。容器内准静态压力也逐渐上升，从约 27g 装药时约 0.16MPa 上升到约 155g 装药时约 0.65MPa。随着装药量增加，相对于 $P_1$ 测点，其他各测点的首脉冲到达时间逐渐提前，相邻测点脉冲之间的时间间隔也逐渐缩短。

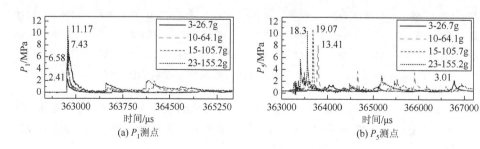

图 5.9　装药量对测点所受载荷的影响

以容器中心（$O$ 点）爆炸为参考，图 5.10 是约 27g 装药容器中心下方 0.15m

（$O_1$ 点）处爆炸，测点 $P_1$ 和 $P_4$ 的爆炸压力时程曲线对比。由图可知，因测点与装药位置间距离的变化，$P_1$ 测点的峰值压力下降、$P_4$ 测点的峰值压力增大，但装药量相同相对位置关系测点的波形、脉冲数量及相邻脉冲之间间隔、峰值压力等几乎无差别。考虑装药设置位置误差等因素，装药轴向位置并不改变相同相对位置关系壳体测点所受载荷特性。

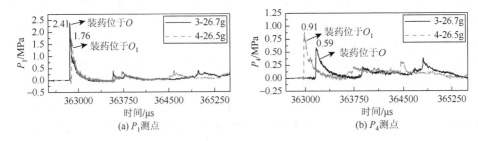

图 5.10　27g 左右装药垂向位置变化对测点所受载荷的影响

图 5.11 是爆心径向移动 0.1m（$O_2$ 点），约 105g 装药不同爆心位置爆炸 $P_1$ 和 $P_4$ 测点的实测压力时程曲线对比。由图可知，第 1 个和第 2 个脉冲之间的时间间隔减小，第 2 个和第 3 个脉冲之间的时间间隔增加，测点峰值超压大大降低，各脉冲峰值超压间差距缩小。这表明容器内壁所受载荷相对均匀，脉冲峰值压力随时间衰减变缓。特别地，$P_4$ 测点由于后续冲击波相互叠加，峰值压力从第 1 个脉冲转移到了第 3 个脉冲。

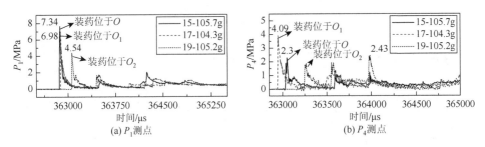

图 5.11　105g 左右装药不同爆心位置爆炸 $P_1$ 和 $P_4$ 测点压力时程曲线实测结果的对比

由于容器端盖极点附近所受载荷最大，因此 $P_5$ 测点载荷应特别关注。通过分析 $P_5$ 测点实测压力随装药量的变化可以发现，装药量从 27g 左右到 105g 左右，随装药量增加，测点峰值压力快速上升，而装药量从 105g 左右增加到 155g 左右，测点峰值压力反而下降。分析原因是：爆炸载荷随着装药量增加而增大，在椭球端盖汇聚形成的脉冲压力自然增大，而随着装药量增加冲击波速度增大，脉冲之间的相互作用时间减小；当装药量增加到 155g 左右时，峰值脉冲与之前相邻脉冲

之间的时间间隔 $\Delta t$ 显著减小，导致冲击波汇聚作用减弱，相对于 105g 装药爆炸 $P_5$ 测点峰值压力反而下降。

研究发现，相对于 27g 装药容器中心爆炸，中心下方 0.15m 爆炸时，$P_5$ 测点所受峰值压力明显增大。原因在于：随距离减小，$P_5$ 测点的冲击波压力峰值增大，汇聚后峰值压力更大。当装药量增大到 64g 和 105g 时，爆心位置从容器中心变化到中心下方 0.15m 处，$P_5$ 测点所受峰值压力分别下降了 5.07MPa 和 9.33MPa；64g 装药条件下，脉冲波形发生了很大改变，压力曲线由单一脉冲变成多脉冲；105g 装药条件下，峰值脉冲之间的时间间隔明显缩短。可见，装药位置改变引起 $P_5$ 测点相互作用脉冲之间的时间关系改变，减弱了脉冲分量在端盖极点的汇聚作用，使测点峰值压力明显衰减。

当爆心由容器中心向 $P_1$ 点径向延长 0.1m 时，在 64g 和 105g 装药条件下，$P_5$ 测点的峰值压力分别下降了 9.88MPa 和 12.63MPa，峰值压力由第 3 个脉冲演化到第 5 个脉冲，冲击波压力振荡幅度整体上也有明显下降，主要原因可能是装药位置偏离容器中心对称轴使冲击波汇聚位置发生改变。

## 5.2　端盖处内爆炸载荷影响因素分析

### 5.2.1　椭球端盖动态强度特性

椭球端盖微元处于主轴方向未知的三向应力状态，主应力由式（5.10）确定：

$$\sigma_{1,2} = \frac{E}{2}\left[\frac{\varepsilon_1 + \varepsilon_3}{1-\mu} \pm \frac{\sqrt{2}}{1+\mu}\sqrt{(\varepsilon_1 - \varepsilon_3)^2 + (\varepsilon_2 - \varepsilon_3)^2}\right] \tag{5.10}$$

根据第四强度理论，椭球壳体微元等效应力为

$$\sigma_e = \sqrt{\sigma_1^2 + \sigma_2^2 - \sigma_1\sigma_2} \tag{5.11}$$

装药爆炸加载下，将主应力峰值代入式（5.11）得到等效应力，计算结果见表 5.9。

表 5.9　椭球端盖主应力

| 序号 | TNT 当量 | 测点 $S_4$/MPa | | | | 测点 $S_{4-1}$/MPa | | | |
| --- | --- | --- | --- | --- | --- | --- | --- | --- | --- |
| | | $\sigma_1$ | $\sigma_2$ | $\sigma_e$ | 平均值（$\sigma_e$） | $\sigma_1$ | $\sigma_2$ | $\sigma_e$ | 平均值（$\sigma_e$） |
| CY-1 | 69.5g | 140 | 118 | 130 | 130.0 | 167 | 137 | 154 | 153.5 |
| CY-2 | 69.7g | 140 | 116 | 130 | | 155 | 151 | 153 | |
| CY-3 | 90.2g | 153 | 126 | 142 | 142.0 | — | — | — | 149.0 |
| CY-4 | 89.6g | 154 | 123 | 142 | | 163 | 129 | 149 | |

续表

| 序号 | TNT 当量 | 测点 $S_4$/MPa | | | | 测点 $S_{4\text{-}1}$/MPa | | | |
|---|---|---|---|---|---|---|---|---|---|
| | | $\sigma_1$ | $\sigma_2$ | $\sigma_e$ | 平均值（$\sigma_e$） | $\sigma_1$ | $\sigma_2$ | $\sigma_e$ | 平均值（$\sigma_e$） |
| CY-5 | 119.5g | 166 | 154 | 160 | 166.0 | 201 | 167 | 187 | 183.0 |
| CY-6 | 120.0g | 182 | 160 | 172 | | 190 | 166 | 179 | |
| CY-7 | 168.5g | 222 | 164 | 199 | 192.5 | 262 | 202 | 238 | 237.5 |
| CY-8 | 169.5g | 212 | 138 | 186 | | 263 | 198 | 237 | |

当 168.5g TNT 爆炸加载时，测得平均等效应力为 237.5MPa，超出 Q345 钢静态许用应力 163MPa，但爆炸容器完好无损；重复加载同样的爆炸载荷，六个监测点均无异常。需要说明的是，爆炸加载过程中，爆炸容器壳体发生高应变率响应，材料动态屈服强度比准静态有明显提高；$\sigma_s$ 为容器静态屈服应力，其动态许用应力 $[\sigma] = \sigma_s / C_d = 291\text{MPa}$，设计时应采用动态许用应力对爆炸容器的安全性进行校验。

## 5.2.2　容器柱壳高径比影响

爆炸容器圆筒高径比 $H/D$ 一般取 0.5～2.0，下面对 $H/D$ = 0.75，1.0，1.25，1.5，1.75，2.0 分别进行数值模拟。选长短轴比为 2∶1 的标准椭球盖，当内径为 800mm 时，端盖长短轴分别取 800mm 和 400mm，TNT 当量为 300g，位于圆筒几何中心。

图 5.12 是不同高径比爆炸容器圆筒中心和端盖中心内壁压力时程曲线。两种工况下，圆筒中心点反射超压首峰值保持一致，但端盖中心点超压时程曲线随高径比变化而改变：首峰值随高径比增加而减小，第二个压力峰值随高径比增加呈现先增大后减小趋势；端盖中心反射超压由爆炸波正反射引起，随高径比增加而减小，峰值发生时间随高径比增加而延后，因为高径比增加，端盖中心与起爆点距离加大，正发射超压峰值减小、作用时间延后；第二个压力峰值由马赫反射波沿端盖汇聚碰撞形成，压力峰值受容器高径比影响较大，当 $H/D \geqslant 1.25$ 时，端盖中心超压峰值明显增强，当 $H/D$ = 1.5 时达到最大值，然后随高径比增加反而缓慢减小。

炸药爆炸产生的冲击波向四周传播，由于容器径向尺寸小于轴向，爆炸冲击波首先在爆心环面正反射，随后在圆筒壁面斜反射，反射冲击波峰值逐渐减小。当 $H/D \leqslant 1.0$ 时，爆炸冲击波在圆筒壁面不发生马赫反射，端盖和圆筒反射冲击波在爆炸容器"颈部"（端盖与圆筒交接处）汇聚，冲击波压力峰值产生突跃，形成

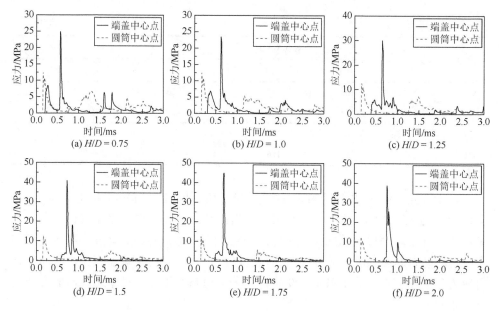

图 5.12　不同高径比爆炸容器超压时程曲线仿真结果

新冲击波沿端盖向中心汇聚；当二次冲击波在端盖壁面发生马赫反射时，冲击波压力峰值再次突跃，直至端盖中心汇聚。当 $H/D>1.0$ 时，冲击波容器内部的传播特性有所改变。首先，随着圆筒高度增加，爆炸波将在圆筒壁面发生马赫反射，随着距离增加，马赫波波阵面逐渐拉长，即马赫波传至端盖与圆筒连接部位时的高度越大；其次，马赫杆沿端盖内壁面向中心汇聚，同样产生二次冲击波和马赫反射波，但二次马赫反射位置随圆筒高度增加越来越靠近端盖中心，所以端盖中心超压峰值会越来越大。$H/D=1.5$ 时达到最大。当容器高径比进一步增加时，端盖中心超压峰值减小，原因在于比例距离增加导致爆炸冲击波强度降低，尽管端盖中心超压峰值有所降低，但仍远高于 $H/D=1.0$ 的情况。因此，对于椭球端盖圆柱形爆炸容器，高径比 $H/D$ 应不大于 1。

### 5.2.3　端盖长短轴比影响

采用数值模拟研究不同端盖长短轴比对圆筒和端盖内壁中心超压时程曲线的影响，如图 5.13 所示。模型选择 $H/D=1.0$，内径为 800mm。由图可知，椭球端盖中心压力汇聚随 $a/b$ 增加明显增大。在相同药量作用下，圆筒中心首峰超压值保持不变。端盖中心超压时程曲线中，首峰值随 $a/b$ 值增加逐渐减小，次峰值随 $a/b$ 增加而增大。

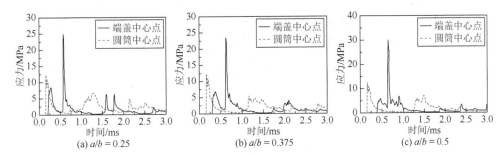

图 5.13　端盖长短轴不同比例时的超压时程曲线

在端盖中心点超压时程曲线中，反射压力首峰值是由正反射引起的，其压力值随 $a/b$ 值增加而呈减小趋势，峰值发生时间随 $a/b$ 值增加而延后，这是由爆心距逐渐增加引起的。而次峰值是由端盖上马赫反射波在端盖中心汇聚碰撞形成的，其压力值随 $a/b$ 值增加呈逐渐增大趋势。

端盖内壁马赫反射三波交汇仿真结果如图 5.14 所示，图中 S、R 和 M 分别代表入射波、反射波和马赫波，入射波和反射波的交点并不在端盖内壁面，而是离开内壁面的 $T$ 点，交汇点称为"三波点"，三波点轨迹称为"迹线"，沿路径 $AB$ 发展。图中马赫波波阵面和迹线近似直线表示，但实际波形弯曲、波后存在连续波系；图中马赫杆垂直于壁面，根据马赫波理论[3]，这是不改变气流运动方向情况下形成冲击波的唯一方式。

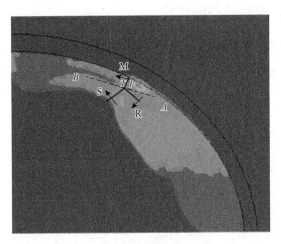

图 5.14　三波交汇现象

为避免圆筒内壁发生马赫反射，假设 $H/D = 1.0$ 不变，二次冲击波产生位置均在端盖和圆筒连接处。如图 5.15 所示，炸药在容器中心爆炸，$P_1$、$P_2$、$P_3$、$P_4$ 为反射波与端盖壁面交点，即发生马赫反射的位置，随着 $a/b$ 增加，马赫反射点逐渐靠近端盖中心。

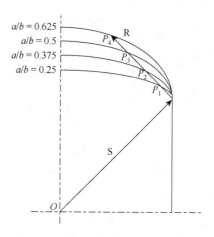

图 5.15　马赫反射点随 $a/b$ 变化情况

对不同 $a/b$ 值进行仿真分析：$a/b = 0.25$ 时，马赫反射开始时间为 345μs；$a/b = 0.375$ 时，马赫反射开始时间是 375μs；$a/b = 0.5$ 时，马赫反射开始时间为 420μs；$a/b = 0.625$ 时，马赫反射开始时间为 450μs。因此，随着 $a/b$ 值增加，马赫反射点逐渐靠近端盖中心，端盖处冲击波汇聚效应更强，导致端盖中心次峰峰值显著增大。综上所述，椭球端盖圆柱形爆炸容器短轴与长轴比 $a/b$ 不宜超过 0.5。

### 5.2.4　平顶封头爆炸容器的讨论

圆柱形爆炸容器的常见端盖有平面和椭球两种形式，两者的内壁反射载荷有较大差异。当端盖退化为平板时，为揭示端盖冲击载荷的演化规律，对容器内径 $D = 800$mm、$H/D$ 分别取 0.75、1.0、1.25、1.5 时，进行端盖内壁冲击载荷响应计算分析。图 5.16 为不同工况下爆炸容器上危险点超压时程曲线。通过数值模拟发现，无论 $H/D$ 如何变化，圆筒与平顶封头内壁的反射波都会在两者交叉处汇聚，区别是随高径比增加，碰撞时间后延。因此，对于平顶封头圆柱形爆炸容器，拐角点是整个容器的危险点。

当爆炸容器封头为平顶时，各特征点反射超压将会发生变化，表现出不同的特点。对于圆筒中心点，首个冲击波波形基本一致，但后续波形随高径比变化有所不同：当 $H/D \leqslant 1.0$ 时，除首峰值外，后续 2~3 个波的峰值也较大，这与爆炸容器体积较小有关；当 $H/D > 1.0$ 时，除首峰值外，后续冲击波压力峰值相对较小，设计时可以只考虑首峰值。对于端盖中心点，反射波首峰和次峰的峰值随高径比增加而减小，峰值出现时间随高径比增加而延后。对于拐角点，峰值超压随高径比增加逐渐减小，当 $H/D \leqslant 1.25$ 时，压力峰值甚至超过圆筒中心点压力峰值；而 $H/D = 1.5$ 时，压力峰值依然与圆筒中心点压力峰值相当。因此，平顶封头圆

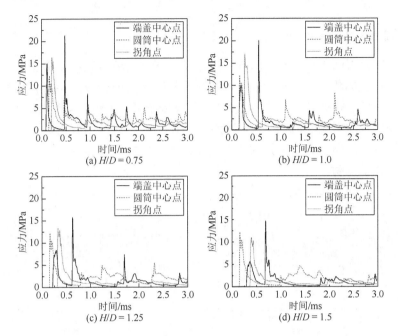

图 5.16　不同工况下平顶封头爆炸容器内壁超压时程曲线

柱形爆炸容器的高径比增加有利于减小端盖中心反射超压，但拐角点变得更加危险。

## 5.3　应变响应特性

### 5.3.1　典型位置的应变响应特性

爆炸容器应变响应特性是学者研究的重点，爆炸载荷作用使容器壳体产生弹塑性变形响应，研究应变可直接为爆炸容器的安全性设计提供依据。在图 4.40 的基础上，本章新增一些斜 45°方向应变测点，对药量工况也重新进行了安排，目的是获取丰富的应变响应信息，为应变响应研究提供更多的数据支撑。

应变响应测试试验安排见表 5.10，炸药密度为 1.5g/cm³，将相近装药量爆炸视为同一工况的多次测试。

表 5.10　筒体应变响应测试试验安排

| 序号 | 1 | 2 | 3 | 4 | 5 | 6 | 7 | 8 | 9 | 10 | 11 |
|---|---|---|---|---|---|---|---|---|---|---|---|
| 装药量/g | 28.0 | 28.1 | 64.3 | 65.0 | 66.2 | 105.3 | 105.3 | 106.2 | 153.8 | 154.1 | 154.5 |

1. 圆柱筒体应变响应

爆炸容器筒体上设置 5 个测点，$S_1$ 与 $S_6$ 位于爆心环面，$S_2$ 与 $S_7$ 位于爆心环面向下 150mm 处的同一环面，$S_3$ 位于爆心环面向下 450mm 处。图 5.17 是 153.8g球装药爆炸时，$S_3$ 测点不同方向应变相应的试验结果，由图可发现测点环向和 45°方向应变出现非周期性消涨现象，称为"节拍效应"，这是相近频率不同模态振动叠加的结果；轴向没有"节拍效应"现象，表明圆柱形筒体振动模态是径向的，只有径向往复振动。

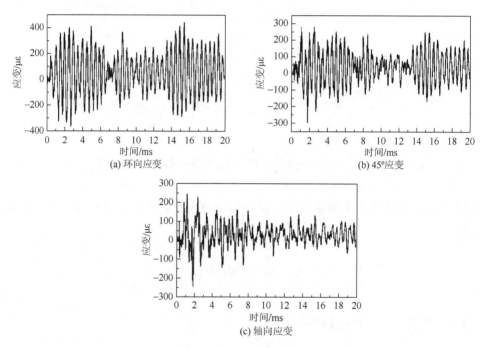

图 5.17　$S_3$ 测点三个不同方向的应变时程曲线

筒体测点应变响应曲线的首个波峰均为拉应变，表明炸药爆炸开始阶段圆柱形筒体发生膨胀变形。表 5.11 是 5 个测点三向应变峰值试验结果，$S_1$ 和 $S_6$ 测点的环向应变及 45°方向压应变首峰即最大值，表明未发生应变增长现象，而 45°方向拉应变有轻微应变增长且应变增长系数分别为 1.32 和 1.14；$S_2$、$S_3$、$S_7$ 测点环向、45°方向、轴向应变响应均有明显应变增长。因此，爆心环面应变增长模式由环向到 45°方向再到轴向，是一个从无到有的过程。随测点到爆心环面距离增加，应变响应首峰值呈整体下降的趋势，但"节拍效应"使不同测点的应变峰值响应相差不大。通过对比表中测点应变增长结果可知，$S_3$ 测点应变增长明显，其中轴向应变增长最为明显。

表 5.11　不同测点应变增长数据

| 测点 | 拉应变 | | | | | | 压应变 | | | | | |
| | 环向 | | 45° | | 轴向 | | 环向 | | 45° | | 轴向 | |
| | 首峰值 | 最大峰值 | 首峰值 | 最大峰值 | 首峰值 | 最大峰值 | 首峰值 | 最大峰值 | 首峰值 | 最大峰值 | 首峰值 | 最大峰值 |
|---|---|---|---|---|---|---|---|---|---|---|---|---|
| $S_1$ | 468.6 | 468.6 | 194 | 221.5 | 67.6 | 243.5 | 317 | 317 | 250.1 | 250.1 | 127.4 | 267.3 |
| $S_6$ | 458.9 | 458.9 | 185.3 | 244.9 | 97.6 | 189.9 | 355.1 | 355.1 | 194.7 | 194.7 | 83.6 | 240.4 |
| $S_2$ | 307.3 | 385.2 | 125.8 | 237 | 19.3 | 271 | 299.1 | 325.5 | 145.4 | 173.8 | 104.4 | 186.6 |
| $S_7$ | 352.8 | 436.4 | 154.1 | 228.6 | 26.9 | 250.5 | 363.4 | 363.4 | 151.6 | 199.3 | 95.5 | 150.4 |
| $S_3$ | 180.3 | 444.6 | 74 | 280.9 | 95.9 | 242.8 | 147.3 | 366.7 | 60.5 | 298.3 | 93.3 | 249.2 |

分析 $S_1$ 和 $S_6$ 测点的测试结果，由表 5.12 可知：①装药量加工误差，对 $S_1$ 和 $S_6$ 测点应变响应的影响极小，表现为首峰值和最大峰值一致性较高、平均值误差较小，相同药量的测量结果趋同，进一步验证了测试系统的可靠性和准确性；②环向无应变增长现象，45°方向应变增长轻微，轴向应变增长明显；③拉应变增长比压应变大；④应变响应从环向到 45°方向再到轴向依次减小。

表 5.12　爆心环面不同装药量下应变响应测试结果

| 测点 | 方向 | | | 装药量/g | 28.0 | 28.1 | 64.3 | 65.0 | 66.2 | 105.3 | 105.3 | 106.2 | 153.8 | 154.1 | 154.5 |
|---|---|---|---|---|---|---|---|---|---|---|---|---|---|---|---|
| | | 拉应变 | 首峰值 | | 115.5 | 109.1 | 237.5 | 250.1 | 207.3 | 365.6 | 328.6 | 328.7 | 468.6 | 420 | 449.9 |
| | | | 最大峰值 | | 115.5 | 109.1 | 237.5 | 250.1 | 216.1 | 365.6 | 328.6 | 328.7 | 468.6 | 425.9 | 449.9 |
| | 环向 | | 系数 K | | 1 | 1 | 1 | 1 | 1.04 | 1 | 1 | 1 | 1 | 1.01 | 1 |
| | | 压应变 | 首峰值 | | 76.8 | 89.6 | 139.1 | 163.5 | 153.1 | 223.7 | 232.7 | 228.7 | 317 | 290.9 | 301.1 |
| | | | 最大峰值 | | 77.8 | 89.6 | 146.1 | 163.5 | 157.3 | 223.7 | 232.7 | 228.7 | 317 | 293.1 | 301.1 |
| | | | 系数 K | | 1.01 | 1 | 1.05 | 1 | 1.03 | 1 | 1 | 1 | 1 | 1.01 | 1 |
| $S_1$ | | 拉应变 | 首峰值 | | 55.5 | 51.1 | 107.1 | 102 | 95.1 | 161.6 | 143.5 | 157 | 194 | 198 | 185.9 |
| | | | 最大峰值 | | 74.9 | 66.8 | 138.9 | 146.2 | 136.6 | 175.1 | 172.8 | 198.7 | 213.6 | 242.4 | 241.1 |
| | 45° | | 系数 K | | 1.35 | 1.31 | 1.3 | 1.43 | 1.44 | 1.08 | 1.2 | 1.27 | 1.1 | 1.22 | 1.3 |
| | | 压应变 | 首峰值 | | 52.7 | 53.2 | 95.8 | 99.6 | 97.4 | 138.2 | 145.5 | 151 | 183.4 | 192.4 | 204.6 |
| | | | 最大峰值 | | 69.7 | 53.2 | 97 | 132.5 | 97.4 | 138.2 | 148.7 | 151 | 244.9 | 197.1 | 204.6 |
| | | | 系数 K | | 1.32 | 1 | 1.01 | 1.33 | 1 | 1 | 1.02 | 1 | 1.34 | 1.02 | 1 |
| | | 拉应变 | 首峰值 | | 22.5 | 24.4 | 29.9 | 39.8 | 50.4 | 59.1 | 37.6 | 48.5 | 67.6 | 51.8 | 62.3 |
| | 轴向 | | 最大峰值 | | 52.3 | 64.3 | 125.3 | 112 | 116.7 | 224 | 228.2 | 228.2 | 243.5 | 265.9 | 280.4 |
| | | | 系数 K | | 2.32 | 2.64 | 4.19 | 2.81 | 2.32 | 3.79 | 6.07 | 4.71 | 3.6 | 5.13 | 4.5 |

续表

| 测点 | 方向 | | 装药量/g | 28.0 | 28.1 | 64.3 | 65.0 | 66.2 | 105.3 | 105.3 | 106.2 | 153.8 | 154.1 | 154.5 |
|------|------|------|----------|------|------|------|------|------|-------|-------|-------|-------|-------|-------|
| $S_1$ | 轴向 | 压应变 | 首峰值 | 49.9 | 52.8 | 91.3 | 77.4 | 76.8 | 103 | 99.5 | 102 | 127.4 | 136.3 | 91.2 |
| | | | 最大峰值 | 56.9 | 53.5 | 130.8 | 134.1 | 139.2 | 158 | 197.5 | 189.5 | 267.3 | 281.6 | 367.7 |
| | | | 系数 $K$ | 1.14 | 1.01 | 1.43 | 1.73 | 1.81 | 1.53 | 1.98 | 1.86 | 2.1 | 2.07 | 4.03 |
| $S_6$ | 环向 | 拉应变 | 首峰值 | 128.3 | 122 | 203.6 | 249.5 | 247.1 | 373.7 | 380.8 | 350.4 | 458 | 466.1 | 466.3 |
| | | | 最大峰值 | 128.3 | 122 | 207.9 | 249.5 | 247.1 | 373.7 | 380.8 | 350.4 | 458 | 466.1 | 466.3 |
| | | | 系数 $K$ | 1 | 1 | 1.02 | 1 | 1 | 1 | 1 | 1 | 1 | 1 | 1 |
| | | 压应变 | 首峰值 | 99.7 | 106.7 | 178.8 | 185.9 | 193.4 | 274.8 | 314.3 | 268 | 355.1 | 343.6 | 335.4 |
| | | | 最大峰值 | 99.7 | 106.7 | 178.8 | 185.9 | 193.4 | 274.8 | 314.3 | 268 | 355.1 | 343.6 | 335.4 |
| | | | 系数 $K$ | 1 | 1 | 1 | 1 | 1 | 1 | 1 | 1 | 1 | 1 | 1 |
| | 45° | 拉应变 | 首峰值 | 80.8 | 71.3 | 119.5 | 153.3 | 153.1 | 227.4 | 234.4 | 212.8 | 250.1 | 249 | 254.4 |
| | | | 最大峰值 | 80.8 | 97.8 | 130.8 | 153.3 | 153.1 | 227.4 | 234.4 | 212.8 | 250.1 | 252.7 | 254.4 |
| | | | 系数 $K$ | 1 | 1.37 | 1.09 | 1 | 1 | 1 | 1 | 1 | 1 | 1.01 | 1 |
| | | 压应变 | 首峰值 | 65.6 | 72.3 | 121.2 | 125.1 | 127.2 | 141.8 | 207 | 178.7 | 194.7 | 186.3 | 180 |
| | | | 最大峰值 | 65.6 | 76.1 | 122.1 | 125.1 | 127.2 | 157.2 | 207 | 178.7 | 194.7 | 186.3 | 180 |
| | | | 系数 $K$ | 1 | 1.05 | 1.01 | 1 | 1 | 1.11 | 1 | 1 | 1 | 1 | 1 |
| | 轴向 | 拉应变 | 首峰值 | 15.5 | 9 | 14.2 | 25.8 | 24.8 | 24 | 16.6 | 27.7 | 97.6 | 66 | 69.1 |
| | | | 最大峰值 | 59.6 | 60.4 | 121.2 | 122.7 | 120.1 | 166.2 | 163.2 | 155.7 | 189.9 | 203 | 227.4 |
| | | | 系数 $K$ | 3.85 | 6.71 | 8.54 | 4.76 | 4.84 | 6.93 | 9.83 | 5.62 | 1.95 | 3.08 | 3.29 |
| | | 压应变 | 首峰值 | 15.6 | 9.8 | 39.5 | 46.1 | 41.5 | 42.7 | 56.4 | 49.1 | 83.6 | 74.3 | 68.5 |
| | | | 最大峰值 | 53.4 | 46.6 | 101.3 | 97.6 | 106.5 | 135.2 | 135.3 | 111.8 | 240.4 | 182.6 | 186.9 |
| | | | 系数 $K$ | 3.42 | 4.76 | 2.56 | 2.12 | 2.57 | 3.17 | 2.4 | 2.28 | 2.88 | 2.46 | 2.73 |

## 2. 椭球端盖应变响应

椭球端盖上 $S_4$ 和 $S_5$ 测点的纬向应变试验结果如图 5.18 所示。由图可知，28g 装药爆炸作用下 $S_4$ 和 $S_5$ 测点的纬向应变产生明显共振现象，由此导致"节拍效应"的持续时间更长，振幅更大，整个应变响应好比一个橄榄球，中间高两头低。事实上，圆筒上 $S_2$ 和 $S_3$ 测点也有共振现象，但幅值小得多。观察 65g、105.3g 装药量下 $S_4$ 测点的三向应变测试结果，并未出现"节拍效应"现象，如图 5.19 所示，这说明只在 28g 装药爆炸条件下，端盖壳体振动模态被激发并产生共振。因此，在装药量为 28g 的容器中心爆炸条件下，离爆心越远的位置越易产生共振现象，端盖顶点是最不"稳定"区域。28g、65g 和 105.3g 装药爆炸下，$S_4$ 测点的轴向应变响应频谱图如图 5.20 所示。由图可知，28g 装药量下应变响应频谱集中在 732Hz 附近，幅值较大，最大值为 78.9με；而在其他装药量爆炸应变响应频谱图中，732Hz 附近应变幅值较小，且在应变响应谱中有多个幅值较大频率，最大值小于 20με，说明在 28g 装药量应变测试中，频率 732Hz 是端盖产生"共振"的主要原因。

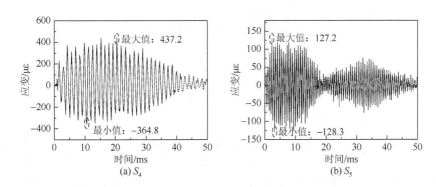

图 5.18　28g 装药量下 $S_4$ 和 $S_5$ 测点的纬向应变时程曲线

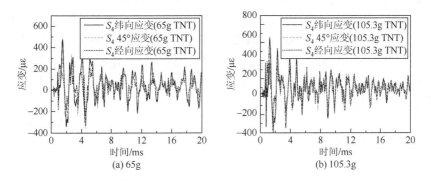

图 5.19　不同装药量下 $S_4$ 测点的三向应变时程曲线

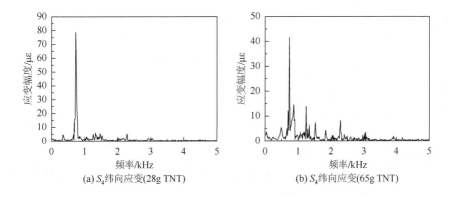

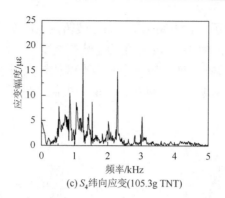

(c) $S_4$ 纬向应变(105.3g TNT)

图 5.20　不同装药量下 $S_4$ 测点的轴向应变响应频谱

$S_4$ 测点在 28g 工况下的纬向应变最大值为 437.2με、45°方向最大值为 315.0με、经向最大值为 240.3με，而在 65g 工况下 $S_4$ 测点的应变最大值分别为 480.0με、310.7με 和 248.4με，两者应变测试值结果较为接近，表明小药量爆炸同样可以引起较大的应变增长，这种振动模态激发效应是壳体安全设计必须考虑的因素之一。

由图 5.19 还可知，105.3g 药量工况下 $S_4$ 测点的纬向、45°方向、经向应变最大值分别为 569.7με、468.7με、340.5με；154.5g 药量工况下 $S_4$ 测点的三向应变最大值分别为 752.6με、636.9με、554.2με。随着药量增加，应变峰值不断增大；事实上，$S_4$ 测点的应变响应比 $S_5$ 测点大，约为 $S_5$ 的 2 倍。由于端盖顶点冲击波的汇聚作用和应变增长效应，与筒体相比端盖顶点是爆炸容器应变响应的最大位置，是强度考核的关注点。

3. 螺栓应变响应

螺栓是将端盖、法兰与圆柱筒体进行紧固密封的连接件。螺栓应变响应体现其弹塑性变形状态，可作为其疲劳或裂纹损伤的判断依据。因此，对螺栓应变响应进行测试可为爆炸容器的安全设计提供参考。螺栓应变响应测试试验安排如表 5.13 所示。

表 5.13　螺栓应变响应测试试验安排

| 序号 | 1 | 2 | 3 | 4 | 5 | 6 | 7 | 8 | 9 | 10 | 11 | 12 |
|---|---|---|---|---|---|---|---|---|---|---|---|---|
| 装药量/g | 27.4 | 27.8 | 27.7 | 64.5 | 64.9 | 64.8 | 105.3 | 106.0 | 106.3 | 154.5 | 153.3 | 155.0 |

1）28g 装药内爆炸应变响应

螺栓应变响应试验实际装药量为 27.8g 和 27.7g，其内外侧、左右侧的轴向应变测试结果如图 5.21 所示。测试表明，1#和 2#螺栓的应变响应开始的几个波形和相位特征基本一致；后续响应出现明显的"节拍效应"，1#螺栓的"节拍效应"比 2#螺栓强，应变增长更为明显。不同装药量、不同位置内爆炸螺栓应变增长数据见表 5.14。分析可知，27.8g 装药量下应变增长时间基本在 8～12ms，应变增长系数在 1.7～7.7；27.7g 装药量下应变增长时间在 1.4～1.8ms，应变增长系数在 1.1～5.8；拉、压应变峰值相近；1#螺栓的应变曲线特征和 2#螺栓的应变曲线特征相似，应变增长系数在 2 左右，表明"节拍效应"对应变增长贡献较大。

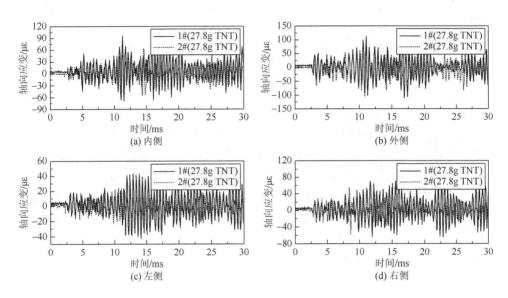

图 5.21　装药量为 27.8g 工况下螺栓应变响应测试结果

**表 5.14　不同装药量、不同位置内爆炸螺栓应变增长数据统计**

| 位置 | 27.8g/1# | | | | 27.8g/2# | | | |
| --- | --- | --- | --- | --- | --- | --- | --- | --- |
| | 首峰值 | 最大应变 | 应变增长时间/ms | 应变增长系数 | 首峰值 | 最大应变 | 应变增长时间/ms | 应变增长系数 |
| 内侧 | 18.4 | 93.3 | 8.42 | 5.1 | 11.9 | 62.0 | 11.94 | 5.2 |
| | −16.6 | −68.6 | 8.69 | 4.1 | −12.5 | −57.3 | 11.65 | 4.6 |
| 外侧 | 44.5 | 111.1 | 9.40 | 2.5 | 41.8 | 90.6 | 7.90 | 2.2 |
| | −22.5 | −110.2 | 14.15 | 4.9 | −33.7 | −87.9 | 8.14 | 2.6 |
| 左侧 | 16.7 | 41.7 | 10.09 | 2.5 | 13.9 | 23.4 | 7.87 | 1.7 |
| | −8.5 | −43.0 | 11.35 | 5.1 | −10.1 | −24.8 | 9.36 | 2.5 |
| 右侧 | 18.8 | 68.7 | 9.04 | 3.7 | 24.9 | 52.6 | 5.76 | 2.1 |
| | −8.4 | −65 | 20.14 | 7.7 | −18.9 | −61.1 | 5.94 | 3.2 |

| 位置 | 27.7g/1# | | | | 27.7g/2# | | | |
|------|--------|--------|----------|----------|--------|--------|----------|----------|
| | 首峰值 | 最大应变 | 应变增长时间/ms | 应变增长系数 | 首峰值 | 最大应变 | 应变增长时间/ms | 应变增长系数 |
| 内侧 | 16.9 | 47.6 | 4.92 | 2.8 | 20.5 | 37.8 | 5.70 | 1.8 |
| | −5.1 | −22.8 | 16.3 | 4.5 | −20.7 | −39.4 | 7.94 | 1.9 |
| 外侧 | 46.9 | 65.3 | 1.76 | 1.4 | 46.6 | 61.9 | 1.22 | 1.3 |
| | −40.8 | 93.8 | 1.49 | 2.3 | −29.3 | −84.9 | 1.47 | 2.9 |
| 左侧 | 31.4 | 46.8 | 1.76 | 1.5 | 23.1 | 74.0 | 7.20 | 3.2 |
| | −21.6 | −54 | 1.47 | 2.5 | −12.8 | −73.7 | 7.43 | 5.8 |
| 右侧 | 15.4 | 26.8 | 8.06 | 1.7 | 25.8 | 38.9 | 1.25 | 1.5 |
| | −28.4 | −29.9 | 1.49 | 1.1 | −16.7 | −36.5 | 1.42 | 2.2 |

2）65g 装药内爆炸应变响应

类似地，对 65g 装药量爆炸作用下，螺栓内外侧、左右侧的轴向应变进行测试研究。结果表明，1#和 2#螺栓对应位置应变响应的前几个波峰依然具有较好的一致性，相位相同、峰值大小相近；螺栓不同位置的应变响应都有不同程度的"节拍效应"，应变增长现象较明显，螺栓内外侧的应变响应比左右侧的应变响应大；106g 和 154g 装药量的 5 组试验同样得到随装药量不断增加、应变峰值相应增大的结论。

## 5.3.2　应变响应模态特性

### 1. 理论分析

圆柱形爆炸容器的端盖和法兰对容器主体约束较大，故将容器视为两端简支的有限长圆柱形壳体，边界条件可简化为[4]

$$v(0,\theta) = \omega(0,\theta) = N_x(0,\theta) = M_x(0,\theta) = 0 \tag{5.12}$$

$$v(L,\theta) = \omega(L,\theta) = N_x(L,\theta) = M_x(L,\theta) = 0 \tag{5.13}$$

由于容器内载荷分布不均匀，且结构并非完全对称，主要处于非轴对称振动状态。设两端简支条件下圆柱形壳体的振型为

$$u_{mn}(x,\theta) = A\cos\frac{m\pi}{L}x\cos n\theta \tag{5.14}$$

$$w_{mn}(x,\theta) = B\sin\frac{m\pi}{L}x\cos n\theta, \quad m,n = 1,2,3,\cdots \tag{5.15}$$

$$v_{mn}(x,\theta) = C\sin\frac{m\pi}{L}x\cos n\theta \tag{5.16}$$

代入方程（2.120）~方程（2.122），可得齐次方程组为

$$(\Omega^2 - S_{11})A + S_{12}B + S_{13}C = 0 \tag{5.17}$$

$$S_{21}A + (\Omega^2 - S_{22})B + S_{23}C = 0 \tag{5.18}$$

$$S_{31}A + S_{32}B + (\Omega^2 - S_{33})C = 0 \tag{5.19}$$

式中，

$$S_{11} = \left(m\pi\frac{R}{L}\right)^2 + \frac{(1-\nu)}{2}n^2 \tag{5.20}$$

$$S_{12} = S_{21} = \frac{(1+\nu)}{2}\left(m\pi\frac{R}{L}\right)n \tag{5.21}$$

$$S_{13} = S_{31} = \nu\left(m\pi\frac{R}{L}\right) \tag{5.22}$$

$$S_{22} = (1+k)\left[\frac{(1-\nu)}{2}\left(m\pi\frac{R}{L}\right)^2 + n^2\right] \tag{5.23}$$

$$S_{23} = S_{32} = -n\left\{1 + k\left[\left(m\pi\frac{R}{L}\right)^2 + n^2\right]\right\} \tag{5.24}$$

$$S_{33} = 1 + k\left[\left(m\pi\frac{R}{L}\right)^2 + n^2\right]^2 \tag{5.25}$$

若方程组有非零解，则必有如下系数行列式为零：

$$\begin{vmatrix} \Omega^2 - S_{11} & S_{12} & S_{13} \\ S_{21} & \Omega^2 - S_{22} & S_{23} \\ S_{31} & S_{32} & \Omega^2 - S_{33} \end{vmatrix} = 0 \tag{5.26}$$

展开可得

$$\Omega^6 + a\Omega^4 + b\Omega^2 + c = 0 \tag{5.27}$$

式中，

$$a = -(S_{11} + S_{22} + S_{33}) \tag{5.28}$$

$$b = S_{11}S_{22} + S_{22}S_{33} + S_{33}S_{11} - (S_{12}^2 + S_{23}^2 + S_{31}^2) \tag{5.29}$$

$$c = S_{11}S_{23}^2 + S_{22}S_{31}^2 + S_{33}S_{12}^2 + 2S_{12}S_{23}S_{31} - S_{11}S_{22}S_{33} \tag{5.30}$$

式（5.27）是关于频率系数 $\Omega^2$ 的三次代数方程，求得的三个根为

$$\Omega_{imn}^2 = -\frac{1}{3}\left\{2\sqrt{a^2 - 3b}\cos\left[\alpha + \frac{2\pi}{3}(i-1)\right] + a\right\}, \quad i = 1, 2, 3 \tag{5.31}$$

式中，

$$\alpha = \frac{1}{3}\arccos^{-1}\left[\frac{a^3 - 4.5ab + 13.5c}{(a^2 - 3b)^{\frac{3}{2}}}\right] \qquad (5.32)$$

故壳体振动固有圆频率为

$$w_{imn} = \frac{\Omega_{imn}}{R}\sqrt{\frac{E}{\rho(1-v^2)}}, \quad i = 1,2,3; m,n = 1,2,3,\cdots \qquad (5.33)$$

式中，$w_{imn}$ 的下标 $m$ 和 $n$ 代表壳体相应振型沿轴向有 $m$ 个半波、沿周向有 $n$ 个波，同时一组（$m$，$n$）对应三个振动频率，即 $i$ 取 1、2、3 时代表 $u$、$v$、$w$ 间幅值比不同。相应振型中均有 $m$ 个轴向半波和 $n$ 个周向波，其中最低频率值对应振型以位移 $w$ 为主，另外两个频率值要高出一个量级，相应振型则以位移 $u$、$v$ 为主。将相关参数代入式（5.20）～式（5.33），可得容器圆柱形壳体非轴对称振动模态频率，如表 5.15 所示。

**表 5.15　圆柱形壳体非轴对称振动模态频率**

| $n(m=1)$ | 1 | 2 | 3 | 4 | 5 | 6 | 7 | 8 | 9 | 10 |
|---|---|---|---|---|---|---|---|---|---|---|
| $f$/Hz | 1175/2598/3983 | 679/3349 | 499 | 592 | 845 | 1188 | 1603 | 2084 | 2630 | 3241 |
| $n(m=2)$ | 1 | 2 | 3 | 4 | 5 | 6 | 7 | 8 | 9 | 10 |
| $f$/Hz | 1786 | 1397 | 1119 | 1046 | 1177 | 1461 | 1849 | 2318 | 2859 | 3467 |

忽略容器的不对称性、载荷分布的不均匀性以及法兰和端盖等的影响，仅考虑纯径向振动模式，容器弹性范围内的运动方程为[4-7]

$$\frac{d^2 w}{dt^2} + \frac{E}{\rho R^2}w = \frac{p(t)}{\rho h} \qquad (5.34)$$

相应的振动模态频率为

$$f = \frac{1}{2\pi R}\sqrt{\frac{E}{\rho}} \qquad (5.35)$$

代入相关参数，可得容器圆柱形壳体的径向振动呼吸模态频率为 1998Hz。

容器椭球端盖常选用标准椭球形壳体，长短轴之比为 2∶1。为便于分析，将其简化为等效曲率半径 $R$ 是圆柱形壳体半径的两倍、开口角 $\varphi_0$ 为 arccos 0.75 的准球壳。假设椭球端盖在容器中心爆炸作用下处于轴对称振动模式。文献[4]和[7]给出了椭球端盖的固有振动频率为

$$f = \frac{\Omega}{2\pi R}\sqrt{\frac{E}{\rho}} \qquad (5.36)$$

式中，$\Omega$ 为频率系数，由决定性方程确定：

$$|D_{ji}| = 0 \quad j,i = 1,2,3 \tag{5.37}$$

其中，

$$D_{1i} = p_{n_i}(x_0) \tag{5.38}$$

$$D_{2i} = c_i p'_{n_i}(x_0) \tag{5.39}$$

$$D_{3i} = [1+(1+\nu)c_i]\lambda_i p_{n_i}(x_0) + (1-\nu)\cot\varphi_0 p'_{n_i}(x_0) \tag{5.40}$$

$$c_i = \frac{1+(\lambda_i-2)/[(1+\nu)(1+1/k)]}{1-\nu-\lambda_i+(1-\nu^2)\Omega^2/(1+k)} \tag{5.41}$$

$$n_i = -0.5 + (0.25+\lambda_i)^{0.5} \tag{5.42}$$

$$x_0 = \cos\varphi_0 \tag{5.43}$$

$p_n(x)$是第一类勒让德函数，$\lambda_i$是方程（5.44）的根：

$$\lambda^3 - [4+(1-\nu^2)\Omega^2]\lambda^2 + [4+(1-\nu)(1-\nu^2)\Omega^2 + (1+1/k)(1-\nu^2)(1-\Omega^2)]$$
$$\lambda + (1-\nu)(1-\nu^2)[\Omega^2-2/(1-\nu)]\{1+[\Omega^2+1/(1+\nu)](1+\nu)/k\} = 0$$

$$\tag{5.44}$$

将相关参数代入式（5.38）～式（5.44），对于连续递增的 $\Omega$ 值，依次求出行列式（5.37）的值，如果行列式改变符号，则通过逆插值方法确定 $\Omega$，进而求得圆柱形壳体非轴对称振动模态频率。表 5.16 为椭球端盖前 5 阶固有振动模态频率的计算结果。

表 5.16 椭球端盖部分固有振动模态频率

| $i$ | 1 | 2 | 3 | 4 | 5 |
|---|---|---|---|---|---|
| $f$/Hz | 996 | 1468 | 1726 | 2483 | 3755 |

2. 试验结果分析

根据爆炸容器端盖、圆柱壳体和螺栓爆炸作用下应变响应试验结果，研究不同装药量、不同测点的模态响应特征。

1）27g 装药中心爆炸容器壳体典型响应模态特征

对比表 5.15 和表 5.16 可知，容器圆柱形壳体及椭球端盖振动模态频率的理论计算值与测量值吻合较好。

图 5.22 是部分测点应变幅频特征图（因篇幅原因未全面列出）。由测点应变幅频特征图可知，除加强管上 $S_8$ 测点外，整个圆柱形容器应变相应在频率 689Hz 附近能量最为集中，非常接近圆柱形壳体第（1，2）阶非轴对称振动模态频率

679Hz，表明容器处于非轴对称振动状态。容器上不同测点的振动响应幅频特征差异明显。爆心环面 $S_1$ 测点的环向、45°方向和轴向的响应主频构成基本一致，能量主要分布在 689Hz、2178Hz、1204Hz、1053Hz 及 1745Hz 附近，对应圆柱形壳体第（1，2）、（1，8）、（1，1）或（2，5）、（2，4）、（2，1）阶非轴对称振动模态频率，但能量在各振动模态之间的分配比例有差异。圆柱形壳体上 $S_2$、$S_3$ 测点的响应幅频特征与 $S_1$ 测点类似，不同的是测点 $S_2$、$S_3$ 在频率 2178Hz 的轴向振动模态没有激发，相同方向的测点振动模态间能量分配比例也有所不同。

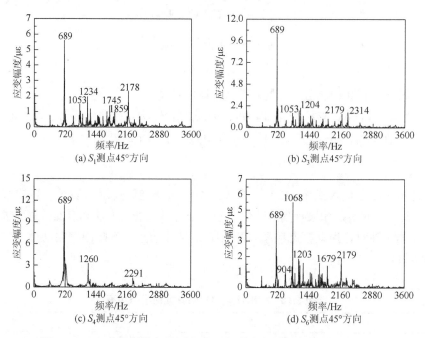

图 5.22　27g 装药爆炸部分测点典型应变响应幅频特征图（编号 1）

椭球端盖与圆柱形壳体上不同位置响应幅频特征有较大差异，靠近椭球端盖极点 $S_4$ 测点的主频幅值为 689Hz、1260Hz，对应圆柱形壳体第（1，2）、（1，6）阶模态频率；椭球端盖 $S_5$ 测点的响应主频为 689Hz、2291Hz、2505Hz、1260Hz、1517Hz，对应圆柱形壳体第（1，2）、（2，8）阶、椭球端盖第 4 阶、圆柱形壳体第（1，6）阶、椭球端盖第 2 阶模态频率。这表明，椭球端盖振动响应由自身和圆柱形壳体共同决定，端盖上测点环向、45°方向和轴向所激发的振动模态间的能量分配比例也有差异。

与相同环面上 $S_1$、$S_2$ 测点相比，$S_6$、$S_7$ 测点的响应频谱构成基本保持不变，但各模态之间的能量分配变化较大。$S_6$ 测点的振动主频依次为 1068Hz、689Hz、1202Hz、1679Hz，对应于圆柱形壳体第（2，4）、（1，2）、（1，1）或（2，5）、（1，

7）阶模态频率，其中环向和 45°方向的振动主频还包括 1859Hz、2179Hz，对应圆柱形壳体第（2，7）、（1，8）阶模态频率。$S_7$ 测点的振动主频依次为 1202Hz、1068Hz、689Hz、1468Hz、1859Hz，对应圆柱形壳体第（1，1）或（2，5）、（2，4）、（1，2）、（2，6）、（2，7）阶模态频率，其中环向和 45°方向的振动主频还包括 2293Hz，对应圆柱形壳体第（2，8）阶模态频率；同样地，测点 $S_6$、$S_7$ 的环向、45°方向和轴向各模态间能量分配比例有一定的差异。测点 $S_8$ 的振动主频依次为 1068Hz、1234Hz、1859Hz、2314Hz、1505Hz、689Hz，与圆柱形壳体的振动模态频率相同，对应圆柱形壳体第（2，4）、（1，1）或（2，5）、（2，7）、（2，8）、（2，6）、（1，2）阶模态频率，表明加强管响应频率主要由圆柱形壳体决定。

2）64g 装药中心爆炸容器壳体典型响应模态特征

图 5.23 是 64g 装药爆炸作用下 $S_1$ 测点的应变响应幅频特征图。分析发现，壳体响应与 27g 装药下的响应具有较多相似之处。不同的是，圆柱形壳体上 $S_1$～$S_3$、$S_6$、$S_7$ 测点的应变响应幅频特征图中均出现了 2011Hz 的新频率，该频率与圆柱形壳体纯径向呼吸模态频率 1998Hz 非常接近，表明容器纯径向呼吸振动模态被激发；爆心环面 $S_1$ 测点的应变有多个响应主频，且主频之间的幅值差异较小，表明容器壳体被激发了多种振动模态，且模态间能量分布相对均匀；$S_2$、$S_6$、$S_7$ 测点的能量分布最集中的模态频率由 689Hz 转变为 882Hz，$S_3$ 测点的能量分布最集中

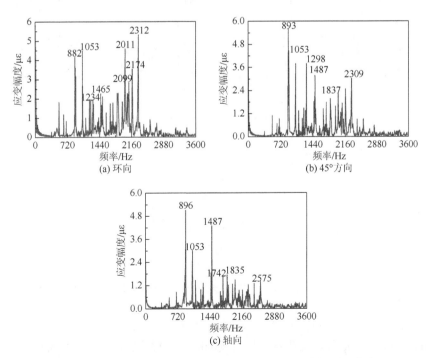

图 5.23　64g 装药爆炸作用下 $S_1$ 测点的应变响应幅频特征图（编号 9）

的模态频率由 689Hz 转变为环向 2011Hz、45°方向 882Hz 和轴向 882Hz，表明容器圆柱形壳体有向中高频振动转变的趋势，同时能量在各模态之间的分布更为均匀；椭球端盖上 $S_4$ 测点的响应主频仍集中在 694Hz 附近，但出现了 2290Hz 的更高频率振动模态，椭球端盖中部 $S_5$ 测点 45°方向和轴向的能量明显向中高频模态集。

3）105g 装药中心爆炸容器壳体典型响应模态特征

图 5.24 是 105g 装药下 $S_4$ 测点的应变响应幅频特征图。通过分析 105g 装药爆炸作用测试结果发现，圆柱形壳体上 $S_1 \sim S_3$、$S_6$、$S_7$ 测点的能量主要集中在频率 1051Hz 和 2011Hz 附近，对应圆柱形壳体第（2，4）阶非轴对称振动模态和纯径向呼吸振动模态，且主要分布在 1051Hz 以上，表明容器壳体主要处于中高频振动模态，$S_1$、$S_2$、$S_6$、$S_7$ 测点在 1051Hz 的非轴对称振动模态幅值比纯径向呼吸振动模态大。与 64g 装药下壳体响应相比，105g 装药作用下椭球端盖响应产生较大变化，其中 $S_4$ 测点的响应主频增多，能量分布更均匀，$S_5$ 测点的 2289Hz 主频幅值远大于其他主频，表明 $S_5$ 测点的能量更为集中，与 64g 装药下壳体响应的幅频特征正好相反。

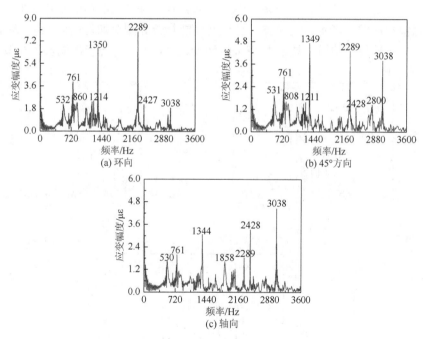

图 5.24　105g 装药爆炸作用下 $S_4$ 测点的应变响应幅频特征图（编号 15）

4）155g 装药中心爆炸容器壳体典型响应模态特征

通过分析 155g 装药下测点典型应变响应幅频特征图，发现圆柱形壳体测点能量最集中的频率为 2011Hz、1051Hz，对应圆柱形壳体纯径向呼吸振动和第（2，4）

阶非轴对称振动模态，除 $S_1 \sim S_3$ 测点的轴向应变外，其他应变在 2011Hz 对应幅值总是大于 1051Hz 的值；与 105g 装药相比，主频密集分布于 2011Hz 附近，表明壳体有向更高频振动模态发展的趋势。椭球端盖的应变幅频特征与 105g 装药作用下较为相似，但 $S_4$ 测点在 576Hz、687Hz 的振动模态能量分布明显增多，$S_5$ 测点的 2501Hz 主频幅值有所增大，对应椭球端盖第 4 阶振动模态，表明药量增加，圆柱形壳体与椭球端盖间的相互约束作用有所减弱。

### 5.3.3　应变分布规律

对不同装药量容器中心爆炸下测点峰值应变进行统计，相同测点重复试验结果取平均值，得到装药量与测点峰值应变分布图，如图 5.25 所示。由图可知，三向应变中环向峰值最大，轴向峰值最小；壳体测点从 $S_1$ 到 $S_2$ 环向应变峰值略有下降、45°方向和轴向应变峰值大致相等或略有增大，这是爆源至测点距离增大导致所受载荷变小及测点应变增长共同作用的结果；测点从 $S_2$ 到 $S_3$，环向、45°方向和轴向应变峰值均有所上升，上升幅度随装药量增加略有增大，同样是壳体所受载荷变化和应变增长共同作用的结果；测点从 $S_3$ 到 $S_4$，壳体应变峰值有明显上升趋势，但升幅随装药量增大未显示出明确的变化趋势，这是由于应变峰值上升还与应变增长有关，而应变增长与装药量无明确关系；测点从 $S_4$ 到 $S_5$，壳体应变峰值出现明显下降，这是椭球端盖中部所受载荷比极点处小很多的缘故。整体而言，容器最大应变总是出现在 $S_4$ 测点，即端盖极点附近，表明端盖极点是容器最危险的位置，与前述分析一致。随装药量增加，测点各向应变峰值逐渐增大，圆柱形壳体的环向应变峰值增幅明显大于 45°方向和轴向。

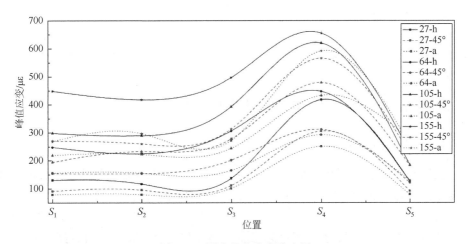

图 5.25　测点峰值应变分布图

### 5.3.4　应变率分析

将应变对时间微分可得到应变率时程曲线，图 5.26 为 168.5g 装药作用下，爆炸容器 $S_1$ 测点环向应变率时程曲线，应变率正向峰值为 $10.7s^{-1}$、负向峰值为 $-9.9s^{-1}$。

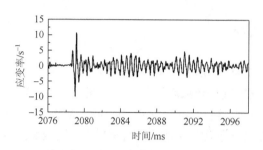

图 5.26　$S_1$ 测点环向应变率时程曲线

不同药量爆炸 $S_1$ 点环向应变率试验结果见表 5.17。对单层爆炸容器而言，随药量增加，外壳最大应变率逐渐升高。Baker 认为爆炸容器弹性动力学响应的应变率在 $1\sim100s^{-1}$，与本书结果较为吻合。

表 5.17　爆心环面上环向应变率

| 序号 | 工况-TNT 药量/g | 最大应变率/$s^{-1}$ |
|:---:|:---:|:---:|
| 1 | 69.5 | 2.7 |
| 2 | 90.0 | 3.9 |
| 3 | 119.5 | 5.2 |
| 4 | 168.5 | 10.7 |

### 5.3.5　爆心位置对容器应变响应的影响

1. 从容器中心 $O$ 到垂向向下 $O_1$ 爆心位置变化

当装药位置由 $O$ 竖直下移 150mm 到 $O_1$ 时，载荷在容器内壁的分布会发生明显变化，壳体应变响应也相应改变。下面以 27g 装药为例对壳体应变变化规律进行分析。

通过对两种爆心位置测点应变时程曲线的对比分析发现，当装药由 $O$ 移到 $O_1$ 时，测点前 3~4 个周期的振动频率及相位几乎一致但幅值有所不同；后续响应中各测点应变曲线的疏密程度整体相似，但曲线相位、应变幅值及衰减规律、应变峰值出现时机等均有明显差异。图 5.27 为不同爆心位置下 $S_1$ 测点的三向应变对比结果。

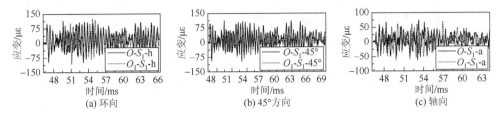

图 5.27　27g 装药下两种装药位置时 $S_1$ 测点的三向应变对比结果

图 5.28（爆心位于 $O_1$）为与图 5.22（爆心位于 $O$）相同测点的应变幅频特征图。通过对两种爆心位置的测点应变幅频特征对比分析可知，装药位置由 $O$ 移到 $O_1$ 后，测点 $S_1$ 的各向振动能主要分布在 689Hz 频率上，其他振动模态占总响应能量的比例明显提高，振动模态间的相对幅值关系明显改变，如 2056Hz 频率的呼吸模态幅值明显上升，中高频模态能量占比有所提高，振动能量在各模态间的分布相对均匀。$S_2$、$S_3$ 测点的各向振动能量仍主要分布于频率 689Hz 上，但相应振动模态占总响应能量的比例有所下降，尤其环向两测点 1589Hz、2309Hz 频率

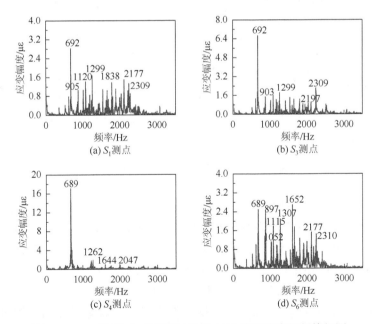

图 5.28　27g 装药 $O_1$ 点起爆时测点 45°方向的应变幅频特征图

的振动模态幅值明显上升，能量分布相对集中，45°方向和轴向激发的振动模态基本一致，各模态相对幅值关系有所差异。装药位置移动后，椭球端盖上 $S_4$、$S_5$ 测点在 689Hz 的振动模态幅值明显上升，其他激发模态幅值有所下降，能量更集中于 689Hz，各振动模态间的叠加作用有所减弱；$S_6$、$S_7$ 测点的振动模态间的相对幅值差异减小，振动能量在所激发模态间的分配更均匀。

综上所述，爆心从 $O$ 点移动到 $O_1$ 点，容器所激发振动模态组成及能量占比最大的振动模态类型基本不变，但圆柱形壳体上测点振动能量在模态间分配趋于均匀，椭球端盖上测点振动能量更集中于爆心移动前相同能量分布最集中的振动模态上。

### 2. 从容器中心 $O$ 到径向 $O_2$ 的爆心位置变化

当爆心从 $O$ 点径向移动 100mm 到 $O_2$ 时，爆炸载荷容器内壁分布将有明显变化，壳体应变响应也将改变。下面对 155g 装药从 $O$ 点移到 $O_2$ 点爆炸时的壳体应变响应进行研究。

测点的应变响应结果分析表明，装药在 $O$、$O_2$ 点爆炸时，柱壳上 $S_1 \sim S_3$、$S_6$、$S_7$ 测点的环向应变曲线非常相似，曲线疏密程度及相位非常接近，应变幅值振荡及衰减基本同步，只是应变幅值有所差异；测点 45°方向和轴向的应变曲线在响应初始 2～4 个周期内较为相似，但响应后期曲线的振荡特征、疏密程度、幅值都有明显差异；端盖上 $S_4$、$S_5$ 测点的应变曲线相位、幅值等也有较大变化。图 5.29 为 $S_4$ 测点的应变响应对比。

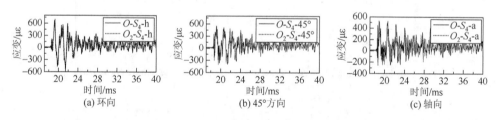

图 5.29　155g 装药下两种装药位置时 $S_4$ 测点的应变时程特征图

由测点应变幅频特征分析可以发现，装药位置由 $O$ 点移到 $O_2$ 点后，测点 $S_1 \sim S_3$、$S_6$、$S_7$ 的环向应变激发的振荡模态组成基本一致，能量仍大量分布在 2054Hz 频率附近，2313Hz 模态所占能量比例显著下降，634Hz、883Hz、1202Hz、1296Hz 振动模态所占能量比明显上升，能量向低频模态集中；在 45°方向和轴向，测点的振动能量由 2011Hz、2173Hz、2310Hz 和 2580Hz 向 1051Hz、1296Hz、635Hz 和 360Hz 转移，$S_1$、$S_2$、$S_6$、$S_7$ 测点的主振模态类型发生改变，振动能量也向低频振动模态集中。$S_4$ 测点的应变响应幅频特征图如图 5.30 所示，可与图 5.24 进行对比。

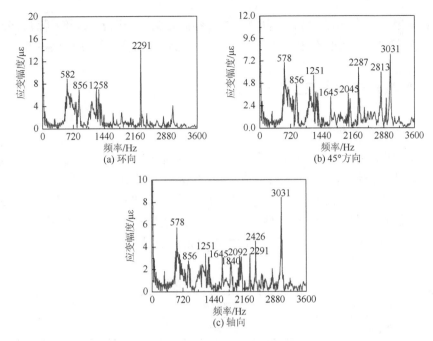

图 5.30　155g 装药 $O_2$ 点起爆时 $S_4$ 测点的应变响应幅频特征图

装药位置改变后，端盖上 $S_4$、$S_5$ 测点所激发振动的模态组成不变，但各模态相对幅值发生明显改变。$S_4$ 测点 687Hz 的模态幅值明显减小、3031Hz 模态幅值明显增加；$S_5$ 测点 2501Hz 频率的模态幅值减小，2933Hz 和 1149Hz 模态幅值增加。

综上分析，装药爆心由 $O$ 点移动到 $O_2$ 点时，圆柱形壳体上测点的环向应变响应特征基本相似，激发的模态组成基本一致，但振动能量在模态间的分配发生改变，能量向低频振动模态集中；在 45°方向和轴向，测点应变响应特征明显改变，能量在振动模态间发生大量转移，主振模态类型改变；椭球端盖上 $S_4$、$S_5$ 测点的应变响应特征也有明显改变，激发的振动模态间的相对幅值关系有较大差异。

# 5.4　应变增长现象

应变增长是指在容器后期局部应变峰值相比初始阶段响应增大的现象，单层圆柱形爆炸容器试验中观察到大量应变增长现象。由于应变增长现象会引起容器局部变形增大，进而加速容器疲劳失效与塑性变形的产生。自应变增长发现以来，学者对此大量关注。目前，关于应变增长机理有不同解释。基于容器抗爆试验获得的壳体应变响应结果，综合运用数值模拟等方法，对圆柱形爆炸容器的复杂应变增长现象的产生机理、特征，以及法兰对容器应变增长现象的影响等进行分析，提高了人们对应变增长现象的认识，为爆炸容器设计及安全评估提供参考。

### 5.4.1　圆柱形壳体的应变增长机理

#### 1. 圆柱形壳体模型

通常采用均布内载荷的有限长薄壁圆柱形壳体来研究爆炸压力容器的应变增长机理。此处讨论的圆柱形壳体与朱文辉[8]试验装置和 Dong 等[9]数值模型在尺寸与参数上相同，如表 5.18 和表 5.19 所示。为保证计算精度兼顾计算效率，圆柱形壳体在径向、轴向和环向分别划分为 6 个、40 个和 96 个网格，如图 5.31 所示。壳体设置为滑动边界，即圆柱形壳体两端的轴向运动固定。

**表 5.18　圆柱形壳体的结构尺寸**

| 长度 $L$ | 内半径 $R_i$ | 厚度 $2\delta$ |
| --- | --- | --- |
| 85.2cm | 21.28cm | 0.98cm |

**表 5.19　圆柱形壳体的材料参数**

| 杨氏模量 $E$ | 泊松比 $\nu$ | 密度 $\rho$ |
| --- | --- | --- |
| 210GPa | 0.333 | 7.83g/cm$^3$ |

(a) 圆柱形壳体模型　　　　　　　(b) 隐式分析示意图

图 5.31　圆柱形壳体的数值模型

将容器受到的冲击载荷简化为均布于容器内壁的三角波脉冲 $P(t)$：

$$P(t) = P_0\left(1 - \frac{t}{t_+}\right), \quad 0 \leqslant t \leqslant t_+$$

$$P(t) = 0, \quad t > t_+ \tag{5.45}$$

当冲击载荷正压作用时间很小时，罐体响应主要取决于载荷冲量，载荷波形影响很小。将脉冲正压作用时间统一设置为 50μs，通过改变峰值控制冲量大小。载荷冲量的单位是 Pa·s。假设作用于圆柱形壳体内表面的冲量分别为 300Pa·s 和 3000Pa·s。在小脉冲载荷下观察到了呼吸模态响应；冲量放大 10 倍后，响应前半段为呼吸模态响应，后半段出现非线性模态耦合响应，与 Dong 等[9]的研究结果相同。

2. 圆柱形壳体的呼吸模态响应

针对不同工况，圆柱形壳体可设置不同边界条件。然而，呼吸模态响应只出现在滑动边界条件下[9]，这是研究滑动边界壳体的原因。根据 Demchuk 提出的一维容器模型，圆柱壳平面应力呼吸模态频率为[10]

$$f_{stress} = \frac{1}{2\pi R_i}\sqrt{\frac{E}{\rho}} \tag{5.46}$$

式中，$R_i$ 为内半径；$E$ 为杨氏模量；$\rho$ 为密度。圆柱壳体平面应变呼吸模态频率为

$$f_{stress} = \frac{1}{2\pi R_i}\sqrt{\frac{E}{\rho(1-v^2)}} \tag{5.47}$$

式中，$v$ 为泊松比。应用平面应力和应变两种方法计算圆柱形壳体的呼吸模态频率为 3878.3Hz 和 4107.7Hz。利用 LS-DYNA 对圆柱形壳体进行隐式动力学分析，得到 143 阶呼吸模态，频率为 4016.2Hz，计算结果较为接近。

在圆柱形壳体内壁施加 300Pa·s 均布三角波载荷，计算时长 $T$ 为 50ms，得到圆柱形壳体外表面中心截面（对应爆心环面）径向弹性应变响应如图 5.32（a）所示，频谱图如图 5.32（b）所示。由于采用快速傅里叶变换（FFT），频谱的频率分辨率为 $T$ 的倒数，即 $1/T$，则频谱分辨率为 20Hz。频谱显示的峰值位置 4020Hz 与精确计算结果的误差不超过 1%，与理论计算和动力学仿真得到的呼吸模态频率都具有较好的一致性。

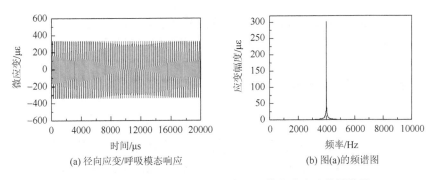

(a) 径向应变/呼吸模态响应　　　　　　(b) 图(a)的频谱图

图 5.32　圆柱形壳体中面径向应变呼吸模态响应及其频谱图

由图 5.32 可知，小载荷下圆柱形壳体中面径向仅有呼吸模态响应，数值模拟获得的壳体外表面其他测点的径向和环向应变分别相同，表明小载荷下边界对圆柱形壳体的任意点的径向和环向的响应影响相同，验证了均布载荷滑动边界圆柱形壳体简化为一维单自由度模型的合理性。

### 3. 圆柱形壳体的非线性模态耦合响应

圆柱形壳体内壁受 3000Pa·s 均布三角波载荷，径向应变响应如图 5.33 所示，4500μs 之前是呼吸模态响应，其后为非线性模态耦合响应，与董奇等[9]的研究结果相似。频谱图中有三个明显主峰 $f_0$、$f_a$ 和 $f_b$，其中，$f_0$ 为圆柱形壳体的呼吸模态，$f_a$ 和 $f_b$ 分别对应第（0，3）阶、频率为 1770.5Hz 的模态，以及第（0，7）阶、频率为 2431.1Hz 的模态。除三个主峰外，频谱图中还有若干小峰和其他能量集中区域，这些环向波数和轴向半波数各异的模态对圆柱形壳体的响应都有一定贡献。与小载荷壳体的响应类似，大载荷下圆柱形壳体上各点径向和环向的应变响应曲线重合，只在轴向上有所差异。

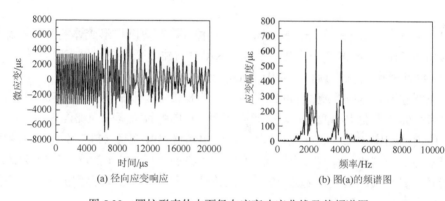

(a) 径向应变响应　　　　　　　　　(b) 图(a)的频谱图

图 5.33　圆柱形壳体中面径向应变响应曲线及其频谱图

以上圆柱形壳体瞬态载荷下的响应分析验证了前人的研究，也表明本书研究方法的可行性，可用于研究法兰参数对圆柱形壳体应变增长的影响。

## 5.4.2　典型装药下容器壳体的应变增长

装药量的改变可引起爆炸容器内冲击波系结构和演化规律的变化，从而激发容器不同响应模态特征，形成的容器应变增长现象也不相同。下面对 27g 和 155g 两种装药容器中心爆炸时，壳体的应变响应及应变增长现象进行研究。由于附加结构如加强管等造成容器的不对称性，会对壳体响应产生较大扰动，将对加强管处 $S_6$、$S_7$ 测点的响应进行重点讨论。

1. 27g 装药爆炸作用下的应变增长

试验表明，27g 装药容器中心爆炸作用下，$S_1 \sim S_7$ 测点均产生不同程度的应变增长现象。振动模态按幅值大小排列如表 5.20 所示。无论是圆柱形壳体上 $S_1 \sim S_3$ 测点还是椭球端盖上 $S_4$、$S_5$ 测点，频率为 689Hz 振动模态的幅值远大于其他激发模态，此频率对应容器圆柱形壳体第（1，2）阶耦合径向-轴向振动模式。

表 5.20　27g 装药容器中心爆炸下壳体测点主要振动模态频率

| 测点位置 | 主要振动模态频率 | | | | |
| --- | --- | --- | --- | --- | --- |
| $S_1$-h/45°/a | 689/689/689 | 2178/2178/1745 | 1234/1234/1234 | 1858/1053/1053 | 1053/1745/2178 |
| $S_2$-h/45°/a | 689/689/689 | 1204/1052/1468 | 1590/1204/1204 | — | — |
| $S_3$-h/45°/a | 689/689/689 | 2314/1204/1204 | 1204/2314/1052 | 1468/1053/1468 | 1590/2179/903 |
| $S_4$-h/45°/a | 689/689/689 | 1260/1260/1260 | 2291/2291/1517 | — | — |
| $S_5$-h/45°/a | 689/689/2291 | 1260/2291/689 | 2505/2505/2505 | 2291/1147/1260 | 904/1517/903 |

注：h/45°/a 中 h、45°、a 分别代表测点环向、45°方向和轴向，下同。

$S_1$ 测点的振动能量依次主要分布在 2178Hz、1234Hz 模态上，对应圆柱形壳体第（1，8）、（1，1）或（2，5）阶弯曲振动模态。由于 $S_1$ 测点所激发的三种主要振动模态频率大致成倍数关系，可以认为 $S_1$ 测点的应变增长现象产生的原因是大致成倍数关系的不同弯曲振动模态之间的叠加。同时，$S_1$ 测点的环向、45°方向和轴向应变峰值出现时间并不相同，这与相叠加的三种振动模态的幅值大小及相位差异有关。

圆柱形壳体上 $S_2$ 测点的环向和 45°方向应变峰值出现在第二个响应周期，表明应变峰值出现在脉冲反射作用阶段。因此，$S_2$ 测点的环向和 45°方向的应变增长现象是由反射载荷产生的应变与容器初始应变叠加所致。$S_2$ 测点的轴向振动能量依次主要分布在 1468Hz、1204Hz 频率的模态上，对应容器圆柱形壳体第（2，6）、（1，1）或（2，5）阶弯曲振动模态，由于三种主要振动模态频率之间大致成倍数关系，也可以认为 $S_2$ 测点的轴向应变增长现象是由成倍数关系的不同弯曲振动模态叠加导致的。$S_3$ 测点的幅频响应特征与 $S_1$ 测点非常相似，$S_3$ 测点的应变增长产生原因与 $S_1$ 测点相同。

由表 5.20 可知，$S_4$ 测点除 689Hz 振动模态外，振动能量主要分布在 1260Hz 和 2291Hz 的两种振动模态上，其余振动模态都没有被激发。由图 5.20 中相近装药量（28g）下 $S_4$ 测点的应变响应可知，$S_4$ 测点在响应早期产生了明显的"节拍效应"和应变增长现象。$S_4$ 测点的应变增长现象也是由成倍数关系振动模态线性叠加使壳体产生节拍运动所致。

除频率 689Hz 振动模态外，$S_5$ 测点的振动能量主要分布在 2291Hz、1260Hz 和 2505Hz 频率上，频率 2291Hz 和 1260Hz 对应圆柱形壳体第（2，8）、（1，6）阶振动模态，2505Hz 对应椭球端盖第 4 阶振动模态。因此，$S_5$ 测点产生应变增长是由圆柱形壳体振动引起椭球端盖振动模态和端盖本身振动模态叠加所造成的。

2. 155g 装药爆炸作用下的应变增长

试验表明，155g 装药容器中心爆炸作用下，除 $S_1$ 测点环向和 $S_4$ 测点三向应变响应未产生应变增长现象外，其余测点各向响应均出现应变增长现象。图 5.34 是测点 $S_1$ 的应变响应幅频特征图，表 5.21 是振动模态幅值统计结果。分析图 5.34 和表 5.21 可知，测点 $S_1$ 的振动能量主要分布在 2011Hz、1051Hz、2173Hz、2313Hz、1831Hz、2576Hz、1734Hz 频率上，对应于圆柱形壳体呼吸振动模态、第（2，4）、（1，8）、（2，8）、（2，7）、（1，1）阶及第（2，1）阶弯曲振动模态。$S_1$ 测点的响应幅频特征类似于内部受均匀径向脉冲作用圆柱形壳体非稳定振动[11]以及两端自由圆柱形壳体非线性模态耦合响应[9]，因此 $S_1$ 测点 45°方向和轴向的应变增长现象可用非线性模态耦合理论解释。为描述壳体响应中的弯曲模态发展，McIvor 等给出了圆柱形容器第（m，n）阶模态径向位移 Mathieu 方程[11]：

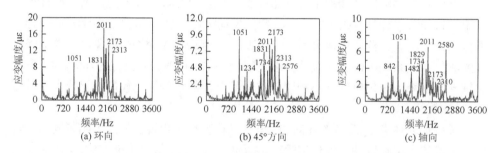

图 5.34　155g 装药爆炸作用下 $S_1$ 测点的应变响应幅频特征图（编号 25）

**表 5.21　155g 装药容器中心爆炸作用下壳体测点的主要振动模态频率**

| $S_1$-h/45°/a | $S_2$-h/45°/a | $S_3$-h/45°/a | $S_4$-h/45°/a | $S_5$-h/45°/a |
|---|---|---|---|---|
| 2011/1051/1051 | 2058/2058/1051 | 2011/2011/1051 | 2288/691/576 | 2285/2288/2288 |
| 2173/2173/2011 | 2313/2313/2580 | 2313/2313/2576 | 691/576/687 | 2501/2501/2501 |
| 2313/2011/2580 | 633/1051/842 | 1051/1051/2313 | 576/2285/2501 | 1249/2094/2043 |
| 1051/1831/1829 | 3152/2580/2011 | 2580/2576/842 | 1148/2497/1759 | 687/1249/3058 |
| 1831/2313/1734 | 1054/633/1849 | 3152/2173/2094 | 1245/1755/1252 | 576/1112/1727 |
| —/1734/1482 | 2576/2425/2313 | 633/1234/1828 | —/1148/2288 | 1644/687/1252 |
| —/2576/842 | 1201/1201/633 | 1839/1831/1234 | —/2015/2015 | 2094/1641/572 |
| —/1234/2173 | 842/3152/1234 | —/633/1734 | —/2954/3033 | — |

$$\ddot{\omega}_{mn} + (\Omega_{mn} + \mu_{mn}\sin\tau)\omega_{mn} = 0 \qquad (5.48)$$

式中，

$$\Omega_{mn} = c_6 - \frac{c_5^{\,2}}{c_4} + \frac{(c_3 c_4 - c_2 c_5)^2}{c_4(c_2^{\,2} - c_1 c_4)} \qquad (5.49)$$

$$\mu_{mn} = c_4 v_0 / C \qquad (5.50)$$

$$c_1 = \frac{n^2}{3} + \pi^2 m^2 (R/L)^2 \qquad (5.51)$$

$$c_2 = (2\pi mn / 3)(R/L) \qquad (5.52)$$

$$c_3 = \frac{\pi m}{3}\frac{R}{L} + \frac{\pi^3 m^3}{3}\left(\frac{h}{R}\right)^2\left(\frac{R}{L}\right)^3 - \frac{\pi mn^2}{36}\left(\frac{h}{R}\right)^2\frac{R}{L} \qquad (5.53)$$

$$c_4 = n^2 + (\pi^2 m^2 / 3)(R/L)^2 \qquad (5.54)$$

$$c_5 = n + \frac{\pi^2 m^2 n}{9}\left(\frac{h}{R}\right)^2\left(\frac{R}{L}\right)^2 \qquad (5.55)$$

$$c_6 = 1 + \frac{\pi^4 m^4}{12}\left(\frac{h}{R}\right)^2\left(\frac{R}{L}\right)^4 + \frac{n^4}{12}\left(\frac{h}{R}\right)^2 - \frac{n^2}{6}\left(\frac{h}{R}\right)^2 + \frac{\pi^2 m^2 n^2}{6}\left(\frac{h}{R}\right)^2\left(\frac{R}{L}\right)^2 \qquad (5.56)$$

式中，$L$ 为圆柱形壳体的长度；$v_0$ 为壳体的径向初速度；$C = \sqrt{E/[\rho(1-v^2)]}$ 为壳体弹性波速，$v$ 为泊松比。如果点（$\Omega_{mn}$, $\mu_{mn}$）落入 Mathieu 稳定图的不稳定区域，则第（$m$, $n$）阶振动模式可能经历显著增长。计算得到本书研究的爆炸容器圆柱形壳体的 $\Omega_{mn}$ 和 $\mu_{mn}$ 值，如图 5.35 所示。由图 5.35 可知，$S_1$ 处激发的第（1，8）阶和第（2，4）阶弯曲模态都处于 Mathieu 稳定图的不稳定区域，因此 $S_1$ 测点的

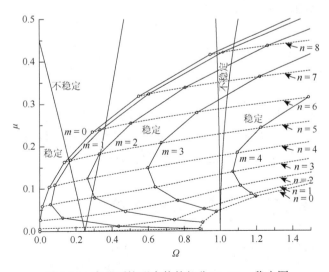

图 5.35　容器圆柱形壳体的部分 Mathieu 稳定图

45°方向和轴向的应变增长现象由壳体呼吸模态、稳定弯曲模态、不稳定径向-轴向耦合模态的非线性耦合引起。与 McIvor 等[11]及文献[9]观察到的结果不同，测点 $S_1$ 的环向应变未产生应变增长现象，表明非线性模态耦合不是应变增长现象产生的充分条件，应变增长现象不仅取决于所激发振动模式的频率，还取决于模态形状、不同类型振动模式之间相位差和振幅比等。

图 5.36 为 153.8g 装药爆炸时，$S_2$、$S_7$ 测点三向应变响应试验曲线对比。由图可知，$S_2$ 测点的环向应变发生了类似"节拍效应"，这是由频率相近不同振动模态相互叠加产生的；$S_2$ 测点的 45°方向应变峰值出现在第二个振动周期，应变增长是反射冲击应变在容器初始应变上的叠加；$S_2$ 测点的轴向振动能量主要分布在 1051Hz、2580Hz、2011Hz、842Hz、1849Hz 和 2313Hz 等频率上，其中 1051Hz 振动模态的幅值最大，与 $S_1$ 测点的轴向响应幅频特征类似，因此 $S_2$ 测点的轴向应变增长是呼吸模态、稳定弯曲模态与非稳定弯曲模态非线性耦合的结果；$S_2$ 测点的环向振动能量主要分布在 2058Hz 和 2313Hz 上。

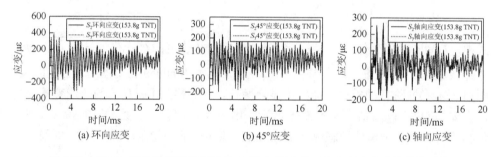

(a) 环向应变　　　　　　　　(b) 45°应变　　　　　　　　(c) 轴向应变

图 5.36　153.8g 装药爆炸作用下筒体 $S_2$ 和 $S_7$ 测点的三向应变响应试验曲线对比

实测 $S_3$ 测点的三向应变响应幅值特征与 $S_2$ 测点相似，其环向和轴向的应变增长现象的产生机理与 $S_2$ 测点相同，不同的是 45°方向的应变增长现象在响应开始约 15ms 后才产生。

端盖上 $S_5$ 测点的振动能量主要分布在 2288Hz 和 2501Hz 上，与 27g 装药条件下 $S_5$ 测点的响应类似，$S_5$ 测点处的应变增长现象同样是由圆柱形壳体部分引起的振动模态和椭球端盖本身振动模态之间的耦合造成的。

### 5.4.3　装药位置对容器应变增长现象的影响

1. 装药位置从 $O$ 点到 $O_1$ 点对应变增长现象的影响

试验表明，105g 装药容器中心爆炸作用下，测点 $S_1$、$S_6$ 的环向和测点 $S_4$ 的三向应变响应无应变增长现象，其余测点各方向的响应均产生应变增长现象。当装药位置移到 $O_1$ 点时，测点 $S_1$ 的环向发生微弱应变增长，测点 $S_2$ 的环向应变增长现象消失，测点 $S_4$ 的轴向产生应变增长现象，其余各测点各方向的应变增长现象依然存在。

通过对比不同位置爆炸测点的幅频特性可以发现，装药位置从 $O$ 点移到 $O_1$ 点后，测点 $S_1$ 的环向应变中 2011Hz 为呼吸振动模态，886Hz 频率的第（1，5）阶弯曲模态能量占总响应的比例明显提高，1051Hz 频率的第（2，4）阶弯曲模态能量占总响应的比例明显下降，振动模态间相对幅值关系明显改变。Mathieu 方程参数主要由首峰值应变及容器的长径比决定[9]，由于爆心位置变化改变了测点的应变首峰值，进而引发壳体响应中弯曲模态的改变。综上所述，装药位置变化改变了测点 $S_2$、$S_6$ 的环向响应中呼吸模态、稳定弯曲模态与非稳定弯曲模态间的非线性耦合状态，导致测点 $S_2$ 的环向应变增长现象消失、测点 $S_6$ 的环向有了微弱的应变增长。

装药位置从 $O$ 点移到 $O_1$ 点，椭球端盖上测点 $S_4$ 的轴向响应中圆柱形壳体振动引起 1344Hz、3038Hz 振动模态、端盖自身 2428Hz 频率的振动模态能量占总响应的比例明显下降，圆柱形壳体引起频率为 869Hz 的非稳定弯曲模态被激发，并成为最主要的振动模态。因此，装药位置变化改变了椭球端盖上振动模态组成和能量分配，圆柱形壳体非稳定振动引起端盖应变增长。应该指出，虽然装药位置变化改变了测点 $S_1$、$S_2$、$S_6$ 的轴向和 45°方向以及测点 $S_3$、$S_5$、$S_7$ 各方向的振动模态特征，但应变增长产生机理不变。表 5.22 是 105g 装药不同位置爆炸时测点的应变增长因子统计。由表可知，装药位置从 $O$ 点移到 $O_1$ 点，除 $S_2$、$S_3$ 测点的环向和 $S_7$ 测点的 45°方向外，其余测点的应变增长因子都有所增大。

表 5.22　105g 装药不同位置爆炸时测点的应变增长因子对比

| $S_e$ | 应变增长因子 | | | | | | | | | | |
|---|---|---|---|---|---|---|---|---|---|---|---|
| | $S_1$-h | $S_1$-45° | $S_1$-a | $S_2$-h | $S_2$-45° | $S_2$-a | $S_3$-h | $S_3$-45° | $S_3$-a | $S_4$-h | $S_4$-45° |
| 15 | 1 | 1.43 | 2.59 | 1.22 | 2.2 | 2.47 | 2.57 | 2.52 | 2.38 | 1 | 1 |
| 17 | 1.278 | 1.948 | 2.847 | 1 | 1.71 | 2.248 | 1.87 | 2.878 | 4.56 | 1 | 1 |
| 19 | 1.255 | 3 | 3.4754 | 1.266 | 2.009 | 1.821 | 4 | 2.1338 | 3.132 | 1 | 1.17 |

| $S_e$ | 应变增长因子 | | | | | | | | | |
|---|---|---|---|---|---|---|---|---|---|---|
| | $S_4$-a | $S_5$-h | $S_5$-45° | $S_5$-a | $S_6$-h | $S_6$-45° | $S_6$-a | $S_7$-h | $S_7$-45° | $S_7$-a |
| 15 | 1 | 2.18 | 1.65 | 2.13 | 1 | 1.12 | 2.11 | 1.12 | 1.91 | 1.51 |
| 17 | 1.206 | 2.458 | 2.2 | 2.293 | 1.082 | 1.456 | 2.653 | 1.166 | 1.17 | 2.113 |
| 19 | 1.116 | 2.89 | 2.093 | 2.231 | 1 | 1.083 | 1.864 | 1.344 | 1.644 | 1.862 |

**2. 装药位置从 $O$ 点移到 $O_2$ 点对应变增长现象的影响**

装药位置从 $O$ 点移到 $O_2$ 点后，测点 $S_1$ 的环向应变中 2011Hz 为呼吸模态，1051Hz 频率的第（2，4）阶非稳定弯曲模态对总响应能量占比有所下降，1203Hz 第（2，5）阶、2171Hz 第（1，8）阶非稳定弯曲模态以及 634Hz、2310Hz 和 1675Hz 稳定弯曲模态对总响应能量占比明显提升，振动模态间的相对幅值关系明显改变，呼吸模态、稳定弯曲模态与非稳定弯曲模态间的非线性耦合状态改变，进而产生了应变增长现象。

随装药位置改变，$S_4$ 测点的振动能量在模态间的分配会发生显著变化，3038Hz、2289Hz、1349Hz、532Hz、860Hz 等频率的振动模态幅值大幅下降，3038Hz、532Hz、860Hz 的振动模态几乎不再被激发，振动能量主要分布在频率 750Hz 上，在 1297Hz、2305Hz 或 2430Hz 上也稍有分布，由于振动模态特征发生巨大改变，测点 $S_4$ 45° 方向和径向频率接近倍数关系的三种主振模态相互叠加引起了应变增长现象。

装药位置变化使其余测点应变振动模态间的相对幅值关系发生改变，$S_1$ 测点 45° 方向的改变较大，应变能在振动模态间发生移动，但不改变测点应变的激发模态类型及组成，因此测点应变增长机理并没有发生本质变化。

### 5.4.4　加强管对容器应变增长现象的影响

文献[12]～[14]指出，附加结构造成容器不对称，对容器壳体应变响应产生干扰，使得容器发生弯曲振动模态，弯曲振动模态与呼吸振动模态线性叠加使容器产生应变增长现象。本节以 27g、155g 装药容器中心爆炸为例，从 $S_1$、$S_2$ 与 $S_6$、$S_7$ 测点响应差异分析加强管对容器应变增长现象的影响。

**1. 27g 装药爆炸加强管对应变增长现象的影响**

27g 装药作用下受加强管影响，与 $S_1$ 测点相比，测点 $S_6$ 中 689Hz 的第（1，2）阶模态占总能量的比例有所下降，1068Hz 的第（2，4）阶模态占总能量的比例显著上升。环向应变主振模态由第（1，2）阶稳定弯曲模态转变成第（2，4）阶非稳定弯曲模态；45° 方向和轴向的主振模态由第（1，2）阶稳定弯曲模态转变成第（1，2）阶稳定弯曲模态和第（2，4）阶非稳定弯曲模态。因此，加强管使壳体的振动不稳定性增加，测点应变增长机理从主要由于多个近似成倍数关系的弯曲振动模态之间叠加变成由稳定弯曲模态和非稳定弯曲模态非线性耦合产生。

与 $S_2$ 测点相比，$S_7$ 环向应变中 689Hz 的第（1，2）阶弯曲模态显著衰弱到几乎消失，而 1068Hz 的第（2，4）阶和 1202Hz 的第（2，5）阶弯曲模态增强为主振模态；45° 方向的应变振动模态变化与环向相似，不同的是 689Hz 的第（1，2）

阶弯曲模态仍然较强，因此环向和 45°方向的应变增长从主要由反射冲击应变叠加在初始应变上，变成主要由稳定弯曲模态和非稳定弯曲模态之间非线性耦合产生；轴向应变 689Hz 的第（1，2）阶弯曲模态有所减弱，但幅值仍显著高于其他模态；1068Hz 的第（2，4）阶模态能量占总响应比例有所提高，应变整体模态特征没有改变，增长机理不变。

### 2. 155g 装药爆炸加强管对应变增长现象的影响

155g 装药作用下，相比于 $S_1$ 测点，受加强管影响的 $S_6$ 测点的环向应变中，1831Hz 和 2313Hz 的振动模态能量占总响应比例明显下降，振动模态特征基本不变，未产生应变增长现象；45°方向应变中，1831Hz 振动模态能量占比明显下降，734Hz 和 633Hz 振动模态能量占比有所上升，测点振动模态有微弱变化，导致应变增长现象消失；轴向应变中，1051Hz、2580Hz、1734Hz 三种振动模态能量占比明显下降，尤其 2580Hz 频率的模态未被激发，而 2011Hz 呼吸模态能量占比显著上升，测点振动模态特征明显变化，呼吸模态与非稳定弯曲模态耦合作用产生应变增长现象。

$S_7$ 测点的环向应变中，2313Hz 的振动模态能量占比总响应有所提升，45°方向应变中，2011Hz 的呼吸振动模态及 2313Hz 的弯曲模态能量占比总响应有所下降，633Hz、734Hz、874Hz 三个模态能量占比总响应有所上升，但环向和 45°方向应变的整体模态特征无本质变化；轴向应变中，2011Hz 的呼吸振动模态能量占比总响应明显上升，1051Hz、2580Hz、842Hz、2313Hz、1849Hz 等振动模态能量占比相对有所下降，应变模态特征发生改变，应变增长现象产生机理由呼吸模态、稳定弯曲模态与非稳定弯曲模态非线性耦合转变为由呼吸模态、非稳定弯曲模态的耦合作用。

表 5.23 为不同装药量下 $S_1$、$S_2$ 与 $S_6$、$S_7$ 测点的应变增长因子的对比。由表可知，加强管对应变增长因子大小并无明确的影响规律，但加强管对相同环面上相同载荷作用测点的应变增长因子大小有明显影响。

**表 5.23　应变增长因子的对比**

| $S_e$ | 应变增长因子 | | | | | | | | | | | |
|---|---|---|---|---|---|---|---|---|---|---|---|---|
| | $S_1$-h | $S_1$-45° | $S_1$-a | $S_2$-h | $S_2$-45° | $S_2$-a | $S_6$-h | $S_6$-45° | $S_6$-a | $S_7$-h | $S_7$-45° | $S_7$-a |
| 1 | 1.14 | 1.90 | 1.63 | 1.32 | 2.23 | 3.96 | 1.29 | 1.25 | 3.93 | 1.26 | 1.41 | 2.36 |
| 9 | 1.17 | 1.48 | 2.10 | 1.34 | 2.08 | 2.96 | 1.00 | 1.18 | 2.16 | 1.11 | 1.41 | 2.58 |
| 15 | 1.00 | 1.43 | 2.59 | 1.22 | 2.20 | 2.47 | 1.00 | 1.12 | 2.11 | 1.12 | 1.91 | 1.51 |
| 25 | 1.00 | 1.36 | 2.78 | 1.27 | 1.69 | 2.25 | 1.00 | 1.00 | 1.95 | 1.32 | 1.72 | 3.17 |

### 5.4.5　法兰对容器应变增长现象的影响

#### 1. 带法兰圆柱形壳体的数值模型

为研究法兰对圆柱形爆炸容器壳体应变增长现象的影响,建立容器的三种 1/4 简化仿真计算模型,如图 5.37 所示。其中,第一种模型与实际圆柱形爆炸容器几乎一致,带有上下法兰的椭球端盖和圆柱形壳体通过螺栓连接,上下法兰之间设置钢质密封圈,通过螺栓施加预紧力使椭球端盖、密封垫圈及圆柱形壳体三者紧密结合;第二种模型对容器进行简化,忽略螺栓和密封垫圈结构,端盖和圆柱形壳体之间无间隙,法兰被简化为一定厚度的圆环;第三种模型中容器被简化成不带法兰的完整体壳。

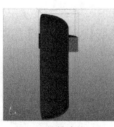

(a) 真实法兰　　　　　　　　　(b) 简易法兰　　　　　　　　　(c) 不带法兰

图 5.37　容器三种 1/4 简化仿真计算模型

仿真计算时,法兰选用 16MnR 钢、RHA 装甲钢、Al-2024-T3 铝合金三种材料,其中,16MnR 钢采用和容器外壳相同的材料模型;Al-2024-T3 铝合金采用塑性随动硬化(MAT_PLASTIC_KINEMATIC)模型,并忽略应变率效应;RHA 装甲钢的强度很高,采用 Johnson-Cook(J-C)模型:

$$\sigma_{\mathrm{d}} = (A + B\bar{\varepsilon}_{\mathrm{pl}}^{n})(1 + C\ln\dot{\varepsilon}^{*})(1 - T^{*m}) \tag{5.57}$$

式中,$\sigma_{\mathrm{d}}$ 为材料动态应力;$\bar{\varepsilon}_{\mathrm{pl}}$ 为等效塑性应变;$A$、$B$、$C$、$n$ 和 $m$ 均为常数;$\dot{\varepsilon}^{*} = \dot{\varepsilon}/\dot{\varepsilon}_{0}$ 为无量纲应变率,$\dot{\varepsilon}_{0}$ 通常取 1;$T^{*}$ 为相对温度系数,$T^{*} = (T - T_{\mathrm{r}})/(T_{\mathrm{m}} - T_{\mathrm{r}})$,$T$ 为材料热力学温度,$T_{\mathrm{r}}$ 为室温,$T_{\mathrm{m}}$ 为金属材料温度,由于爆炸作用持续时间特别短,可以认为材料温度与室温相等,$T^{*}$ 取 0。RHA 装甲钢和 Al-2024-T3 铝合金材料的主要参数如表 5.24 所示。

表 5.24　法兰材料参数

| 材料 | 密度 /(kg/m³) | 杨氏模量/GPa | 泊松比 | 屈服强度/MPa | 切线模量/GPa | J-C 模型参数 | | | | |
|---|---|---|---|---|---|---|---|---|---|---|
| | | | | | | A/MPa | B/MPa | n | C | m |
| RHA 装甲钢 | 8000 | 210 | 0.28 | — | — | 950 | 560 | 0.26 | 0.014 | 1 |
| Al-2024-T3 | 2680 | 72 | 0.33 | 318 | 0.737 | — | — | — | — | — |

　　开展 27g 和 105g 球装药容器中心爆炸工况应变响应仿真研究,与选择的试验测点相对应,选取容器爆心环面、圆柱形壳体和椭球端盖过渡点以及端盖极点作为应变响应考察点,标记为 $S_1$、$S_3$、$S_4$。

2. 法兰结构对应变增长现象的影响

　　表 5.25 为 27g 和 105g 装药作用下观测点应变初峰值和最大峰值统计,表中"F"为带法兰真实容器模型,"S"为简易法兰容器模型,"N"为不带法兰容器模型,$K$ 为应变增长因子,$P_i$ 为应变初峰值,$P$ 为最大应变峰值,h、a、r 分别代表测点环向、轴向和径向。除初始半周期外,三种模型 $S_1$ 测点的应变响应差异较大。其中,不带法兰容器模型和简易法兰容器模型的 $S_1$ 测点三个方向均产生了应变增长现象,带法兰真实容器模型 $S_1$ 测点环向应变均未产生应变增长现象;与不带法兰容器模型相比,增加法兰后测点应变峰值减小,三种模型的应变增长幅度各不相同,整体来说添加法兰后测点的应变增长幅度均减小。

表 5.25　应变初峰值和最大峰值统计

| 模型类型 | 27g | | | | | | | | | 105g | | | | | | | | |
|---|---|---|---|---|---|---|---|---|---|---|---|---|---|---|---|---|---|---|
| | $S_1$-h | | | $S_1$-a | | | $S_1$-r | | | $S_1$-h | | | $S_1$-a | | | $S_1$-r | | |
| | $P_i$ | $P$ | $K$ | $P_i$ | $P$ | $K$ | $P_i$ | $P$ | $K$ | $P_i$ | $P$ | $K$ | $P_i$ | $P$ | $K$ | $P_i$ | $P$ | $K$ |
| F | 142 | 142 | 1 | −57 | 83 | 1.5 | −44 | −68 | 1.5 | 395 | 397 | 1 | −124 | −289 | 2.3 | −121 | 136 | 1.1 |
| S | 147 | 186 | 1.3 | −61 | −88 | 1.4 | −43 | 102 | 2.4 | 395 | 420 | 1.1 | −130 | −343 | 2.6 | −118 | −204 | 1.7 |
| N | 150 | −190 | 1.3 | −64 | 122 | 1.9 | −44 | 99 | 2.3 | 395 | 418 | 1.1 | −138 | −515 | 3.7 | −127 | 274 | 2.2 |

　　图 5.38 是 27g 和 105g 装药爆炸下 $S_1$ 测点的环向应变响应幅频特征图。图中,"F"为带法兰真实容器模型,"S"为简易法兰容器模型,"N"为不带法兰容器模型。相对于不带法兰容器模型,简易法兰容器模型的 $S_1$ 测点环向应变中呼吸模态幅值明显下降,2151Hz 和 945Hz 频率的非稳定振动模态幅值明显增大;轴向响应中 945Hz 的振动模态幅值有所降低,径向响应中呼吸模态幅值明显降低,2151Hz 频率的非稳定振动模态幅值明显增大。

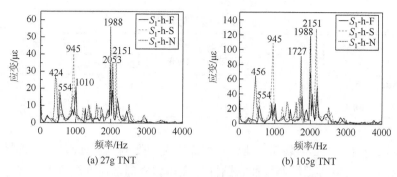

图 5.38　不同装药量下 $S_1$ 测点的环向应变响应幅频特征图

相对于不带法兰容器模型，带法兰真实容器模型的呼吸模态和 2151Hz、945Hz、1727Hz 频率的主要振动模态幅值都下降明显；考察 $S_1$ 环向，1988Hz 频率的呼吸振动模态能量占比总响应有所下降，27g 装药爆炸 1010Hz 的非稳定弯曲振动模态能量占比总响应有所提高，呼吸振动模态和 1010Hz、2151Hz 的非稳定弯曲模态非线性耦合作用发生改变。而 105g 装药爆炸 1727Hz 频率的弯曲模态能量占比总响应明显下降，呼吸振动模态和弯曲模态之间的线性叠加作用减弱，导致两种装药爆炸下 $S_1$ 环向应变增长现象消失。

在容器中心爆炸非均匀载荷作用下，添加法兰并未激发新的振动模态，但改变了振动模态间相对幅值大小关系。其中，呼吸振动模态能量占比总响应下降，弯曲振动模态能量占总响应的比例明显上升，对容器应变增长机理和应变增长幅度产生影响。整体上，添加法兰后容器爆心环面各向应变增长幅度均减小，法兰对壳体应变响应的影响规律随法兰结构不同有较大差异。

### 3. 法兰位置对应变增长现象的影响

为揭示法兰位置对容器壳体应变增长现象的影响，在简易法兰容器模型的基础上将法兰位置下移 10cm 建立一个新模型。进行 105g 装药容器中心爆炸时应变响应模拟，得到法兰下移前后测点应变响应幅频特征图。$S_1$、$S_3$ 测点的轴向应变幅频特征如图 5.39 所示。分析可知，随着法兰下移，圆柱形壳体上 $S_1$、$S_3$ 环向和径向应变中，945Hz 和 2151Hz 频率的非稳定弯曲振动模态幅值显著减小；$S_1$ 测点的轴向应变中 945Hz 和 1694Hz 的两种弯曲模态幅值略有增大；$S_3$ 测点的轴向应变中 945Hz 的弯曲模态幅值轻微减小。椭球端盖振动模态频率有轻微差别，945Hz 和 1369Hz 两种振动模态幅值轻微减小。表 5.26 和表 5.27 为法兰下移前后，测点应变初峰值和最大峰值统计。由表可知，随着法兰下移，除 $S_1$ 轴向应变增长因子增大外，壳体应变增长因子均明显减小，$S_1$ 处环向应变增长现象消失。综上所述，法兰向容器中心移动不改变壳体振动模态类型，但圆柱形壳体部分环向和径向特定频率的非稳定振动模态幅值明显下降，椭球端盖部分特定频率的振动模态幅值轻微下降。从整体来看，不改变局部壳体应变增长机理，容器振动更加稳定，壳体局部应变增长因子明显降低。

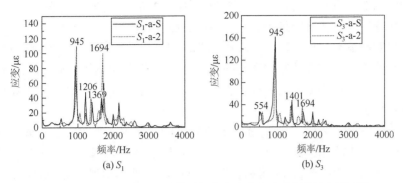

图 5.39　105g 装药法兰下移前后各考察点应变响应幅频特征的对比

### 表 5.26　105g 装药正常法兰下各考察点应变初峰值和峰值统计

| $S_1$-h | | | $S_1$-a | | | $S_1$-r | | | $S_3$-h | | | $S_3$-a | | | $S_3$-r | | |
| --- | --- | --- | --- | --- | --- | --- | --- | --- | --- | --- | --- | --- | --- | --- | --- | --- | --- |
| $P_i$ | $P$ | $K$ | $P_i$ | $P$ | $K$ | $P_i$ | $P$ | $K$ | $P_i$ | $P$ | $K$ | $P_i$ | $P$ | $K$ | $P_i$ | $P$ | $K$ |
| 395 | 420 | 1.1 | −130 | −343 | 2.6 | −118 | −204 | 1.7 | 219 | 375 | 1.7 | 57 | −409 | 7.2 | −56 | −250 | 4.5 |

| $S_4$-h | | | $S_4$-a | | | $S_4$-r | | |
| --- | --- | --- | --- | --- | --- | --- | --- | --- |
| $P_i$ | $P$ | $K$ | $P_i$ | $P$ | $K$ | $P_i$ | $P$ | $K$ |
| 66 | 950 | 14.4 | −52 | −740 | 14.2 | 66 | 950 | 14.4 |

注：表中 $P_i$、$P$、$K$ 分别代表应变初峰值、最大应变峰值和应变增长因子。

### 表 5.27　105g 装药法兰下移 10cm 后各考察点应变初峰值和峰值统计

| $S_1$-h | | | $S_1$-a | | | $S_1$-r | | | $S_3$-h | | | $S_3$-a | | | $S_3$-r | | |
| --- | --- | --- | --- | --- | --- | --- | --- | --- | --- | --- | --- | --- | --- | --- | --- | --- | --- |
| $P_i$ | $P$ | $K$ | $P_i$ | $P$ | $K$ | $P_i$ | $P$ | $K$ | $P_i$ | $P$ | $K$ | $P_i$ | $P$ | $K$ | $P_i$ | $P$ | $K$ |
| 395 | 395 | 1 | −99 | −325 | 3.3 | −145 | −160 | 1.1 | 228 | −288 | 1.3 | 46 | 282 | 6.1 | −62 | −164 | 2.6 |

| $S_4$-h | | | $S_4$-a | | | $S_4$-r | | |
| --- | --- | --- | --- | --- | --- | --- | --- | --- |
| $P_i$ | $P$ | $K$ | $P_i$ | $P$ | $K$ | $P_i$ | $P$ | $K$ |
| 126 | 973 | 7.7 | −99 | −760 | 7.7 | 126 | 973 | 7.7 |

注：表中 $P_i$、$P$、$K$ 分别代表应变初峰值、最大应变峰值和应变增长因子。

### 4. 法兰长度对应变增长现象的影响

在圆柱形壳体端部分别设置 1cm、3cm、5cm 和 7cm 等径向长度不同的法兰，厚度均为 4.26cm。为避免质量影响，采用相同质量的法兰，以长度为 3cm 的法兰为基准，密度为 7.83g/cm$^3$，其他法兰密度分别设置为 24.52g/cm$^3$、4.51g/cm$^3$ 和 3.10g/cm$^3$。

图 5.40 为受 300Pa·s 瞬态冲击后，两种法兰径向长度时柱壳中心面的径向应变响应及其频谱图。图 5.41 总结了四种法兰径向长度的圆柱形壳体中心截面环向、径向和轴向的应变响应特征。总体而言，法兰径向长度对最大应变值、应变增长系数和应变增长时间有明显影响，但不改变应变首峰值，具体分析如下。

（1）对应变首峰值的影响。冲击载荷作用下法兰径向长度对测点三向应变首峰值的影响不大，尤其环向和径向的拉压应变首峰始终保持为 656με 和 318με。由于法兰位于远离中心面的圆柱形壳体端部，其引起的扰动未对中心截面首应变响应进行叠加。

（2）对最大应变值和应变增长系数的影响。最大应变值和应变增长系数随法兰径向长度增加呈现增大趋势。其中，相同法兰径向长度、相同应变方向拉压应变最大值高度一致；环向和径向的拉压应变首峰值基本相同。因此，环向和径向的应变增长系数曲线较为重合。当法兰径向长度为 1～5cm 时，环向和径向的最大应变值及应变增长系数随径向长度增长较为缓慢；当法兰长度增加到 7cm 时，最大应变值和应变增长系数增加较为显著。这是由于随法兰长度增加，法兰引起的弯曲轴对称模态扰动更加剧烈，增大了圆柱形壳体线性模态耦合响应。值得注意的是，轴向应变增长系数比环向和径向大很多，随着法兰径向长度增加，轴向压应变增长系数由 2.07 增加到 3.95、径向拉应变增长系数由 1.00 增加到 3.02。如图 5.42 所示，当法兰长度为 7cm 的圆柱壳所受冲量为 600Pa·s 时，其应变与 300Pa·s 的响应规律相似，表明中面径向仍为线性模态耦合响应。

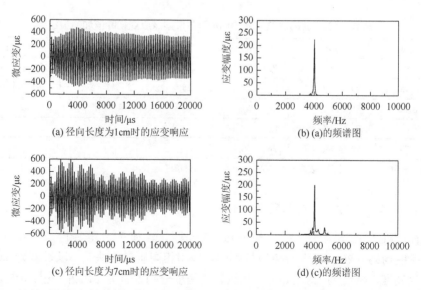

图 5.40　法兰不同径向长度时圆柱形壳体受瞬态冲击作用后中心面的径向应变响应及其频谱图

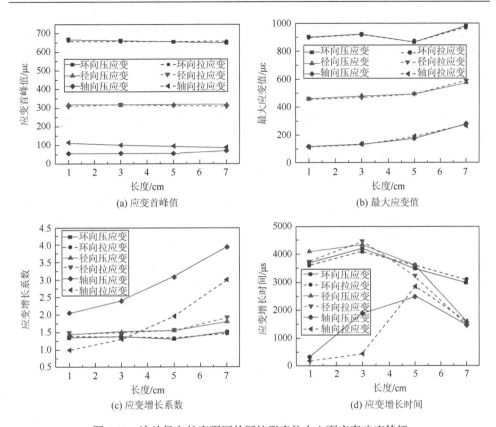

图 5.41 法兰径向长度不同的圆柱形壳体中心面应变响应特征

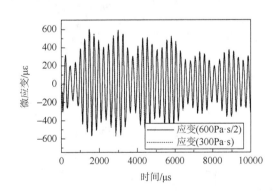

图 5.42 不同冲量加载下法兰长度为 7cm 的圆柱形壳体中心面径向应变响应

（3）对应变增长时间的影响。环向、径向的应变增长时间随法兰径向长度增加呈减小趋势。分析瞬态冲击下圆柱形壳体中心面径向应变响应及频谱图可以发现，法兰长度为 1cm 时，径向应变响应频谱中只有低于 4kHz 的部分出现微小峰值；法兰长度增加到 3cm 时，较高频部分的幅值略有增加但不明显，应变增长时

间随法兰径向长度增加而增长；法兰长度增加到 5cm 和 7cm 时，频谱图中 4kHz
左右出现其他频率的峰值，应变增长时间缩短。这表明，法兰径向长度增加趋向
于激发圆柱形壳体更多频率的径向应变响应；当与主频相近的频响叠加入应变响
应时，会缩短应变增长时间。

综上分析，为减小罐体应变增长，设计爆炸压力容器时应选用径向长度更小
的法兰。

### 5. 法兰厚度对应变增长现象的影响

本节对法兰厚度分别为 4.26cm、8.52cm、12.78cm 和 17.04cm 的圆柱形壳体
进行数值模拟研究。假设法兰质量一致，其密度设为 33.99g/cm$^3$、20.91g/cm$^3$、
16.55g/cm$^3$ 和 14.37g/cm$^3$。在 300Pa·s 冲击作用下，计算得到四种圆柱形壳体中心
面环向、径向和轴向的应变响应特征，如图 5.43 所示。虽然实际设计的法兰厚度
并非数值模拟值，为研究法兰参数对应变增长的影响，此处依然讨论法兰厚度对
应变增长的影响。

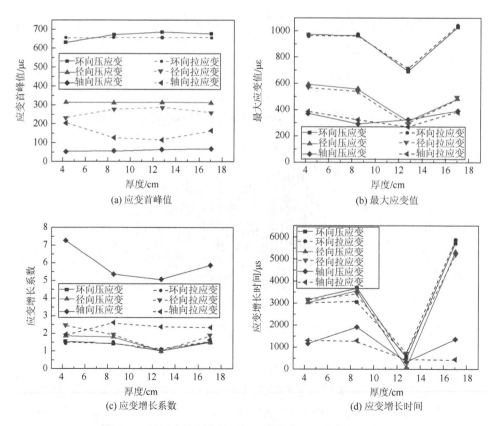

图 5.43　不同法兰厚度的圆柱形壳体中心面应变响应特征

由图 5.43 可知,法兰厚度对应变响应影响显著。除压应变首峰值基本相同外,圆柱形壳体中心面径向应变呈现很大差异,应变响应曲线和特征很难找到规律,见图 5.43 (a);在法兰厚度为 12.78cm 的工况下,未出现压应变增长,拉应变增长系数近似为 1,见图 5.43 (c);然而,当目光聚焦于应变响应频谱图 (这里不再列出) 时可以发现,随着法兰厚度增加,振动基频由 4kHz 左右降到 12.78cm 法兰的 3.9kHz 和 17.04cm 法兰的 3.8kHz。可以推断,法兰厚度增加,尤其是法兰厚度相对于圆柱形壳体轴向长度的占比较大时,相当于增加圆柱形壳体整体质量 (密度)。由式 (5.46) 可知,当圆柱形壳体密度 $\rho$ 增大时,其应变基频降低,这印证了上述推测。值得注意的是,图 5.43 (d) 显示,当法兰厚度为 12.78cm 时,三向拉压应变增长时间的分布较为集中,都在 76～715μs,尤其是环向和径向几乎没有应变增长,该现象的深层机理需要通过建立壳体受载荷的理论模型进一步探讨。

### 6. 法兰质量对应变增长现象的影响

为避免法兰径向伸长带来的不利影响,本节针对法兰质量、位置、厚度的三组数值模型将法兰质量集中于圆柱形壳体单元。法兰模型分别为:法兰厚度为 4.26cm,密度分别为 16.18g/cm³、33.99g/cm³、53.27g/cm³ 和 74.01g/cm³。四种密度是由密度为 7.83g/cm³,径向长度分别为 1cm、3cm、5cm 和 7cm 的法兰按体积比换算而来的。四种圆柱形壳体中心面环向、径向和轴向的应变响应特征如图 5.44 所示,表 5.28 为圆柱形壳体受瞬态冲击后中心面的径向应变响应特征。

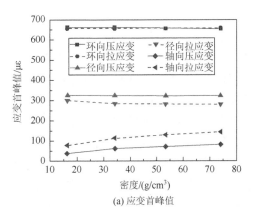

(a) 应变首峰值

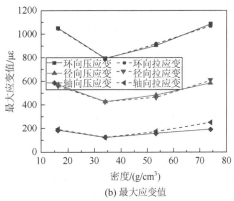

(b) 最大应变值

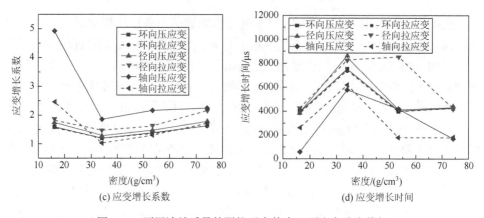

(c) 应变增长系数　　　　　　　　　　(d) 应变增长时间

图 5.44　不同法兰质量的圆柱形壳体中心面应变响应特征

**表 5.28　不同法兰质量的圆柱形壳体受 300Pa·s 瞬态冲击后中心面径向应变响应特征**

| 应变类型 | 法兰密度 | 应变首峰值 | 最大应变值 | 应变增长系数 | 应变增长时间 |
|---|---|---|---|---|---|
| 压应变 | $16.18g/cm^3$ | $326.3\mu\varepsilon$ | $569.1\mu\varepsilon$ | 1.744 | $3860.9\mu s$ |
|  | $33.99g/cm^3$ | $325.7\mu\varepsilon$ | $424.3\mu\varepsilon$ | 1.303 | $8656.5\mu s$ |
|  | $53.27g/cm^3$ | $325.3\mu\varepsilon$ | $482.4\mu\varepsilon$ | 1.483 | $4101.5\mu s$ |
|  | $74.01g/cm^3$ | $325.3\mu\varepsilon$ | $585.3\mu\varepsilon$ | 1.799 | $4363.9\mu s$ |
| 拉应变 | $16.18g/cm^3$ | $299.9\mu\varepsilon$ | $559.6\mu\varepsilon$ | 1.866 | $4237.0\mu s$ |
|  | $33.99g/cm^3$ | $287.7\mu\varepsilon$ | $423.6\mu\varepsilon$ | 1.472 | $8278.5\mu s$ |
|  | $53.27g/cm^3$ | $283.6\mu\varepsilon$ | $462.2\mu\varepsilon$ | 1.630 | $8525.4\mu s$ |
|  | $74.01g/cm^3$ | $280.4\mu\varepsilon$ | $609.7\mu\varepsilon$ | 2.174 | $4240.0\mu s$ |

（1）关于应变首峰值。法兰质量对径向和环向的压应变首峰值几乎不影响，但其他应变首峰值随法兰质量增加略有增长。

（2）关于最大应变值和危险域。研究发现，在某曲线区间内，若干径向和环向的应变峰值接近最大应变值，而轴向应变曲线中无此现象。以径向应变为例展开分析，法兰密度为 $33.99g/cm^3$ 的圆柱形壳体中心面拉压应变及法兰密度为 $53.27g/cm^3$ 的圆柱形壳体中心面拉应变最大值出现在 $8500\mu s$ 左右。应变曲线中 $3000\mu s$ 左右已出现接近最大应变值的峰。定义应变峰值超过最大应变值 90% 的时间段为应变响应危险域，则认为法兰质量对危险域开始时刻没有影响，即在所研究工况中，圆柱形壳体中心面皆于 $3000\mu s$ 左右出现较高径向应变增长。若结构高应力应变下产生塑性形变或损伤破坏，则 $3000\mu s$ 左右时刻即已达到危险状态。

表 5.28 显示，冲击载荷作用下，法兰密度为 $33.99g/cm^3$ 的圆柱形壳体的应变增长系数最小，为 1.303（$424.3\mu\varepsilon$），但不能仅仅依据应变增长系数判定壳体响应是否安全。表 5.29 列出了不同法兰质量的圆柱形壳体响应的危险域时间。由表 5.28

和表 5.29 可知，法兰密度为 33.99g/cm³ 的圆柱形壳体的应变增长系数最小，但其危险域时间最长，依然处于危险应变状态。文献[14]对疲劳损伤定义为：在某点承受扰动载荷，且在足够多循环载荷作用下形成裂纹或者完全断裂的材料所发生局部的、永久的结构变化的发展过程。持续时间较长的危险域同样可视为高应力交变载荷重复加载过程，容易导致壳体疲劳损伤，对容器使用寿命不利。通过对比图表可知，在相同载荷情况下，壳体高应变下持续响应时间越长，其应变最大值就越小；换言之，危险时间域越长，应变增长系数越小。设计爆炸压力容器时，应协调控制应变增长系数和危险域时间这两个特征量。

表 5.29　不同法兰质量的圆柱形壳体的径向应变危险域时间

| 法兰密度/(g/cm³) | 16.18 | 33.99 | 53.27 | 74.01 |
|---|---|---|---|---|
| 危险域时间/μs | 2018 | 11093 | 6087 | 1278 |

（3）关于幅频特性。不同法兰质量的圆柱形壳体径向应变频谱图中显示出相近的幅频特性，主峰均在 4kHz 左右，质量较小的法兰在约 6.5kHz 处引起较小峰值，质量较大的法兰在约 3.7kHz 处引起较小峰值。

综上分析，设计爆炸压力容器的法兰时，应综合考量法兰质量对应变增长系数（最大应变值）、危险域时间、峰值频率等特征量带来的影响，合理选择法兰质量。

## 5.5　圆柱形爆炸容器内爆炸温度场研究

当前，炸药爆炸毁伤研究以冲击波超压和破片杀伤为主要研究内容，关于热效应毁伤研究较少，主要原因有：冲击波作用范围远远大于热冲击；普通凝聚态炸药爆炸反应时间极短，热累积毁伤效果不大；基于温度测量的研究较压力测试来说难以实现。近年来，随着温压炸药毁伤应用不断发展，爆炸温度场的测量得到了快速发展。炸药爆炸是一种快速化学反应，常伴有高温、高压、强光、热辐射和热传导效应。因此，爆炸温度效应研究是以对这些参数的测量而展开的。对爆炸温度场的测量主要有接触和非接触两种，基于热辐射理论的温度测量是非接触测温法，主要有成像法、激光光谱法、辐射法和声波法等。

张茹开[15]指出，非接触测温法测得的只是爆轰波表面热辐射而不是黑体辐射，与实际偏差较大，况且辐射体光谱发射率是一个未知数，用非接触测温法误差较大、弊端较多，而且非接触测温法的测试器材造价相对昂贵。相较而言，热电偶测温法的范围宽、性能稳定、机械强度好；直接与被测对象接触，能较准确地测出爆炸场温度；热电偶价格相对便宜，测温技术日渐成熟，使爆炸场温度测量易于进行。本书采用热电偶对爆炸容器内的爆炸温度场进行监测，探究炸药爆炸过程中容器内的温度响应特征。

### 5.5.1　热电偶测温基本原理

1982 年，Seebeck 最早发现热电效应，也称第一热电效应。它是由两种不同电导体或半导体的温度差异而引起两种物质间电压差的热电现象。在金属 $A$ 和 $B$ 组成的回路中，如果两个接触点的温度不同，则在回路中将出现电流，称为热电流。Seebeck 效应的实质在于两种金属接触时会产生接触电势差，如图 5.45 所示。图中，$A$ 和 $B$ 代表两种不同的金属材料，$A$ 和 $B$ 焊接在一起的点称为结点，结点端的温度用 $T_1$ 表示，$T_0$ 代表回路另一端的温度。当爆炸温度传导到结点时，回路两端的感受温度不同时，由于 $A$、$B$ 两种金属中自由电子的浓度不同，电子从一个金属转移到另一个金属，在回路中产生电流，从而形成一个与温度变化有关的电势差，这个电势差通过测量仪器接收转换，最终转化为温度变化的实时数据，这就是热电偶测温原理。

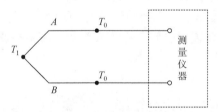

图 5.45　热电偶测温原理简图

当只考虑热传导和热对流、忽略热辐射时，热电偶爆温的传热分为两个过程：爆炸产物与热电偶结点进行热对流交换；热电偶结点向热电极区传热。两个过程均会给热电偶温度测量带来误差。姬建荣等[16]在爆炸产物热响应研究中，对热电偶温度平衡条件进行理论计算，给出了热电偶结点内传热问题的半无界定解问题，具体如下：

$$\begin{cases} \dfrac{\partial T}{\partial t} - a^2 \dfrac{\partial^2 T}{\partial x^2} = 0, & x > 0, t > 0 \\[2mm] a^2 = \dfrac{k}{c^d} \\[2mm] T(x,0) = T_i, & x \geqslant 0 \\[2mm] T(x,t) = T_0, & t \geqslant 0 \end{cases} \qquad (5.58)$$

求解得到：

$$T(x,t) - T_i = (T_0 - T_i)\left[1 - \text{erf}\left(\frac{x}{2a\overline{t}}\right)\right] \qquad (5.59)$$

式中，$c$ 为材料比热（J/(kg·℃)）；$d$ 为材料密度（kg/m³）；$k$ 为材料导热系数，（W/(m·℃)）；$T_i$ 为初始温度；$\text{erf}\left(\dfrac{x}{2a\overline{t}}\right) = \dfrac{2}{\pi}\int_0^{\frac{x}{2a\overline{t}}} e^{-y^2} dy$ 为误差函数。对热电偶冷端温度做补偿，则结点初温为 0℃，进一步求得结点温度函数为

$$T(l,t) = 0.632(T_0 - T_i) \qquad (5.60)$$

$$\text{erf}\left(\frac{l}{2a\overline{t}}\right) = 0.368 + \frac{T_i}{T_0 - T_i} \qquad (5.61)$$

当 $T_i \geqslant 0$ 时，$\text{erf}\left(\dfrac{l}{2a\overline{t}}\right) \geqslant 0.368$，通过查 $\text{erf}(y)$ 函数表得到 $\dfrac{l}{2a\overline{t}} \geqslant 0.35$，最终求得 $t \leqslant \dfrac{c^d l^2}{4 \times 0.35^2 k}$。由此得出，热电偶结点大小直接影响结点区到电极区的传热时间，结点越小，响应时间越短。

此外，由于热电偶冷端并不直接与测量仪或数据采集仪连接，存在一定距离，所以一般采用补偿导线将热电偶冷端延伸到采集仪上。需要指出的是，补偿导线并不能对冷端温度进行补偿，只是起到将热电极延伸到测量仪器的作用。对于冷端温度修正最好的方法是尽量使冷端处于恒温的室内或环境温度基本不变的场所。

## 5.5.2　内爆炸温度场数值模拟分析

### 1. 材料参数及状态方程

炸药及空气材料参数和状态方程与前述一致。炸药爆轰产生的热量来自爆轰能，其比热容和热传导参数见表 5.30。对应于 $P_1 \sim P_4$ 压力测点设置 $T_1 \sim T_4$ 温度观测点。

表 5.30　材料热参数

| 材料 | 比热容/(J/(kg·K)) | 热传导参数 /(J/(m·K·s)) | 爆热/(kJ/m³) | 相对温度/K |
|---|---|---|---|---|
| 空气 | 717.6 | 0.04 | — | 295.15 |
| TNT 炸药 | — | — | $9.51 \times 10^6$ | — |
| 35CrMo 钢 | 460 | 48 | — | 295.15 |
| Q345 钢 | 460 | 48 | — | 295.15 |

## 2. 计算结果分析

图 5.46 为 28g 和 105g 炸药容器内爆炸温度数值模拟结果。分析可知，温度随炸药量增加而增高，随监测点与爆心距离增加逐渐减小。将图中温度曲线与冲击波反射超压曲线对比可知，温度变化特征与冲击波响应特征相似，即具有相同冲击波响应初始时间、上升时间及完成一个冲击的反射时间，而且不同监测点温度上升初始时间间隔与对应压力监测点冲击波响应时间间隔保持一致。结果表明，仿真计算的温度变化是冲击波压缩空气导致温度急剧上升的结果，但计算结果并不包含爆炸瞬间的热辐射及爆炸产物膨胀对空气热交换过程。可见，内爆炸温度场是一个更加复杂的热流问题。

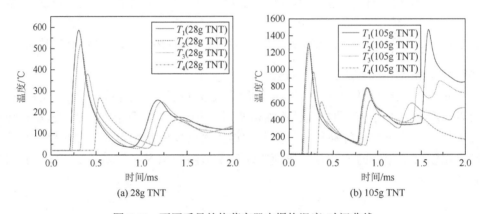

图 5.46　不同质量的炸药容器内爆炸温度-时间曲线

由表 5.31 可知，测点温度上升时间在几十微秒到几百微秒，主要取决于炸药质量大小，随着炸药质量增加，上升时间逐步缩短，相同炸药量时随距离增大逐渐减小，最高温度随炸药量增加从几百摄氏度到上千摄氏度，并随距离增大而逐渐降低。高温效应对某些材料具有破坏性。因此，对内爆炸温度场进行研究可为容器设计提供参考。

表 5.31　不同质量炸药测点温升时间与最高温度统计

| 炸药质量 | 上升时间/µs | | | | 最高温度/℃ | | | |
|---|---|---|---|---|---|---|---|---|
| | $T_1$ | $T_2$ | $T_3$ | $T_4$ | $T_1$ | $T_2$ | $T_3$ | $T_4$ |
| 28g | 105 | 100 | 89 | 72 | 585 | 517 | 379 | 268 |
| 65g | 91 | 86 | 78 | 64 | 921 | 850 | 629 | 416 |
| 105g | 80 | 78 | 69 | 54 | 1314 | 1267 | 979 | 631 |
| 154g | 77 | 71 | 60 | 47 | 1718 | 1677 | 1348 | 871 |

## 5.5.3　内爆炸温度场测试结果分析

热电偶传感器安装时，应使热电偶与测试孔前端面保持在同一平面内，热电偶分布与前述一致。试验安排如表 5.32 所示，相近药量视为同一工况。

**表 5.32　爆炸容器内爆炸场温度测试试验安排**

| 序号 | 1 | 2 | 3 | 4 | 5 | 6 | 7 | 8 |
|---|---|---|---|---|---|---|---|---|
| 药量/g | 27.4 | 27.4 | 27.8 | 27.7 | 64.7 | 64.5 | 64.5 | 64.9 |
| 序号 | 9 | 10 | 11 | 12 | 13 | 14 | 15 | 16 |
| 药量/g | 64.8 | 105.3 | 106 | 106.3 | 154.3 | 154.5 | 153.3 | 155 |

图 5.47（a）是不同药量 $T_1$ 点温度测试结果。由曲线对比可知，随药量增加，$T_1$ 测点测得的温度随之增加；温度曲线与冲击波压力曲线特征相似，呈近似指数

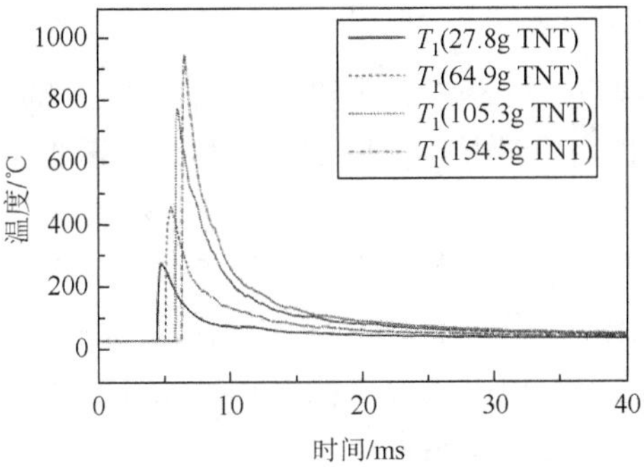

(a) 相同测点不同炸药量 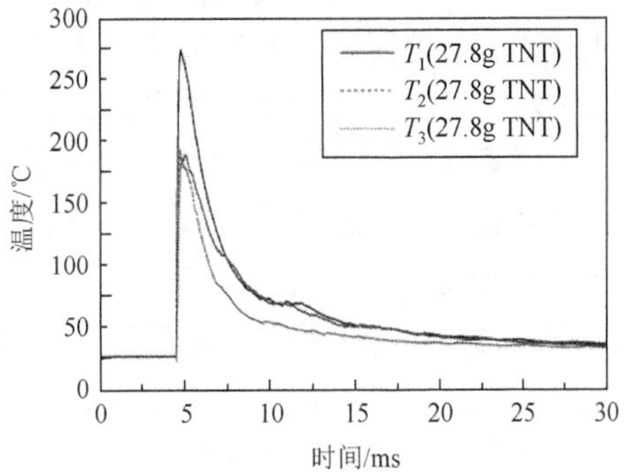　　(b) 27.8g装药不同测点

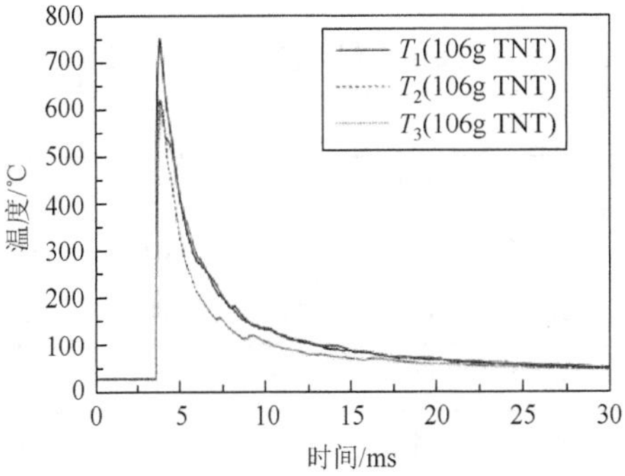

(c) 106g装药不同测点

图 5.47　不同装药量下爆炸场观测点温度测试结果

衰减规律,其上升时间从左到右分别为 304ms、282ms、263ms、227ms,响应时间均较长。将实测温度与数值模拟温度的变化曲线进行对比可知,热电偶测得温度并非冲击波压缩空气形成的温度上升。数值模拟得到上升时间为微秒级,测试结果是百毫秒级,两者相差几个数量级。文献[16]使用自制热电偶测得响应时间在 50ms 左右,文献[17]和[18]采用 NANMAC 公司生产的快速响应热电偶,测得响应时间为几十微秒,周建美[19]利用 AUTODYN 软件对爆炸容器内爆炸温度场的数值模拟结果同样显示爆炸温度响应时间在微秒级,这意味着本书使用的热电偶温度响应时间过慢,所测温度滞后于爆炸瞬间产生的高温。

通过分析不同装药量温度试验结果可知,温度曲线经历快速指数衰减后趋于缓慢变化,按装药量从小到大排序,温度分别下降到 30℃、32℃、36℃和 37℃后维持稳定温度不变,相较 27℃环境温度高出 3～10℃,装药量越大稳定温度相对高一些;从温度急剧上升到最后稳定分别经历约 30s、50s、64s 和 77s。这说明,随着装药量增加,产生热量越多,受限于密闭容器的热传导能力,温度扩散所需时间也随之增长,这对研究爆炸容器准静态压力及求解内爆炸温度场状态方程有积极作用。虽然所采用的热电偶温度响应过慢,测得温度明显滞后,但测试结果可为爆炸温度流场的研究提供参考。

为研究相同药量爆炸不同测点的温度响应,图 5.47(b)和(c)给出了 27.8g、106g 装药爆炸温度测量结果。分析可知,相同药量爆炸作用下,随测点与爆心距离的增加,测得温度随之减小;随着药量增加,测得温度呈上升趋势。表 5.33 给出了不同装药量下测得的最高温度,相近药量相同测点的测量误差在 10～70℃,偏差较大,一致性不好。这表明,内爆炸场温度测试比冲击波超压测试更加复杂,外在干扰因素更多。装药位置偏差、装药晃动、电磁辐射、温度扩散损耗等都会给测试结果产生较大的影响。此外,传感器性能及安装方式对测试也有影响,文献[15]指出,测温时应尽量使热电极与气流平行来减小速度误差。

**表 5.33　不同装药量下测得的最高温度**

| 药量/g | 27.4 | 27.4 | 27.8 | 27.7 | 64.7 | 64.5 | 64.5 | 64.9 | 64.8 |
|---|---|---|---|---|---|---|---|---|---|
| $T_1$/℃ | 340.5 | 211.3 | 274.2 | 240.3 | 606.8 | 452.1 | 495.1 | 455.7 | 414.9 |
| $T_2$/℃ | 285.7 | 175.6 | 193.5 | 221.1 | 505.3 | 449.7 | 439.5 | 395.3 | 411 |
| $T_3$/℃ | 272.2 | 148.7 | 189.7 | 191.4 | 397.7 | 445.3 | 388 | 345 | 371.7 |

| 药量/g | 105.3 | 106 | 106.3 | 154.3 | 154.5 | 153.3 | 155 | | |
|---|---|---|---|---|---|---|---|---|---|
| $T_1$/℃ | 767.8 | 743.4 | 738.3 | 942.8 | 942.3 | 1055.3 | 1007.6 | | |
| $T_2$/℃ | 630.8 | 645.9 | 721.1 | 911.3 | 889.4 | 1000.7 | 955.6 | | |
| $T_3$/℃ | 600 | 615.6 | 679 | 894.6 | 842.3 | 977.2 | 954 | | |

# 参 考 文 献

[1]　Belov A I，Klapovskii V E，Kornilo V A，et al. Dynamics of a spherical shell under a nonsymmetric internal pulse loading[J]. Combustion，Explosion，and Shock Waves，1984，20（3）：71-74.

[2]　Belov A I，Belyaev V M，Komilo V A，et al. Calculation of wall loading dynamics in a spherical combustion chamber[J]. Combustion，Explosion，and Shock Waves，1985，21（6）：132-135.

[3]　叶序双. 爆炸作用理论基础[M]. 南京：解放军理工大学，2001.

[4]　Werner S. Vibrations of Shells and Plates[M]. New York：Marcel Dekker，INC，2005.

[5]　Dong Q. Investigation on the mechanisms of the strain grainth phenomenon in containment vessels subjected to internal blast loading[D]. Manchester：The University of Manchester，2008.

[6]　Duffey T A，Rodriguez E A. Overview of pressure vessel design criteria for internal detonation（blast）loading[R]. New Mexico：Los Alamos National Laboratory，2001.

[7]　Scedel W. A new frequency formula for closed circular cylindrical shells for a large variety of boundary conditions[J]. Journal of Sound and Vibration，1980，70（3）：309-317.

[8]　朱文辉. 圆柱形爆炸容器动力学强度的理论和实验研究[D]. 长沙：国防科学技术大学，1994.

[9]　Dong Q，Li Q M，Zheng J Y. Strain growth in a finite-length cylindrical shell under internal pressure pulse[J]. Journal of Pressure Vessel Technology-Transactions of the ASME，2017，139（2）：021213-1-7.

[10]　Demchuk A F. Method for designing explosion chambers[J]. Journal of Applied Mechanics and Technical Physics，1968，9（5）：47-50.

[11]　McIvor I K，Lovell E G. Dynamic response of finite-length cylindrical shells to nearly uniform radial impulse[J]. AIAA Journal，1968，6：2346-2351.

[12]　Buzukov A A. Characteristics of the behavior of the walls of explosion chambers under the action of pulsed loading[J]. Combustion，Explosion，and Shock Waves，1976，12（4）：549-554.

[13]　Dong Q，Li Q M，Zheng J Y，et al. Effects of structural perturbations on strain growth in containment vessels[J]. Journal of Pressure Vessel Technology，2010，132（1）：1-7.

[14]　Duffey T A，Romero C. Strain growth in spherical explosive chambers subjected to internal blast loading[J]. International Journal of Impact Engineering，2003，28（9）：967-983.

[15]　张茹开. 爆炸瞬态温度测试方法研究[D]. 太原：中北大学，2013.

[16]　姬建荣，苏健军，李芝绒，等. WRe5/26 热电偶对爆炸产物的热响应分析[J]. 火炸药学报，2008，31（1）：26-29.

[17]　马红，徐继东，朱长春，等. 密封容器内爆炸实验瞬态温度测试技术[J]. 太赫兹科学与电子信息学报，2014，12（5）：750-756.

[18]　赵化彬，张志杰. 爆炸瞬态温度测试中热电偶传感器实时补偿技术[J]. 火工品，2017，（1）：49-53.

[19]　周建美. 爆炸容器内炸药装药爆炸温度场的数值研究[D]. 南京：南京理工大学，2013.

# 第6章　泡沫铝及其夹芯结构吸能机理与动力学行为

## 6.1　闭孔泡沫铝材料压缩力学特性

### 6.1.1　PVDF 压电计动态标定

PVDF 薄膜式压电传感器（简称 PVDF 压电计）在固体介质表面间的应力波测试技术，已经成为爆炸冲击测试领域的重要手段。由于生产工艺和制作技术的差异，PVDF 压电计在使用前需要进行动态标定，获得 PVDF 压电计的动态灵敏度系数。

1. 标定原理

一般情况下对 PVDF 压电计标定有电流模式和电荷模式两种，但电荷模式下产生的电荷量较大，经电荷放大器转换后的电压值（即使选择 0.1 档）往往会超出数据采集仪的量程。这里选择电流模式标定法，测量电路如图 6.1 所示。电压、电容和电荷满足以下关系：

$$\frac{\mathrm{d}Q(t)}{\mathrm{d}t} = \frac{V(t)}{R} + C\frac{\mathrm{d}V(t)}{\mathrm{d}t} \tag{6.1}$$

式中，$Q$ 为电荷量；$R$ 为电阻；$V$ 为电压；$C$ 为电容。

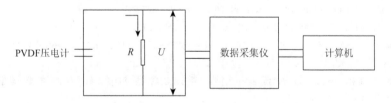

图 6.1　PVDF 压电计的电流模式测量电路

PVDF 压电计的电容很小，大小约 $10^{-10}$F，因此可忽略式（6.1）中的电容项，经积分得到：

$$Q(t) = \int_0^t \frac{V(t)}{R}\mathrm{d}t \tag{6.2}$$

一般情况下，PVDF 压电计产生的电荷量 $Q$ 与其受到的压力 $\sigma$ 之间具有以下线性关系：

$$\sigma(t) = Q(t) / (AK) \tag{6.3}$$

式中，$A$ 为 PVDF 压电计的有效面积；$K$ 为动态灵敏度系数。变换式（6.3）可得

$$K(\sigma) = Q / (A\sigma) \tag{6.4}$$

### 2. 试验设置

在分离式 Hopkinson 压力杆（split Hopkinson pressure bar，SHPB）装置上进行 PVDF 压电计动态标定，将 PVDF 压电计作为试件并按图 6.2 进行设置。在测量电路中，通常选择的电阻越小，系统响应时间越短，对于上升时间很短（纳米级）的脉冲测试信号，测量精度会显著提高。崔村燕等[1]在激光推进试验的推力研究中选择 1～20kΩ 电阻，发现当并联电阻较大时，出现推力上升时间增加、峰值减小、脉宽拉大等问题，这是由并联电阻过大引起系统响应时间增加所造成的。另外，在 PVDF 压电计标定和测量系统中，如果并联电阻的阻值较小，则测试信号的信噪较小；如果并联电阻阻值较大，则测试信号的信噪较大。庞宝君等[2]在研究中分别选择了阻值为 10Ω 和 120Ω 的电阻，其信噪比分别为 35dB、120dB。在本书试验系统中，基于提高信噪比、减小系统响应时间和兼顾数据采集仪量程等考量，分别选择 15Ω 和 36Ω 左右的并联电阻。

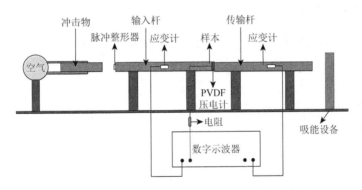

图 6.2　PVDF 压电计在 SHPB 装置上的标定试验

应力集中效应会影响 PVDF 压电计的测试精度。一般来说，PVDF 压电计的封装边缘与缺陷处受冲击时容易发生褶皱，造成明显的应力集中，从而导致动态压电系数增大，应力波波形失真。文献[2]给出了电荷面密度和敏感面积之间的关系，如图 6.3 所示。图中横轴坐标为 PVDF 压电计的敏感面积 $A$，纵轴坐标为电荷面密度 $Q/A$。从图中可以看出，PVDF 压电计的敏感面积越小，电荷面密度的离散性越大，随着敏感面积增加，电荷面密度逐渐收敛，直到敏感面积大于 100mm$^2$ 时，电荷面密度才逐渐趋于稳定。最终选择 PVDF 的直径为 20mm，敏感面积为 314mm$^2$。

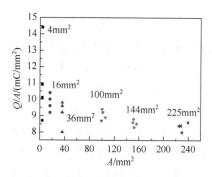

图 6.3　PVDF 压电计电荷面密度与敏感面积的关系

标定试验中使用 PVDF 压电计的厚度为 30μm，从购置的 PVDF 压电计中随机抽取。SHPB 压杆直径为 37mm，杆材料为铝，子弹长度为 600mm，输入杆长度为 2000mm，输出杆长度为 2000mm。试验时，将直径为 20mm 的 PVDF 压电计置于输入杆和输出杆之间，精确控制高压氮气的压力，以不同速度发射子弹，产生多个不同强度的入射脉冲，根据式（6.4）可计算出 PVDF 压电计的动态灵敏度系数。

### 3. 标定试验结果

在测量电路中分别设置阻值为 15Ω 和 36Ω 的电阻进行标定，试验得到的电荷密度与对应的应力之间的关系如图 6.4 所示。

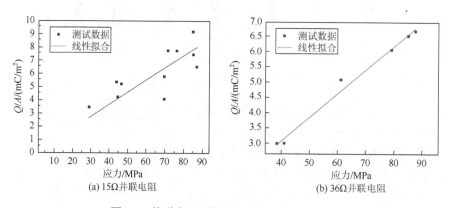

图 6.4　并联电阻阻值不同时标定的试验结果

由图 6.4 可见，当并联电阻较小时，电荷密度与应力之间的线性关系比较离散，标定的动态灵敏度系数为 90pC/N；当并联电阻较大时，电荷密度与应力之间具有很好的线性关系，标定动态灵敏度系数为 78pC/N。由于标定时选用的测试电缆电阻为 5.06Ω，当选择 15Ω 并联电阻时，测试电路并未针对测试电缆设置平衡电阻，所以试验结果的离散性较大，导致标定的动态压电常数偏高。

4. PVDF 测试波形与应变片波形对比

对 PVDF 压电计（并联电阻为 36Ω）进行多次标定试验，图 6.5 为冲击试验得到的典型曲线。将测试结果与 SHPB 装置中的透射波形进行比较可以发现，两者在波形上升段吻合较好，说明标定试验测试测得的 PVDF 压电计动态灵敏度系数的精确度较高，另外 PVDF 压电计的测试波形较平滑、毛刺较少，这是对电压信号积分的结果。试验标定压力区间是 40～90MPa，用测试结果可以看出所有波形的上升段与透射波形高度重合，说明 PVDF 压电计在 0～40MPa 区间的测试结果也是精确的。

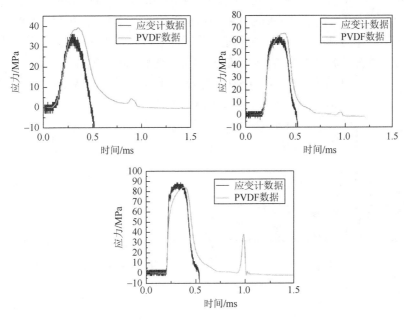

图 6.5　PVDF 测试波形与透射波形的对比

从图 6.5 中还可以看到，PVDF 压电计测试信号在泄压段出现明显的滞后效应，平台应力持续时间长，且压力下降速率小。造成这种现象的原因可从三个方面加以解释：①在横向泊松效应作用下，PVDF 压电薄膜受压时会出现膨胀，而 PVDF 压电薄膜和绝缘塑封材料都是热黏弹塑性高聚物材料，这种材料本身的面积收缩存在滞后性；②PVDF 压电计在高压下产生塑性变形甚至出现褶皱，造成卸载滞后；③PVDF 压电计面积收缩时受到周围绝缘层摩擦效应影响，也会造成压力卸载滞后。这种滞后效应在测试中难以避免，但对应力峰值测试没有影响。

　　另外，与初次加载相比，PVDF 压电计受到第二次和第三次冲击作用时，上升沿逐渐变缓；随着加载次数增加，PVDF 压电计测试测得应力峰值逐渐小于真实值。造成这种现象的原因主要是 PVDF 压电计在首次强冲击后会出现微小塑性变形，使放电量减少。因此，PVDF 压电计在首次冲击时测试精度最高，重复使用时测试精度降低。

## 6.1.2　不同应变率下压缩力学特性

### 1. 传统 SHPB 试验原理

　　SHPB 装置由子弹、输入杆、输出杆、吸能设备、数字示波器和应变片等组成，如图 6.6 所示。试验时，试件在受到入射波 $\sigma_I(t)$ 作用时，向输入杆和输出杆中传播反射波 $\sigma_R(t)$ 和透射波 $\sigma_T(t)$，这些信号由贴在压杆上的应变片测得。SHPB 试验技术有两个基本假定：①压杆中一维应力波假定；②试件应力均匀分布假定。在弹性压杆中，由应力波一维弹性波分析可知，应力应变和撞击速度之间存在如下关系：

$$\begin{cases} \sigma(X_1,t) = \sigma_I(X_1,t) + \sigma_R(X_1,t) = E[\varepsilon_I(X_1,t) + \varepsilon_R(X_1,t)] \\ \sigma(X_2,t) = \sigma_T(X_2,t) = E\varepsilon_T(X_2,t) \\ v(X_1,t) = v_I(X_1,t) + v_R(X_1,t) = c_0[\varepsilon_I(X_1,t) - \varepsilon_R(X_1,t)] \\ v(X_2,t) = v_T(X_2,t) = c_0\varepsilon_T(X_2,t) \end{cases} \tag{6.5}$$

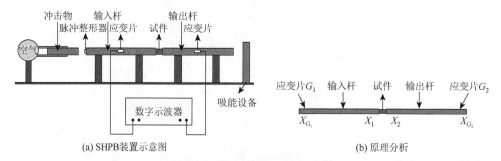

(a) SHPB装置示意图　　　　　　　　　　　　　　(b) 原理分析

图 6.6　传统 SHPB 试验原理

　　在一维应力波假定条件下，测得输入杆和试件界面 $X_1$ 以及试件和输出杆界面 $X_2$ 处应力和质点速度，按式（6.6）确定试件平均应力和应变：

$$\begin{cases} \sigma_s(t) = \dfrac{A}{2A_s}[\sigma(X_1,t) + \sigma(X_2,t)] \\ \dot{\varepsilon}_s(t) = \dfrac{v(X_2,t) - v(X_1,t)}{l_s} \\ \varepsilon_s(t) = \displaystyle\int_0^t \dot{\varepsilon}_s(t) \end{cases} \tag{6.6}$$

式中，$A$ 为压杆表面积；$A_s$ 为试件表面积；$l_s$ 为试件长度；若压杆保持弹性，则在不同位置波形相同，即可用应变片在入射杆 $X_{G_1}$ 和 $X_{G_2}$ 处测得的应变波代替 $X_1$ 和 $X_2$ 处的应变波。根据 SHPB 试验的第二个假设，有 $\varepsilon_I + \varepsilon_R = \varepsilon_T$，代入式（6.5）、式（6.6）可得

$$
\begin{cases}
\sigma_s(t) = \dfrac{EA}{A_s}\sigma_T(X_{G_2}, t) \\[2mm]
\dot{\varepsilon}_s(t) = \dfrac{2c_0\varepsilon_R(X_{G_1}, t)}{l_s} \\[2mm]
\varepsilon_s(t) = \displaystyle\int_0^t \dot{\varepsilon}_s(t)
\end{cases}
\tag{6.7}
$$

**2. 低阻抗材料 SHPB 试验方法改进**

利用传统 SHPB 装置测试低阻抗材料的力学性质时存在下列问题：①泡沫铝阻抗远小于压杆材料阻抗，这样传播到透射杆中的信号非常微弱，通常情况下会被噪声信号淹没；②试件两端达到应力平衡的时间较长，这种情况下应力均匀化假设的计算结果不准确；③入射子弹长度最大不能超过输入杆长度的一半，以避免输入杆中入射波和反射波相互干涉。因此，材料在较低加载速率下很难发生大变形，无法获得完整的应力-应变曲线。改进的 SHPB 试验方法采用 PVDF 压电计直接测试泡沫铝试件前后端面的应力，然后推算应力-应变关系，试验原理如图 6.7所示。

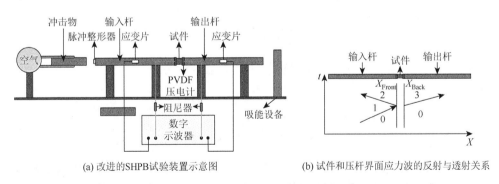

(a) 改进的SHPB试验装置示意图    (b) 试件和压杆界面应力波的反射与透射关系

图 6.7 改进的 SHPB 试验系统

图 6.7（a）为改进的 SHPB 试验装置，图中在试件两侧分别放置 1 片 PVDF 压电计，PVDF 压电计外接电阻和数据采集仪组成测量电路，进行压杆与试样接触面压力测试，图 6.7（b）为试件和压杆界面应力波反射与透射关系。根据一维应力波理论，推导出压杆端面质点速度：

$$\begin{cases} v_1(t) - v_0(t) = -c_0[\varepsilon_1(t) - \varepsilon_0(t)] \\ v_2(t) - v_1(t) = c_0[\varepsilon_2(t) - \varepsilon_1(t)] \\ v_3(t) - v_0(t) = -c_0[\varepsilon_3(t) - \varepsilon_0(t)] \end{cases} \tag{6.8}$$

试验过程中输入杆和输出杆处于弹性变形阶段,应力-应变符合胡克定律,故有

$$\begin{cases} \varepsilon_2(t) = \dfrac{\sigma_2(t)}{E} \\ \varepsilon_3(t) = \dfrac{\sigma_3(t)}{E} \end{cases} \tag{6.9}$$

试件两端的质点速度表示为

$$\begin{cases} v_2(t) = c_0 \dfrac{\sigma_2(t)}{E} - 2c_0\varepsilon_1(t) \\ v_3(t) = -c_0 \dfrac{\sigma_3(t)}{E} \end{cases} \tag{6.10}$$

根据子弹速度 $u(t)$ 直接计算入射应变幅值:

$$\varepsilon_1(t) = \frac{u(t)}{2c_0} \tag{6.11}$$

由端面应力推导试件的应变率、应变和平均应力计算公式:

$$\begin{cases} \sigma(t) = \dfrac{\sigma_2(t) + \sigma_3(t)}{2} \\ \dot{\varepsilon}(t) = \dfrac{u(t)E - c_0\sigma_2(t) - c_0\sigma_3(t)}{El_s} \\ \varepsilon(t) = \displaystyle\int_0^t \dot{\varepsilon}(t)\mathrm{d}t \end{cases} \tag{6.12}$$

式中,应力分别由试件前后的 PVDF 压电计直接测量得到:

$$\begin{cases} \sigma_2(t) = \dfrac{A_s}{A}\sigma(X_{\text{Front}}, t) \\ \sigma_3(t) = \dfrac{A_s}{A}\sigma(X_{\text{Back}}, t) \end{cases} \tag{6.13}$$

根据理论推导高应变率下应力-应变关系,利用改进的 SHPB 装置测得的泡沫铝试验数据,建立泡沫铝材料的应力-应变关系。已知子弹、输入杆、输出杆的长度分别为 600mm、2000mm、2000mm;试件为两种孔径的闭孔泡沫铝,相对密度均为 17.8%,试件尺寸为 $\phi$35mm×12.5mm,如图 6.8 所示;大孔径泡沫铝试件的胞孔直径为 3~5mm,平均孔径为 4mm;小孔径泡沫铝试件的胞孔直径为 1~3mm,平均孔径为 2mm。试验时,采用不同加载速度的子弹对输入杆和试件进行撞击,可获得泡沫铝材料不同应变率下的响应曲线。

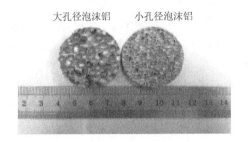

大孔径泡沫铝　　小孔径泡沫铝

图 6.8　改进的 SHPB 试验中的试件

### 3. 试验结果

对 PVDF 压电计测得的电压信号进行积分，结合灵敏度系数和外接电阻阻值，由式（6.3）得到泡沫铝试件两侧端面应力波形如图 6.9 所示。

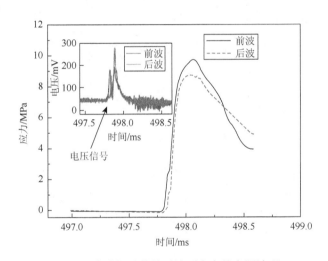

图 6.9　泡沫铝试件前后端面应力的实测波形

图 6.9 中，实线代表泡沫铝试件前端压力，虚线代表泡沫铝试件后端压力。两条曲线上升沿开始的时间间隔为 23μs。根据试件厚度 12.5mm，可计算出塑性波在泡沫铝中的传播速度为 543m/s。从图中还可看到，在应力上升沿和平台阶段，泡沫铝试件前端压力稍高于泡沫铝试件后端压力；在整个加载过程中，泡沫铝试件前后端面很难达到应力平衡状态，与 SHPB 试验假设不符。因此，采用改进方法测试泡沫铝应力-应变曲线的精度更高，这是对低阻抗材料本构关系研究试验的一种新探索。

在小孔径泡沫铝试件试验中，测得入射波、反射波和透射波典型的应变波形如图 6.10（a）所示。由于试件与 SHPB 压杆的波阻抗差异较大，图中入射波与反射波的压力绝对值几乎相等，只能采用基于应力平衡假设的一波法计算应力-应变关系。采用一波法及改进的 SHPB 方法计算得到的应力-应变曲线如图 6.10（b）所示。两者的曲线形状和峰值特性相似，但存在一些细节上的不同。采用改进的 SHPB 方法计算得到的曲线更加光滑，实际上这与 PVDF 测试过程中电压积分算法有关。图 6.9 所示的试件两端应力一样，两者并不能达到平衡状态，故认为改进的 SHPB 方法具有更高精度。另外，采用改进的 SHPB 方法，当子弹长度为 600mm 时，测得泡沫铝最大应变仅为 0.27（应变率为 $1020s^{-1}$），但对子弹长度没有限制。为获得更大的泡沫铝应变，选择子弹、输入杆、输出杆的长度分别为 1000mm、2000mm、2000mm 进行试验。

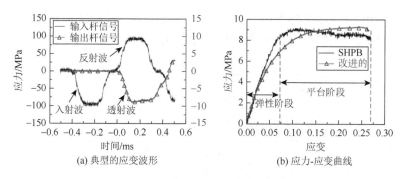

(a) 典型的应变波形　　　　　　　　(b) 应力-应变曲线

图 6.10　两种试验方法的对比

　　图 6.11 为采用改进的 SHPB 方法得到的不同孔径泡沫铝材料的应力-应变曲线，每种泡沫铝进行多次试验。测得两种孔径泡沫铝的应力-应变曲线相似，表现为三个阶段：①弹性阶段，应力-应变基本为线性关系；②平台阶段，应力随应变缓慢变化，呈"平台状"；③密实阶段，随应变增加，应力上升速率陡然增大。试

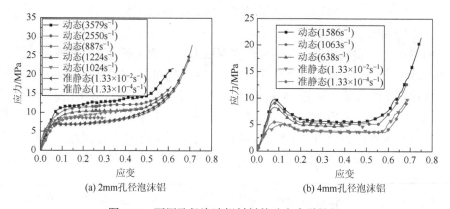

(a) 2mm孔径泡沫铝　　　　　　　　(b) 4mm孔径泡沫铝

图 6.11　不同孔径泡沫铝材料的动态力学性能

验显示，两种孔径泡沫铝的应力-应变曲线也存在一些不同：2mm 孔径泡沫铝的屈服应力小于平台应力，而 4mm 孔径泡沫铝的屈服应力大于平台应力。当泡沫铝孔径变大后，其内部结构存在更多缺陷，这些缺陷使得泡沫铝材料在细胞壁被压垮后更容易被压缩。图 6.11 表明，2mm 孔径泡沫铝的强度明显高于 4mm 孔径泡沫铝。

泡沫铝平台应力一般根据吸能效率法计算[3]：

$$\sigma_{\text{pl}} = \frac{1}{\varepsilon_{\text{d}}} \int_0^{s_{\text{d}}} \sigma \text{d}\varepsilon \qquad (6.14)$$

式中，$\varepsilon_{\text{d}}$ 为密实应变，定义为方程（6.16）中能量吸收效率最大的应变点。

根据式（6.14）计算得到试验泡沫铝的平台应力，见表 6.1。

表 6.1　不同应变率下两种泡沫铝材料的平台应力

| 2mm 孔径泡沫铝 | | 4mm 孔径泡沫铝 | |
|---|---|---|---|
| 应变率/s$^{-1}$ | 平台应力/MPa | 应变率/s$^{-1}$ | 平台应力/MPa |
| 3579 | 11.77 | — | — |
| 2550 | 10.92 | — | — |
| 1224 | 9.47 | 1586 | 6.00 |
| 1024 | 9.07 | 1063 | 5.81 |
| 887 | 7.36 | 638 | 5.27 |
| $1.33 \times 10^{-2}$ | 7.79 | $1.33 \times 10^{-2}$ | 3.91 |
| $1.33 \times 10^{-4}$ | 7.59 | $1.33 \times 10^{-4}$ | 3.87 |

对于 2mm 孔径泡沫铝材料，当应变率为 $1.33 \times 10^{-4} \text{s}^{-1}$、$3579 \text{s}^{-1}$ 时，平台应力分别为 7.59MPa、11.77MPa；对于 4mm 孔径的泡沫铝，当应变率为 $1.33 \times 10^{-4} \text{s}^{-1}$、$1586 \text{s}^{-1}$ 时，平台应力分别为 3.87MPa、6.00MPa。无论是准静态压缩，还是在高应变率冲击条件下，小孔径泡沫铝的平台应力比大孔径泡沫铝均提高了 1 倍，这与泡沫铝材料内部表面积与体积比有关。实际上，小孔径泡沫铝表面积与体积比远大于大孔径泡沫铝材料，导致其强度较高[4]。

由图 6.12 可知，泡沫铝平台应力具有很明显的应变率效应，在对数坐标中泡沫铝平台应力与应变率呈双线性关系。尤其当应变率大于 $1000 \text{s}^{-1}$ 时，4mm 孔径泡沫铝的曲线斜率小于 2mm 孔径泡沫铝，说明小孔径泡沫铝对应变率效应更加敏感。

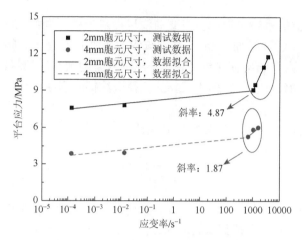

图 6.12　平台应力随应变率的变化规律

受到冲击压缩时，泡沫铝的吸能效果是评价其性能的重要指标，根据应力-应变关系可求出特定应变率条件下的吸能量为

$$W = \int_0^\varepsilon \sigma \mathrm{d}\varepsilon \tag{6.15}$$

将泡沫铝达到密实应变（$\varepsilon_\mathrm{d}$）时的吸能量定义为密实应变能（$W$），计算结果如表 6.2 所示，由于部分试件达到致密应变，因此计算吸能量时取其达到的最大应变值（$\varepsilon_\mathrm{m}$）。

表 6.2　泡沫铝的密实应变能

| 孔径尺寸/mm | 应变率/s$^{-1}$ | $\varepsilon_\mathrm{d}$ 或 $\varepsilon_\mathrm{m}$ | $W$/(MJ/m$^3$) | $\eta$/% |
|---|---|---|---|---|
| 2mm ALF | $1.33 \times 10^{-4}$ | 0.54 | 4.09 | 67 |
| | $1.33 \times 10^{-2}$ | 0.53 | 4.13 | 68 |
| | 887 | 0.30 | 2.24 | 86 |
| | 1024 | 0.49 | 4.41 | 80 |
| | 1224 | 0.48 | 4.55 | 86 |
| | 2550 | 0.50 | 5.44 | 85 |
| | 3579 | 0.49 | 5.81 | 82 |
| 4mm ALF | $1.33 \times 10^{-4}$ | 0.62 | 2.42 | 70 |
| | $1.33 \times 10^{-2}$ | 0.60 | 2.34 | 78 |
| | 638 | 0.42 | 2.19 | 64 |
| | 1063 | 0.64 | 3.69 | 63 |
| | 1586 | 0.63 | 3.76 | 64 |

对于 2mm 孔径泡沫铝，当应变率分别为 $1.33×10^{-4}s^{-1}$、$3579s^{-1}$ 时，其密实应变能分别为 $4.09MJ/m^{-3}$、$5.81MJ/m^{-3}$；相比之下，高应变率密实应变能提高了约 42%；对于 4mm 孔径泡沫铝，当应变率为 $1.33×10^{-4}s^{-1}$、$1586s^{-1}$，密实应变能为 $2.42MJ/m^3$、$3.76MJ/m^3$，高应变率的密实应变能提高了约 55%。

不同孔径泡沫铝的密实应变能计算结果如图 6.13 所示。由图可以明显地看到，在所有应变率条件下，2mm 孔径泡沫铝的密实应变能总是大于 4mm 孔径泡沫铝的密实应变能。因为泡沫铝的密实应变能与材料平台应力密切相关，而 2mm 孔径泡沫铝材料的强度更高，平台应力更大。另外，随着应变率增加，泡沫铝的密实应变能也逐渐增大。

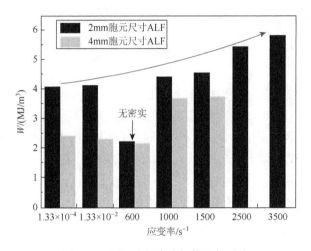

图 6.13　不同孔径泡沫铝的吸能对比

泡沫铝材料的吸能效率也可以评价其吸能特性，吸能效率定义为

$$\eta = \frac{\int_0^s \sigma d\varepsilon}{\sigma_{max}\varepsilon} \tag{6.16}$$

式中，$\sigma_{max}$ 为 $0\sim\varepsilon$ 应变范围内的最大应力。

根据吸能效率法计算密实应变，泡沫铝的吸能效率如图 6.14 所示。对于 2mm 孔径泡沫铝，当应力为 14.44MPa 时，最大吸能效率为 0.82，密实应变为 0.49。对于 4mm 孔径泡沫铝，当应力为 9.69MPa 时，最大吸能效率为 0.64，密实应变为 0.63。可以看出，2mm 孔径泡沫铝材料无论是密实应变能还是吸能效率都要优于 4mm 孔径泡沫铝，其更适用于衰减爆炸冲击波，吸收爆炸过程中炸药释放的能量。

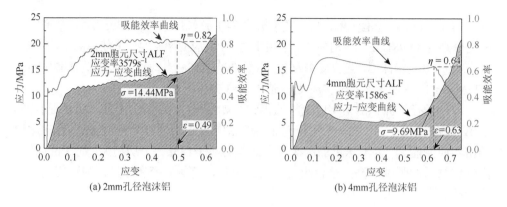

(a) 2mm孔径泡沫铝　　　　　　　　(b) 4mm孔径泡沫铝

图 6.14　泡沫铝的吸能效率

## 6.2　泡沫铝夹芯结构抗爆试验研究

泡沫铝夹芯板受到点爆炸载荷时，在爆心附近将会受到集中冲击载荷，面板会承受弯矩作用，此时一维冲击模型不再适用。为了揭示泡沫铝夹芯板变形模式及抗爆性能，对钢板-泡沫铝-钢板典型三明治结构进行实爆试验研究，利用标定的 PVDF 压电计试验研究应力波在三明治板中的传播规律。

### 6.2.1　泡沫铝夹芯结构的冲击波衰减效应

#### 1. 试验设置

闭孔泡沫铝试件如图 6.15 所示，其相对密度分别为 0.206、0.116。泡沫铝材料的平均孔径为 2mm。钢板材料为 Q235 钢，屈服强度为 235MPa，表面抛光。

(a) 0.206　　　　　　　　(b) 0.116

图 6.15　不同相对密度的泡沫铝材料

炸药爆炸产生高温高压爆炸产物和冲击波，对周围结构产生强烈的破坏效应。

试验设置炸高较大，约为装药直径的 10 倍，上层钢板主要受到爆炸冲击波作用。在介质界面间粘贴 PVDF 压电计，外接电阻、数据采集仪组成测试系统，直接测试界面间应力波强度，PVDF 压电计安装和试验装置如图 6.16 所示。图 6.16（a）是纯钢板结构，各层钢板的表面尺寸均为 250mm×250mm，第一层钢板厚度为 2mm，作为保护 PVDF 压电计盖板；第二层钢板是面板，厚度为 4.2mm；第三层是底板，厚度为 20mm，整个结构用螺栓固定在钢架上。设置 2 组 PVDF 压电计，分别测试盖板传入面板和面板透射进入底板的应力波强度，为保护测试电缆，在钢板横向靠近支撑架位置开孔，电缆从内部穿过，以防止试验过程中被破坏。

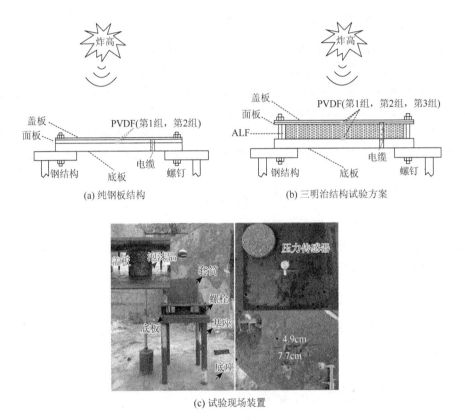

图 6.16　泡沫铝夹芯三明治板爆炸冲击试验设置

图 6.16（b）是三明治结构试验方案，各层钢板的表面尺寸为 250mm×250mm，泡沫铝表面尺寸为 200mm×200mm。同样设置了 2mm 薄板作为 PVDF 压电计保护盖板；为保证与纯钢板结构的总质量一致，选择泡沫铝的相对密度为 20.7%；三明治结构面板、泡沫铝、底板的厚度分别为 2mm、48mm、20mm。设置 3 组 PVDF 压电计，分别测试盖板传入三明治面板、面板透射到泡沫铝及泡沫铝透射

进入底板的应力波强度。爆炸试验采用相同的加载条件,将 500g TNT 悬挂在钢板或三明治板正中心上方 320mm 处。

应变片设置在底板背面,主要测试底板在爆炸冲击载荷作用下的动态响应。根据整个装置的固定方式,确定应变片 $S_1$ 位于底板下表面中心位置,0°和 90°敏感栅分别沿底板对角线方向,应变片 $S_2$ 沿底板对角线布置且距 $S_1$ 测点 4.9cm,应变片 $S_3$ 沿底板另一对角线布置且距 $S_1$ 测点 7.7cm,$S_2$、$S_3$ 应变片的 0°和 90°敏感栅也分别沿对角线方向。根据应变结果可以评测防护效果,PVDF 压电计和应变片实物见图 6.16(c)。

### 2. 泡沫铝三明治结构应力波衰减特性

PVDF 压电计测得的钢板各层介质间应力波传播典型信号如图 6.17 所示。其中,图 6.17(a)是数据采集系统直接记录得到的电压信号,对电压信号积分并转换得到应力波压力响应曲线,如图 6.17(b)所示。由图可知,电压信号并不能反映应力波强度大小,代表的是应力波压力变化率,电压信号为正表示应力波上升沿,电压信号为负表示应力波下降沿;第一层界面上的应力波峰值约为 37.27MPa,第二层界面上的应力波峰值约为 33.04MPa。定义三明治结构对应力波的衰减系数 $\beta$ 为

$$\beta_i = (\sigma_1 - \sigma_i) / \sigma_1 \tag{6.17}$$

式中,下标 $i$ 表示分界面序号,也为介质面序号。根据式(6.17)计算得到纯钢板结构对应力波的衰减系数仅为 11.3%。另外,从应力波波形看,冲击波只有一个峰值,表明钢板只受到爆炸入射冲击波一次作用。

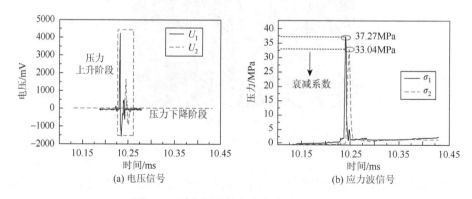

图 6.17　纯钢板结构中的应力波测试信号

图 6.18 为爆炸冲击波对泡沫铝三明治结构作用时,各层介质界面上应力波的测试结果,$\sigma_1$、$\sigma_2$、$\sigma_3$ 分别是三层界面上的应力波压力响应。各应力波响应曲线

都出现了双峰特性，对钢板和泡沫铝界面上的应力波而言，两个峰值出现叠加现象。各层界面上对应的应力波峰值分别为 29.64MPa、8.58MPa、2.41MPa。爆炸冲击波经过泡沫铝三明治结构后的总衰减系数高达 91.9%。第一层界面应力波上升沿时间约为 3μs，第二层界面应力波上升沿时间约为 10μs，而第三层界面应力波上升沿时间达到 41μs。经过泡沫铝后，应力波上升沿时间得到很大提高。

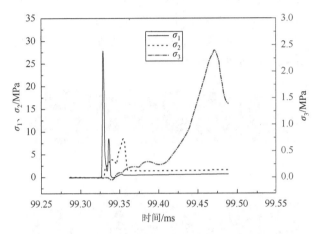

图 6.18　三明治夹芯结构应力波测试结果

　　泡沫铝夹芯三明治结构对冲击波的衰减作用可分为两个阶段：一是界面对冲击波的多次透射、反射；二是材料本身对冲击波的衰减。由于泡沫铝三明治结构中各层介质的阻抗不同，冲击波在相邻层的分界面处产生反射和透射，其强度分别表示为

$$\sigma_R / \sigma_I = (\rho_2 C_2 - \rho_1 C_1) / (\rho_2 C_2 + \rho_1 C_1) \tag{6.18}$$

$$\sigma_T / \sigma_I = 2\rho_2 C_2 / (\rho_2 C_2 + \rho_1 C_1) \tag{6.19}$$

式中，$\sigma_I$、$\sigma_R$、$\sigma_T$ 分别为冲击波在界面处的入射波强度、反射波强度和透射波强度；$\rho_1 C_1$ 为第一层材料的波阻抗；$\rho_2 C_2$ 为第二层材料的波阻抗。

　　在泡沫铝三明治结构中，钢板波阻抗可达 $32.7 \times 10^6 \text{kg/(m}^2 \cdot \text{s)}$，而泡沫铝波阻抗一般为 $0.29 \times 10^6 \sim 1 \times 10^6 \text{kg/(m}^2 \cdot \text{s)}$，钢板波阻抗比泡沫铝高三个数量级。根据式（6.18）和式（6.19），在泡沫铝三明治结构中，钢板和泡沫铝界面的透射波强度很小，反射波强度很大。因反射冲击波作用，图 6.18 中 $\sigma_1$ 应力波曲线出现了双峰；由于界面效应影响，冲击波强度由 29.64MPa 降到 8.58MPa，衰减系数为 71.1%。由于泡沫铝材料多孔性影响，冲击波强度由 8.58MPa 降到 2.41MPa，衰减系数为 20.8%，说明界面效应影响是泡沫铝三明治结构衰减冲击波的决定性因素。

### 3. 泡沫铝微观变形特征

图 6.19 为泡沫铝三明治结构受到爆炸冲击后，泡沫铝板宏观破坏形式以及扫描电子显微镜（scanning electron microscope，SEM）的微观影像结果，SEM 扫描结果展示了泡沫铝胞孔和细胞壁的微观形态。三明治结构中盖板和面板发生了很大的塑性变形，泡沫铝板显现了明显的"X"形破坏带。就微观形态来说，泡沫铝变形可划分为 4 个区域：区域 I 是弹性变形区，细胞结构未发生明显变化；区域 II 是细胞壁发生明显的塑性变形；区域III的细胞壁发生断裂和结构破坏；区域IV的细胞壁开始塌陷，逐渐被压实。

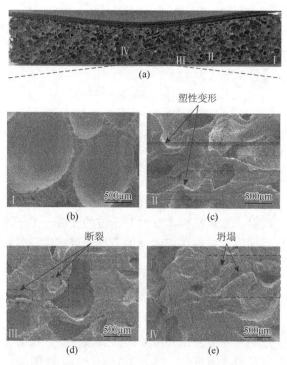

图 6.19　爆炸过后泡沫铝的微观形貌

（a）整体破坏形式；（b）～（e）SEM 扫描结果

实际上，泡沫铝材料衰减冲击波机理可描述为两点：①独特多孔结构使冲击波在泡沫铝内传播时被弥散；②泡沫铝细胞结构的塑性变形和断裂破坏消耗冲击波能量，如图 6.19 中泡沫铝内出现"X"形破坏带，也是冲击波衰减的重要原因。

### 4. 泡沫铝密度和厚度对吸能的影响

为揭示泡沫铝密度对冲击波衰减的效应，选择相对密度范围为 11.6%～20.7%

的不同泡沫铝材料三明治结构进行爆炸试验，应力波界面反射特性试验结果见表 6.3。

**表 6.3　不同相对密度泡沫铝三明治结构的爆炸试验结果**

| 相对密度 | $\sigma_1$/MPa | $\sigma_2$/MPa | $\sigma_3$/MPa | $\beta_1$ | $\beta_2$ | $\beta$ |
|---|---|---|---|---|---|---|
| 11.6% | 29.55 | 5.63 | 1.33 | 0.809 | 0.146 | 0.968 |
| 12.5% | 29.73 | 5.92 | 1.45 | 0.801 | 0.150 | 0.951 |
| 14.3% | 29.34 | 6.61 | 1.69 | 0.775 | 0.167 | 0.942 |
| 15.4% | 29.64 | 7.36 | 1.88 | 0.752 | 0.185 | 0.937 |
| 16.2% | 29.78 | 7.96 | 2.05 | 0.733 | 0.198 | 0.931 |
| 20.7% | 29.64 | 8.58 | 2.41 | 0.711 | 0.208 | 0.919 |

随着泡沫铝相对密度的增加，$\sigma_1$ 变化很小，$\sigma_2$、$\sigma_3$ 的峰值逐渐增大，这是因为泡沫铝波阻抗增大、透射增强。表 6.3 给出了计算衰减系数，其中 $\beta_1$ 为界面效应衰减系数，$\beta_2$ 为泡沫铝材料对冲击波的衰减系数，$\beta$ 为三明治结构的衰减系数。衰减系数随相对密度的变化规律如图 6.20 所示。

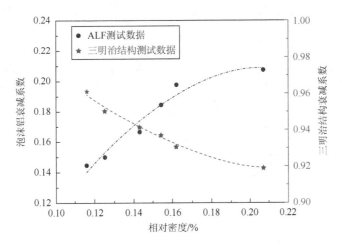

图 6.20　泡沫铝相对密度与衰减系数的关系曲线

图 6.20 中，左侧 $Y$ 轴表示由泡沫铝多孔性引起的应力波衰减系数，右侧 $Y$ 轴表示包含泡沫铝夹芯的三明治结构对应力波的衰减系数。由图可知，两者呈现截然相反的变化规律，随着泡沫铝相对密度增加，泡沫铝自身对应力波的衰减系数呈现增大趋势，但整体泡沫铝三明治结构的衰减系数却呈现减小趋势。造成这种

现象的原因是：泡沫铝相对密度越小，泡沫铝和钢板两者的阻抗差异越大，透射到泡沫铝中的应力波强度小，虽然泡沫铝自身衰减效果不佳，但泡沫铝夹芯板的整体衰减系数明显增强。这也说明界面效应是影响三明治结构应力波衰减的主要因素。

为研究泡沫铝厚度对冲击波衰减效应的影响，选择相对密度在 19.8%～20.6% 范围内的泡沫铝材料，其厚度选在 38～58mm 范围内，对不同厚度的泡沫铝三明治结构进行爆炸试验，测得应力波界面反射和吸能效应结果见表 6.4。尽管泡沫铝厚度不一，但试验结果中 $\sigma_2$ 峰值非常接近，这意味着增加或减小泡沫铝厚度并不改变从面板透射到泡沫铝板的应力波强度；但随着泡沫铝厚度增加，$\sigma_3$ 峰值逐渐减小。

表 6.4　不同厚度泡沫铝的试验结果

| 厚度/mm | $\sigma_1$/MPa | $\sigma_2$/MPa | $\sigma_3$/MPa | $\beta_1$ | $\beta_2$ | $\beta$ |
|---|---|---|---|---|---|---|
| 38 | 30.26 | 8.72 | 3.73 | 0.712 | 0.165 | 0.877 |
| 43 | 29.54 | 8.61 | 2.96 | 0.709 | 0.191 | 0.900 |
| 48 | 29.64 | 8.58 | 2.41 | 0.711 | 0.208 | 0.919 |
| 53 | 29.63 | 8.60 | 2.33 | 0.710 | 0.212 | 0.921 |
| 58 | 29.65 | 8.53 | 2.20 | 0.712 | 0.213 | 0.926 |

图 6.21 是泡沫铝厚度对界面及三明治结构衰减系数的影响实测结果曲线。由图可以看到两条曲线的变化规律基本一致，随泡沫铝厚度增加，泡沫铝对冲击波衰减能力增强，三明治结构对冲击波衰减效果也逐渐加强；但增加泡沫铝厚度并不能无限制地提高三明治结构的抗爆能力，当泡沫铝厚度超过 48mm 后，三明

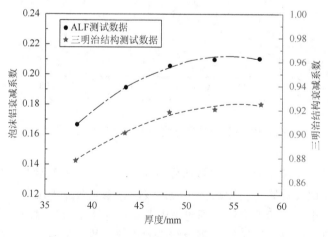

图 6.21　泡沫铝厚度与衰减系数的关系曲线

治结构的衰减系数增长不再明显。因此，为获得泡沫铝结构更好的抗爆效果，有必要讨论多层泡沫铝爆炸作用下的吸能机理和规律。

## 6.2.2　单层泡沫铝夹芯板抗爆特性

为研究爆炸载荷、泡沫铝结构参数等对泡沫铝夹芯三明治结构抗爆性能的影响，对不同泡沫铝夹芯三明治结构进行爆炸试验研究，泡沫铝试样高度固定为 78mm，螺栓预紧力矩固定为 1.13N·m。

### 1. 炸高对泡沫铝三明治结构抗爆性能的影响

为研究装药高度对泡沫铝夹芯结构抗爆性能的影响，这里进行了不同炸高下泡沫铝夹芯三明治结构的抗爆试验。试验药量为 520g，泡沫铝夹芯孔隙度为 85%，上面板厚度为 10mm。不同炸高下三明治结构试验结果见表 6.5。表中，$S_{imax}$-h（$i =$ 1, 2, 3）表示 $S_i$ 测点沿底板对角线方向的峰值应变，$S_{imax}$-a 表示 $S_i$ 测点沿底板另一对角线方向的峰值应变。

表 6.5　不同炸高下泡沫铝抗爆试验结果统计

| 编号 | 炸高/cm | 压缩量/mm | 峰值压力/MPa | $S_{1max}$(h/a)/με | $S_{2max}$(h/a)/με | $S_{3max}$(h/a)/με |
|---|---|---|---|---|---|---|
| 1 | 40 | 12.45 | 4.3 | 861/742 | 534/527 | 370/436 |
| 2 | 30 | 35 | 4 | 593/669 | 705/714 | 396/425 |
| 3 | 25 | 44.85 | 5.5 | 781/781 | 398/305 | 227/373 |
| 4 | 22 | 53.5 | 5.8 | 1051/1451 | 615/403 | 324/589 |
| 5 | 18 | 61.65 | 20.4 | 3185/2705 | 1596/483 | 404/1117 |

### 1）底板变形

由表 6.5 可知，随着炸高逐渐减小，上面板所受载荷逐渐增大，导致泡沫铝压缩量逐渐上升；炸高从 40cm 减小到 25cm，底板应变峰值并非单调增大趋势，这是因为随着炸高降低，泡沫铝材料压缩量逐渐增大，能量吸收也越来越多，导致作用于底板的载荷没有明显增大；当炸高从 25cm 继续减小到 18cm 时，上面板所受载荷越来越大，泡沫铝材料吸能逐渐达到极限，使作用于底板的载荷先缓慢后急剧增大，底板上测点峰值应变快速上升，18cm 炸高下三明治结构反而加剧了底板的变形破坏。

图 6.22～图 6.24 分别为 40cm、22cm、18cm 炸高下，底板各测点的应变时程曲线。由图可知，底板中心测点沿两对角线方向的应变波形相似，应变峰值有一定差异，这与爆炸载荷非均匀分布和泡沫铝设置偏差有关；随着炸高降低，底板应变首峰持续时间大致相同；当炸高减小到 22cm 时，底板响应结束后，$S_2$、$S_3$

测点应变并未回零而是趋于略小于 0 的波动值，表明底板产生轻微塑性变形；当炸高减小到 18cm 时，底板响应结束后 $S_1$ 测点应变值趋于+500，$S_2$ 应变值趋于+180，另一对角线方向应变值趋于–170；$S_3$ 测点与 $S_2$ 具有相反特征，应变分别趋于–100 和+80，表明底板发生明显的塑性变形，泡沫铝夹芯没有起到完全保护作用。

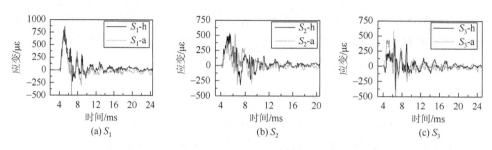

图 6.22　40cm 炸高下底板各测点的应变时程曲线

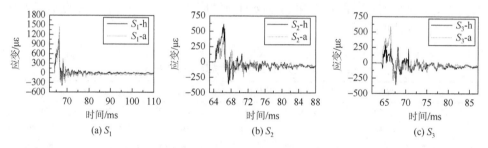

图 6.23　22cm 炸高下底板各测点的应变时程曲线

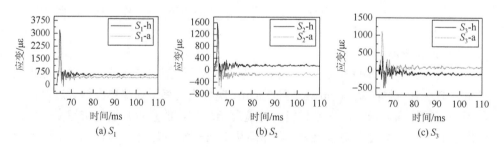

图 6.24　18cm 炸高下底板各测点的应变时程曲线

#### 2）底板所受载荷

图 6.25 为在炸高 40cm、22cm、18cm 条件下测得的底板中心冲击波压力时程曲线。由图可知，40cm 炸高下压力时程曲线出现压力平台，平台压力约 3.8MPa，持续时间约 1.83ms。在平台压力时间内，泡沫铝材料产生很大的塑性变形，吸收大量冲击波能量，作用于底板的平台压力维持一个较低水平，从而对基板结构产

生保护作用。相较于泡沫铝材料准静态压缩平台应力，该平台压力有所降低，这是由上面板冲击对泡沫铝材料造成破坏而降低其结构强度造成的。当炸高减小到 22cm 时，平台压力变小、持续时间变短，响应后期出现微弱应力增强现象；当炸高减小到 18cm 时，平台压力反向增大到约 5MPa，这是由于加载速率提高，上面板对泡沫铝材料的破坏作用时间较短致使破坏程度有限；平台持续时间进一步缩短，引发剧烈应力增强现象，这是因为泡沫铝材料此时的整体应变已超过锁定应变，泡沫铝材料逐渐被压实。由表 6.5 可知，当发生明显应力增强现象时，作用于底板中心的冲击波压力峰值为 20.4MPa，底板中心点变形也超过弹性极限，泡沫铝材料不能继续对基础结构产生保护作用。

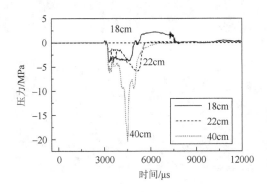

图 6.25　底板中心所受载荷压力时程曲线

　　综上所述，当泡沫铝材料作为抗爆容器牺牲层时，透过泡沫铝夹层作用于被保护结构的冲击力等于泡沫铝所受应力，而泡沫铝名义压缩应变达到锁定应变前，其所受应力保持不变且幅值等于材料屈服强度。因此，作用于被保护结构的冲击波具有矩形脉冲特征，且幅值远小于作用于抗爆层上表面的爆炸载荷强度，故抗爆牺牲层材料对被保护结构具有很好的防护作用，此即泡沫铝夹芯作为抗爆结构牺牲层的吸能防爆机理。

　　3）泡沫铝的变形模式

　　图 6.26 为不同炸高条件下泡沫铝夹芯的最终形态。由图可知，在 40cm 炸高条件下，泡沫铝主要以胞孔坍塌和孔壁开裂变形模式为主，其中裂纹成 V 字形，与压缩方向约成 45°角，此时泡沫铝整体的压缩应变为 0.16；当炸高减小到 30cm 时，泡沫铝冲击端发生了压实，其他区域胞孔发生了明显的坍塌，近支撑端由于胞孔开裂开始出现剥落，此时泡沫铝整体的压缩应变为 0.45；当炸高减小到 25cm 时，冲击端和支撑端出现压实，泡沫铝整体胞孔的坍塌程度加深，同时伴有贯穿性的裂纹，此时泡沫铝圆柱整体的压缩应变为 0.58，接近泡沫铝材料的压实应变，支撑端开始出现应力增强现象；当炸高进一步减小到 22cm 时，泡沫铝非常接近

完全压实，整体出现了严重的开裂，并伴随大量的胞孔剥落，此时泡沫铝整体的压缩应变为 0.69，支撑端应力增强的程度有微弱提高；当炸高减小到 18cm 时，泡沫铝已达到完全压实状态，此时压缩应变为 0.79，支撑端出现了显著的应力增强现象。

(a) 炸高40cm　　　　　　(b) 炸高30cm　　　　　　(c) 炸高25cm

(d) 炸高22cm　　　　　　(e) 炸高18cm

图 6.26　不同炸高条件下泡沫铝夹芯的最终形态

综上可以认为，在相同条件下，随着炸高降低，泡沫铝夹芯压缩量逐渐增加；底板中心所受载荷峰值压力将依次呈现基本不变、缓慢上升、急剧上升等变化趋势；底板中心峰值应变依次呈现减小、缓慢增大、快速增大等变化趋势；当发生严重应力增强现象时，泡沫铝夹芯三明治结构反而加剧了底板的变形破坏。

2. 泡沫铝孔隙度对三明治结构抗爆性能的影响

为研究复合吸能夹芯结构中泡沫铝孔隙度对抗爆性能的影响，对孔隙度为 80%、85%、90% 的三种泡沫铝夹芯三明治结构进行抗爆试验。试验时，上面板厚度为 10mm，炸高为 25cm，装药量为 520g。

1）底板变形响应

表 6.6 为不同孔隙度泡沫铝抗爆试验结果统计。由表可知，随着孔隙度提高，泡沫铝压缩量逐渐增大，底板所受载荷先增大后基本保持不变。因此，可以认为随着孔隙度提高，泡沫铝所吸收的能量逐渐增大；然而，当孔隙度从 80% 增大

到 85%时，底板的峰值应变反而有小幅增加；当孔隙度为 90%时，底板的峰值应变增大更明显，这与大孔隙度条件下泡沫铝强度降低，三明治板初始变形量增大导致爆炸载荷和三明治板之间流固耦合作用增强，传递到三明治板的能量增大有关。

表 6.6　不同孔隙度泡沫铝抗爆试验结果统计

| 编号 | 孔隙度 | 压缩量/mm | 峰值压力/MPa | $S_{1max}(h/a)/\mu\varepsilon$ | $S_{2max}(h/a)/\mu\varepsilon$ | $S_{3max}(h/a)/\mu\varepsilon$ |
|---|---|---|---|---|---|---|
| 6 | 80% | 39.75 | 3 | 623/708 | 359/265 | 182/417 |
| 3 | 85% | 44.85 | 5.5 | 781/781 | 398/305 | 227/373 |
| 7 | 90% | 54.05 | 5.2 | 806/977 | 474/277 | 258/516 |

图 6.27～图 6.29 分别为三种孔隙度下底板各测点的应变时程曲线。通过对底板应变响应曲线进行分析可以发现，三种孔隙度下底板各测点的应变响应曲线具有相似特征：在第一响应周期应变即达到最大值，周期持续时间约为 2.5ms，第一应变周期后底板变形逐渐减小；$S_1$ 测点两对角线方向上的应变峰值相差不大，$S_2$ 测点的一对角线方向的应变峰值比另一对角线方向的应变峰值大，$S_3$ 测点两对角线方向上的应变峰值大小均与 $S_1$ 和 $S_2$ 测点相反。综上所述，泡沫铝夹芯孔隙度改变对底板响应规律没有影响，仅改变底板响应幅值。

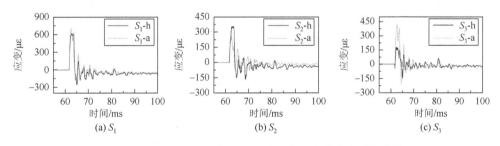

图 6.27　泡沫铝孔隙度为 80%时底板各测点的应变时程曲线

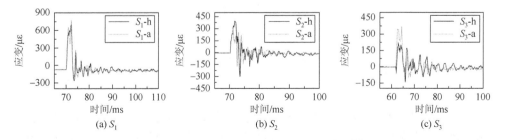

图 6.28　泡沫铝孔隙度为 85%时底板各测点的应变时程曲线

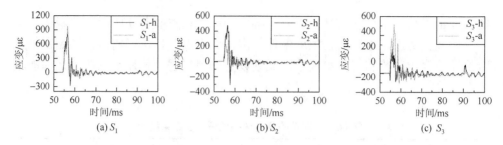

图 6.29　泡沫铝孔隙度为90%时底板各测点的应变时程曲线

2）底板载荷响应

图 6.30 为不同孔隙度下底板中心实测压力时程曲线。通过对底板中心压力响应进行分析可知，当泡沫铝夹芯孔隙度为 80%时，底板所受载荷平台压力约为3MPa，载荷持续时间约为 2.43ms；当孔隙度提高到 85%和 90%时，底板所受载荷响应规律比较一致，峰值压力分别为 5.5MPa 和 5.2MPa，持续时间都增加到3.66ms 左右。随着孔隙度提高，泡沫铝材料平台应力逐渐降低，而实测底板压力响应峰值反而增大，原因在于：当孔隙度较低时，泡沫铝材料的平台应力较高，上面板冲击对泡沫铝夹层造成压缩变形，吸收了泡沫铝板中传播的冲击波大部分能量，使传导到底板上的冲击压力降低；当孔隙度逐步提高时，泡沫铝材料的平台应力逐渐降低，相同厚度的泡沫铝夹层对传入冲击波的吸能效率降低，最终作用于底板上的压力反而增大。

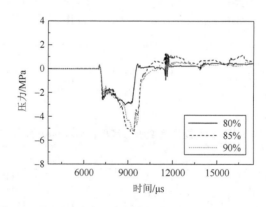

图 6.30　不同孔隙度下底板中心所受载荷压力时程曲线

3）泡沫铝夹层变形模式

图 6.31 为不同孔隙度泡沫铝夹层受相同爆炸冲击载荷作用后的最终形态。由图可知，当孔隙度为 80%时，泡沫铝变形大致分为 3 个区域，其中 I 区靠近冲击端，泡沫铝材料被压实；II 区位于泡沫铝夹层中间，胞孔发生坍塌变形并伴随明

显裂纹；Ⅲ区位于泡沫铝夹层固定支撑端，胞孔坍塌变形程度大于Ⅱ区，局部发生压实现象。当孔隙度提高到85%时，泡沫铝冲击端同样被压实，夹芯层压缩程度整体有所提高；夹层中间部分出现整体贯通式裂纹。当孔隙度进一步提高到90%时，泡沫铝整体压缩程度进一步提升，裂纹扩展范围加大，与压缩方向呈45°扩展成带状压实区域。

(a) 孔隙度80%　　　　　　(b) 孔隙度85%　　　　　　(c) 孔隙度90%

图 6.31　不同孔隙度泡沫铝夹层的最终形态

综上所述，随着孔隙度增加，泡沫铝夹芯压缩量增大，吸收能量增多，底板中心所受载荷峰值压力提高，载荷持续时间延长；同时，随着孔隙度提高，爆炸载荷传递给三明治结构的能量增多，所以虽然底板应变特征没有改变，但底板中心峰值应变逐渐增大，泡沫铝夹芯三明治结构并未因夹芯层吸能增多而具有更好的抗爆能力。

### 3. 上面板厚度对三明治结构抗爆性能的影响

为研究泡沫铝三明治结构上面板厚度对抗爆性能的影响，分别对上面板厚度为 6mm、10mm、15mm 的泡沫铝三明治结构进行抗爆试验。试验中，泡沫铝夹层厚度为78mm，孔隙度为85%，炸高为25cm，装药量为520g。

#### 1）底板变形响应

表 6.7 为不同上面板厚度泡沫铝夹芯三明治结构的抗爆试验结果统计。由表可知，随上面板厚度增加，泡沫铝压缩量逐渐减小。当上面板厚度由 6mm 增加到 10mm 时，底板测得载荷有所增加；当上面板厚度继续增加到 15mm 时，底板所受载荷反而减小。随着上面板厚度逐渐增加，底板测点峰值应变出现明显的单调衰减趋势。这是由于上面板厚度增大使传递给三明治结构的爆炸能量有所减少；随着上面板厚度增加，虽然泡沫铝夹芯所消耗的能量逐渐减小，但上面板消耗的能量有所增大，这是由传递到底板的载荷明显减小造成的。可见，上面板厚度增加提高了三明治结构对底板的保护效果，但不利于泡沫铝夹芯吸能性能的发挥。

表 6.7　不同上面板厚度泡沫铝夹芯三明治结构的抗爆试验结果统计

| 编号 | 上面板厚度/mm | 压缩量/mm | 峰值压力/MPa | $S_{1max}(h/a)/\mu\varepsilon$ | $S_{2max}(h/a)/\mu\varepsilon$ | $S_{3max}(h/a)/\mu\varepsilon$ |
|------|------|------|------|------|------|------|
| 8 | 6 | 51 | 4.72 | 1019/1019 | 545/303 | 488/194 |
| 3 | 10 | 44.85 | 5.5 | 781/781 | 398/305 | 227/373 |
| 9 | 15 | 35.1 | 2.13 | 514/544 | 288/190 | 216/336 |

图 6.32 和图 6.33 分别为上面板厚度为 6mm、15mm 时底板各测点的应变时程曲线。由图可知，不同上面板厚度下，底板变形特征相似，底板中心两对角线方向的峰值应变大致相等，波形频率和相位特征几乎一致；底板中心点、$S_2$、$S_3$ 测点的不同对角线方向峰值应变的相对大小关系正好相反；不同的是，随着上面板厚度增加，应变第一周期持续时间略有延长，底板峰值应变逐渐减小。

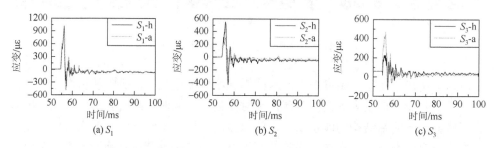

图 6.32　上面板厚度为 6mm 时底板各测点的应变时程曲线

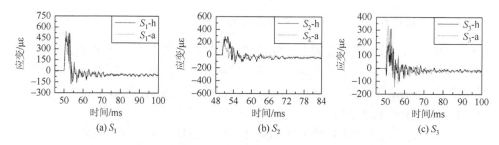

图 6.33　上面板厚度为 15mm 时底板各测点的应变时程曲线

2）底板载荷响应

由图 6.34 可知，当上面板厚度由 6mm 上升到 10mm 时，虽然泡沫铝夹芯压缩长度有所减小，但透过上面板作用于泡沫铝的应力波及其初始运动速度有所减小，载荷对泡沫铝夹芯的加载速率降低，导致作用于底板的载荷持续时间由 2.14ms 增加到 3.22ms；当上面板厚度继续增加到 15mm 时，载荷对泡沫铝夹芯的加载速率进一步降低, 作用于底板的载荷持续时间再增加到 3.64ms, 峰值压力明显降低, 出现明显的压力平台。

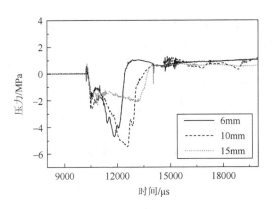

图 6.34　不同上面板厚度下底板中心压力响应时程曲线

3) 泡沫铝变形模式

由图 6.35 可知, 上面板厚度为 6mm 时, 泡沫铝冲击端发生压实, 胞孔整体坍塌较严重, 支撑端出现裂纹并出现剥落; 上面板厚度为 10mm 时, 冲击端同样出现压实现象, 泡沫铝胞孔整体发生坍塌, 支撑端及裂纹周围胞孔坍塌较严重, 同时出现整体贯穿裂纹; 上面板厚度为 15mm 时, 泡沫铝整体发生屈曲, 出现与压缩方向约 45°角的斜向裂纹, 裂纹从支撑端上两点开始斜向发展直至中心轴交汇, 但整体完好、未贯通剥离。

(a) 上面板厚度6mm　　　　　(b) 上面板厚度10mm　　　　　(c) 上面板厚度15mm

图 6.35　不同上面板厚度条件下泡沫铝夹芯的最终形态

综上所述, 随着上面板厚度增加, 泡沫铝夹芯压缩量显著下降, 底板中心所受载荷峰值压力逐渐下降, 载荷持续时间逐渐增大; 虽然底板应变响应特征没有改变, 但底板中心的应变峰值明显减小, 泡沫铝夹芯三明治结构对底板的保护效果明显提升。

### 6.2.3　双层泡沫铝夹芯结构的抗爆特性

当泡沫铝夹芯为多层结构，且不同夹层泡沫铝的相对密度不同时，由于分界面两侧的介质波阻抗差异，经过界面透射到下一层泡沫铝的冲击波分量就会改变，而从界面反射回爆源端的冲击波可能进一步压缩已变形泡沫铝区域。因此，变密度分层泡沫铝结构可能会提高三明治结构的吸能效应，减小作用于底板（被保护结构）的冲击载荷。本节将泡沫铝夹层均分为不同相对密度的上下两层，进行多种密度组合的双层泡沫铝三明治结构抗爆试验，研究变密度泡沫铝夹芯结构的抗爆特性。试验中，装药炸高为 25cm，上面板厚度为 10mm，泡沫铝夹芯总厚度为 78mm。

#### 1. 抗爆特性

为揭示双层泡沫铝夹芯三明治结构的抗爆特性，这里设计了上层孔隙度为 90%、下层孔隙度为 80% 的变密度泡沫铝夹芯三明治结构，进行 15 组双层变密度三明治结构抗爆试验。图 6.36 为第 10 次试验的底板各测点应变响应测试结果。与图 6.28 所示的单层泡沫铝条件下底板 $S_1$、$S_2$ 和 $S_3$ 测点应变响应相比，图 6.36 所示的双层泡沫铝三明治结构的底板应变响应特征基本一致，响应的第一个周期持续时间约 2.5ms，其应变峰值即响应全过程的最大值；第一个响应周期后，测点应变峰值逐渐减小，$S_1$ 测点的两对角线方向的响应基本相同，$S_2$、$S_3$ 测点两对角线方向的峰值应变相对大小关系正好相反。

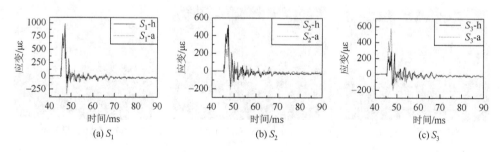

图 6.36　底板各测点的应变时程曲线

图 6.37（a）为双层夹芯条件下底板中心压力响应时程曲线，与单层孔隙度为 80% 的泡沫铝测得结果相似，但峰值压力提高到 6MPa，双层泡沫铝夹芯结构发生应力增强现象。图 6.37（b）为爆炸作用后双层泡沫铝夹芯最终形态，由图可知，爆炸载荷作用后上下层泡沫铝压实为一个整体；上层泡沫铝压实程度比下层泡沫

铝大，径向形变存在差异，因此泡沫铝分层界面依然清晰，这是由上下层泡沫铝强度及作用于不同夹层内冲击强度和顺序不同引起的。

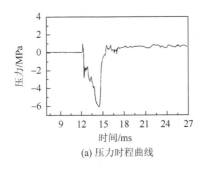

(a) 压力时程曲线

(b) 夹芯最终形态

图 6.37　底板的压力时程曲线及夹芯最终形态

由表 6.6 可知，相同条件下孔隙度为 80% 和 90% 的单层泡沫铝夹芯最终平均压缩长度为 46.9mm，底板中心峰值压力平均值为 4.1MPa，$S_1$ 测点平均峰值应变为 714.5/842.5με，而孔隙度为 90%/80% 的双层泡沫铝夹芯的最终压缩长度约为 53.05mm，底板中心峰值应变为 945/992με。因此，分层夹芯泡沫铝结构提高了泡沫铝夹芯的吸能效应，但发生了应力增强现象，并未达到提高对底板的保护作用的目的。

**2. 密度梯度顺序影响**

对于双层泡沫铝夹芯三明治结构，当上层泡沫铝的相对密度较大时，其平台应力大于下层泡沫铝的屈服应力，两层泡沫铝同时开始变形；当上层泡沫铝的相对密度较小时，其平台应力小于下层泡沫铝的屈服应力，上层泡沫铝先压缩变形，直到两层泡沫铝间的接触应力大于下层泡沫铝的屈服应力时，下层泡沫铝才开始形变；不同密度的泡沫铝排序会影响三明治结构对爆炸总能量的吸能能力及分界面上冲击波的反射效应和透射效应。因此，不同密度排序对双层泡沫铝夹芯三明治结构的抗爆性能产生影响。

通过对比表 6.8 中密度排序相反的第 11 次和第 12 次试验结果可以发现，两次试验中泡沫铝压缩量基本相等，均未发生明显的应力增强现象，第 12 次试验的底板中心峰值应变明显小于第 11 次试验；第 13 次试验的泡沫铝压缩量比第 15 次试验小 1.6mm，底板峰值应变也比第 15 次试验略小。因此，正密度梯度泡沫铝三明治结构的抗爆效果优于逆密度梯度泡沫铝三明治结构，但对提高结构抗爆能力的效果并不明显。通过对比第 10 次和第 12 次试验可以发现，当上层泡沫铝密度减小时，泡沫铝压缩长度增大了 6.5mm，泡沫铝吸收爆炸能量有所增加，但发生了应力增强现象，三明治结构的抗爆效果反而下降；通过对比第 14 次和第 15 次试验可以发现，当上层泡沫铝密度减小时，泡沫铝压缩长度增大了 4.35mm，底板峰值应变明显减小。因此，正密度梯度能提高泡沫铝夹芯层的吸量效应，当不发生应力增强现象时，可提高三明治结构的抗爆效果；若发生应力增强现象，则出现相反的结果。

表 6.8　不同密度排序双层泡沫铝夹芯三明治结构的抗爆试验结果

| 编号 | 炸高/cm | 密度排序（孔隙度） | 压缩量/mm | 峰值压力/MPa | $S_{1max}(h/a)/\mu\varepsilon$ | $S_{2max}(h/a)/\mu\varepsilon$ | $S_{3max}(h/a)/\mu\varepsilon$ |
|---|---|---|---|---|---|---|---|
| 10 | 25 | 0.9/0.8 | 53.05 | 6 | 945/992 | 523/381 | 286/571 |
| 11 | 25 | 0.8/0.85 | 46.75 | 4.46 | 807/835 | 421/281 | 295/427 |
| 12 | 25 | 0.85/0.8 | 46.55 | — | 752/763 | 411/326 | 450/504 |
| 13 | 28 | 0.9/0.85 | 50.15 | 5.84 | 586/568 | 389/209 | 162/301 |
| 14 | 28 | 0.8/0.9 | 47.4 | 5.97 | 731/694 | 503/291 | 273/466 |
| 15 | 28 | 0.85/0.9 | 51.75 | 6.48 | 636/609 | 383/245 | 292/316 |

由图 6.38 可知，双层泡沫铝变形模式与单层相比有明显不同。在所有试验结果中，泡沫铝均无明显裂纹贯穿和剥落现象，也无明显分层压实特征，对提高夹芯层吸能有利；双层泡沫铝中低密度层压缩量总是大于高密度层，低密度层先出现压实现象，特别是逆密度梯度排序时，先受爆炸载荷作用的上层泡沫铝后于下层泡沫铝被压实，如图 6.38（e）所示。

(a) 密度排序0.9/0.8　　　(b) 密度排序0.8/0.85　　　(c) 密度排序0.85/0.8

(d) 密度排序0.9/0.85　　　(e) 密度排序0.8/0.9　　　(f) 密度排序0.85/0.9

图 6.38　不同密度排序下泡沫铝夹芯的最终形态

## 6.2.4　三层泡沫铝夹芯结构的抗爆特性

为研究三层不同密度排序泡沫铝夹芯三明治结构的抗爆性能，本节对不同密度排序的三层泡沫铝夹芯结构进行抗爆试验。试验中，装药量为 520g，装药炸高为 25cm，面板厚度为 10mm，泡沫铝夹芯单层高度为 26mm、总高度为 78mm。试验装置如图 6.39 所示。

图 6.39　三层泡沫铝夹芯三明治结构的抗爆试验

　　从表 6.6 可知，相同爆炸试验条件下，孔隙度为 80%、85% 和 90% 的单层泡沫铝夹层最终压缩长度平均为 46.2mm，底板中心承载峰值压力均值为 4.6MPa，$S_1$ 点的平均峰值应变为 737με/822με。表 6.9 是不同密度排序下三层泡沫铝夹芯结构的抗爆试验结果。与表 6.6 对比可知，泡沫铝夹芯分层后压缩量都有所增加，第 17 次试验增加最小，仅为 0.4mm，第 19 次试验增加最大，达 8.7mm；除第 21 次试验外，其余试验的底板中心承载峰值压力明显增大，且发生不同程度的应力增强现象，第 19 次试验增加最为明显，为 3.91MPa；泡沫铝夹芯分为 3 层后，底板中心 $S_1$ 测点的峰值应变都有不同程度的增大。综上所述，相较于单层泡沫铝夹芯三明治结构，三层泡沫铝夹芯结构形式提高了三明治结构的吸能性能，但由于应力增强现象，有时并不能增强泡沫铝夹芯结构的抗爆能力。

表 6.9　三层泡沫铝夹芯三明治结构的抗爆试验结果

| 编号 | 密度排序（孔隙度） | 压缩量/mm | 峰值压力(MPa)/持续时间(ms) | $S_{1max}(h/a)/με$ | $S_{2max}(h/a)/με$ | $S_{3max}(h/a)/με$ |
|---|---|---|---|---|---|---|
| 16 | 0.9/0.85/0.8 | 49.55 | 5.28/3.01 | 721/856 | 405/268 | 244/492 |
| 17 | 0.8/0.85/0.9 | 46.6 | 5.42/2.9 | 782/923 | 446/338 | 379/531 |
| 18 | 0.8/0.9/0.85 | 50.6 | 5.74/3.33 | 719/889 | 417/252 | 280/431 |
| 19 | 0.85/0.8/0.9 | 54.9 | 8.51/3.25 | 1383/1383 | 689/430 | 695/293 |
| 20 | 0.85/0.9/0.8 | 53.05 | 6.41/3.61 | 801/969 | 626/335 | 256/491 |
| 21 | 0.9/0.8/0.85 | 50.8 | 4.51/3.54 | 622/852 | 365/297 | 323/516 |

　　由表 6.9 可知，泡沫铝夹芯按正密度梯度排列时，压缩量最大为 49.55mm；按逆密度梯度排列时，压缩量最小为 46.6mm；正密度梯度排列时底板测点的峰值应变比逆密度梯度排列时小。因此，泡沫铝夹芯正密度梯度排序能更好地吸收爆

炸冲击能,对结构保护效果更好。当泡沫铝夹芯无序排列时,其压缩量比有序排列时都要大。因此,泡沫铝夹芯无序排列能够吸收更多的爆炸能,可对结构产生更好的保护效果。

由图 6.40 可知,在爆炸载荷作用下,三层泡沫铝夹芯主要以胞孔坍塌压实变形为主,当压实现象较为严重时,还伴随有连贯的裂纹及胞孔剥落现象。分析各层变形情况可以发现,孔隙度为 90% 的泡沫铝无论是处于夹芯的上层、中间层还是下层,其压缩程度总是最严重的,除局部区域外孔隙度为 85% 的层也总是比孔隙度为 80% 的压缩量大,因此可以得出结论:在三层泡沫铝夹芯中,压缩总是从强度最低的泡沫铝层开始,且各层的压缩程度主要由其自身强度决定,强度越低压缩程度越高。

(a) 密度排序0.9/0.85/0.8　　(b) 密度排序0.8/0.85/0.9　　(c) 密度排序0.8/0.9/0.85

(d) 密度排序0.85/0.8/0.9　　(e) 密度排序0.85/0.9/0.8　　(f)密度排序0.9/0.8/0.85

图 6.40　三层泡沫铝夹芯试验后的最终形态

# 6.3　泡沫铝夹芯板数值模拟研究

## 6.3.1　泡沫铝夹芯板数值模型建立

### 1. 计算模型设置

参照泡沫铝夹芯三明治结构抗爆试验的实际情况,为数值模拟研究爆炸冲击波加载下三明治抗爆结构动力学响应,本节建立图 6.41 所示的非接触爆炸计算模型。其中,三明治结构为边长为 25cm 的正方形。顶部第一层为上层钢板,底部最后一层为下层钢板,中间为密度不同的泡沫铝夹层。上下钢板厚度均为 1cm,每层泡沫铝厚度为 2cm,500g TNT 柱形装药在距离上层钢板 20cm 处爆炸,下层钢板两端伸出 2cm,设置固定支撑约束。

图 6.41　三维有限元模型示意图

　　根据对称简化原则，建立 1/4 三维数值模型。图 6.42 为三明治结构网格划分情况。拉格朗日网格边长为 2.5mm，欧拉网格边长为 3mm。利用 LS-DYNA 非线性动力有限元程序，应用流固耦合算法进行数值模拟。其中，炸药和空气均采用 ALE 算法，编为一个 ALE 多物质组；三明治板采用拉格朗日算法；在三明治板和 ALE 多物质组之间应用流固耦合。钢板和泡沫铝采用自动面面接触，定义动态摩擦系数、黏性阻尼系数。不同强度材料之间选择合适的接触刚度，调用基于段（segment based）的接触算法可有效避免不同材料之间质点贯穿[5]。

图 6.42　三明治板网格示意图

## 2. 泡沫铝材料模型及参数

　　泡沫铝采用*MAT_CRUSHABLE_FOAM 本构模型，材料本构关系为前述试验获得的应力-应变曲线。对三种不同孔隙度泡沫铝进行动态力学性能试验，分别测得其弹性模量和平台应力数据，并作为仿真计算依据。根据 Gibson 等提出的预测泡沫金属材料弹性模量的平方函数模型[6]，计算公式为

$$E^* / E_s = C_1 \Phi^2 (\rho^* / \rho_s)^2 + C_1^* (1 - \Phi)(\rho^* / \rho_s) \tag{6.20}$$

式中，$E^*$、$\rho^*$ 为泡沫金属的弹性模量及密度；$E_s$、$\rho_s$ 为基体材料的弹性模量及密度；

$C_1 = 1$，$C_1^* = 3/8$ 由试验确定；$\Phi$ 为体积分数。闭孔泡沫金属材料的固相基体分布在胞体的边和壁中，$\Phi$ 为胞体边中基体材料所占的体积分数，其值根据胞体微观结构确定；对开孔泡沫金属材料，胞体只有边没有壁，取 $\Phi = 1$。图 6.43 为 87.8%孔隙度的泡沫铝板剖面胞体结构，胞体截面大多呈六边形，胞体壁和边厚度一致，比较匀称，数值计算时取 $\Phi = 0.5$。泡沫铝平台应力由式（6.21）确定：

$$\sigma_{pl}^* / \sigma_{ys} = C_2 \Phi^{2/3} (\rho^* / \rho_s)^{2/3} + C_2^* (1 - \Phi)(\rho^* / \rho_s) \tag{6.21}$$

式中，$\sigma_{pl}^*$ 为泡沫金属的平台应力；$\sigma_{ys}$ 为基体材料的屈服强度；$C_2$、$C_2^*$ 由试验得出，$C_2 \approx 0.3$，$C_2^* \approx 1$。CRUSHABLE_FOAM 本构模型不考虑应变率效应，而实际泡沫铝在冲击加载下平台应力有明显提升。根据理论并考虑应变率效应，推得泡沫铝材料参数如表 6.10 所示。泊松比取 $\nu = 0.3$，阻尼系数为 0.1。

表 6.10　泡沫铝状态方程参数

| | $\rho/(kg/m^3)$ | $\rho^*/\rho_s$ | $\Phi$ | $E/GPa$ | $\sigma_{pl}/MPa$ | $\rho_c/(kg/(m^2 \cdot s))$ |
|---|---|---|---|---|---|---|
| 1# | 210 | 92.2% | 0.55 | 1.05 | 3~5 | $4.76 \times 10^5$ |
| 2# | 330 | 87.8% | 0.50 | 1.86 | 6~8 | $7.83 \times 10^5$ |
| 3# | 420 | 84.4% | 0.45 | 2.59 | 9~11 | $1.04 \times 10^6$ |

图 6.43　泡沫铝板细观结构

## 6.3.2　应力波泡沫铝中传播特性分析

图 6.44 为爆炸载荷作用下应力波在泡沫铝中传播过程的仿真结果。当 $t = 50\mu s$ 时应力波通过上面板透射到泡沫铝介质中；当 $t = 160\mu s$ 时应力波进入第二层泡沫铝中，波阵面清晰可辨；当 $t = 230\mu s$ 时应力波进入第三层泡沫铝板中，波阵面已经比较模糊，说明泡沫铝对应力波的衰减作用明显。由图还可看出，在爆炸载荷作用下泡沫铝被逐层压缩，应力波以弹塑性波形式传播。

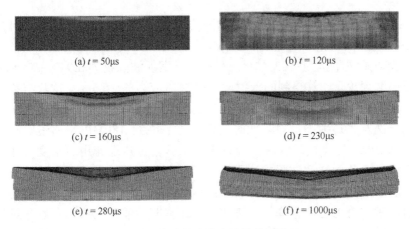

(a) $t = 50\mu s$　　　　　　　　　　　(b) $t = 120\mu s$

(c) $t = 160\mu s$　　　　　　　　　　　(d) $t = 230\mu s$

(e) $t = 280\mu s$　　　　　　　　　　　(f) $t = 1000\mu s$

图 6.44　泡沫铝中应力波的传播情况

　　定义 $A$ 为上层钢板与泡沫铝板的接触面，$B$ 为泡沫铝板之间的接触面，$C$ 为泡沫铝与下层钢板之间的接触面，图 6.45 和图 6.46 显示了应力波在 $A$ 界面和 $C$ 界面的反射、透射情况。

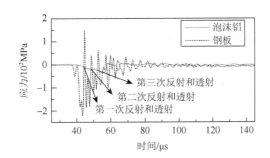

图 6.45　应力波在 $A$ 界面的反射和透射

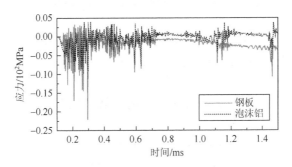

图 6.46　应力波在 $C$ 界面的反射和透射

由图 6.45 可知，$A$ 界面首次入射应力峰值为 220MPa，表现为反射拉伸应力，透射到泡沫铝介质中的应力为 9MPa，入射应力是透射应力的 24.4 倍左右。泡沫铝板初始波阻抗为 $7.83 \times 10^5 kg/(m^2 \cdot s)$，钢板波阻抗为 $3.94 \times 10^7 kg/(m^2 \cdot s)$。根据弹性波理论，计算得到的入射应力是透射应力的 25.6 倍，试验与数值计算结果比较吻合。钢板中首次反射拉伸应力在自由端面再次反射为压应力，在 $A$ 界面又一次发生透射与反射。此时入射应力下降到 180MPa，而透射应力却提升到 17.5MPa。这是由于泡沫铝经过第一次应力波压缩作用后密度和弹性模量都有所提升，从而导致波阻抗增强。此后，$A$ 界面处经历了多次反射与透射作用，使泡沫铝逐渐被压实，透射和入射应力之间的差距逐渐缩小。应力波在 $C$ 界面的反射和透射也符合弹性波理论，经计算应力波从泡沫铝介质透射到下面钢板中的应力会增强 1.96 倍，如图 6.46 所示钢板中的应力基本是泡沫铝应力的 2 倍左右。

应力波在泡沫铝介质内部的传播和衰减过程如图 6.47 所示。单元 $E$、$D$、$C$、$B$、$A$ 为泡沫铝夹层中与面板垂直方向上，每隔 1cm 依次所取的观测点。由图可知，泡沫铝测点的应力峰值随传播距离增加逐渐衰减，其规律近似符合指数衰减。

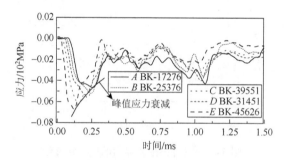

图 6.47　各观测点的压应力时程曲线

综上所述，本书采用的泡沫铝本构模型、材料参数可信，可应用于爆炸冲击波加载下泡沫铝夹芯三明治结构的动态响应仿真计算。

### 6.3.3　泡沫铝密度梯度三明治结构的抗爆性能分析

梯度功能材料（functionally gradient materials，FGM）是两种或多种材料复合成组分或结构呈连续梯度变化的一种新型复合材料，常见的有生物活性梯度材料、光学过滤梯度材料、高效率热电变换型梯度材料等。目前密度梯度多孔材料理论及试验研究还很少，因此本节对三种泡沫铝夹层结构进行不同密度梯度组合，设计了

"3 软（3S）""3 中（3M）""3 硬（3H）""软-中-硬（S-M-H）""硬-中-软（H-M-S）"
五种密度梯度泡沫铝阶层结构数值计算模型，并对其吸能和冲击波衰减特性进行
对比分析。

图 6.48 为五种结构泡沫铝吸能时程曲线。由图可知，爆炸冲击载荷作用下，
五种不同泡沫铝夹层组合结构呈现出不同的吸能特点。由于计算采用的是 1/4 模
型，所以纵坐标显示的能量仅是泡沫铝吸收能量的 1/4，A、B、C 三条曲线分别
为上、中、下三层泡沫铝吸能时程曲线。

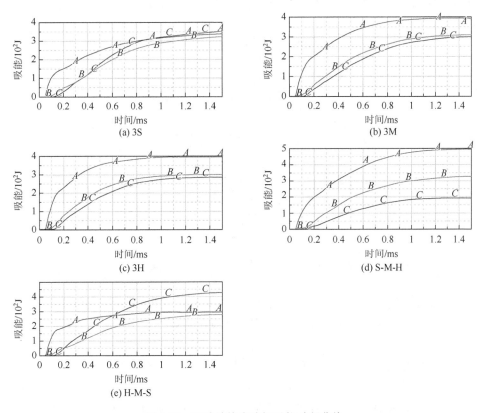

图 6.48　五种结构泡沫铝吸能时程曲线

由图 6.48 可知，3S 泡沫铝夹层结构的吸能比较均匀，基本保持在 330J 左
右；3M 和 3H 泡沫铝夹层结构的上层吸能比较充分，达到 400J，而下面两层的
吸能效率较低，甚至低于 300J；S-M-H 泡沫铝夹层结构中，上层低密度泡沫铝
压缩很明显、吸能很充分，达到 500J，而后面两层的压缩量及吸能效率逐级下
降，吸收能量分别降为 320J 和 190J；H-M-S 泡沫铝夹层结构中，上层高密度泡
沫铝的压缩量和吸能效率较 S-M-H 有所提高，但由于应力平台较大、质点动能

较大,后面两层泡沫铝提前压缩吸能,最终下层泡沫铝的吸能效率最高,达到420J,总体压缩量比较均衡。所有夹层结构在1100μs后吸能过程均基本结束,如图6.49所示。在1100μs之后,底板几何中心等效应变出现明显提升。仅从底板中心应变情况看,抗爆性能排序为3H>3M>H-M-S>S-M-H>3S。该结果说明泡沫铝板总体密度越高,抗爆能力越强。其中,3M结构的总体密度略高于密度梯度结构,但在追求轻质指标情况下,梯度结构就显现出了优势。另外,改变不同波阻抗材料排序会影响结构的后续次生冲击波超压[7],这也是密度梯度结构的明显优势。

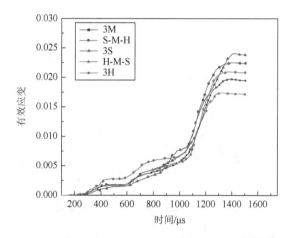

图6.49　五种结构底板几何中心位置等效应变时程曲线

弹性波理论可计算应力波在钢板和泡沫铝界面上的透射问题,但难以理论计算弹塑性波在泡沫铝介质中的传播作用。通过数值计算,可以解决爆炸冲击对三明治夹芯结构中界面及介质内应力波的作用问题。

在过爆心的三明治板垂直方向上,选取各泡沫铝夹层几何中心为观测点。图6.50为应力波在等密度多层泡沫铝结构中衰减规律的仿真结果。横坐标 L 表示从上到下的泡沫铝板次序。在低密度3S结构中,应力波基本没有衰减,维持强度不变。在高密度 3H 结构中,应力波初始强度很高,沿泡沫铝结构厚度方向衰减较快。这是因为3S结构中泡沫铝应力平台较低,应力波能量足以维持较低水平的弹塑性传播;而高密度 3H 结构中,泡沫铝应力平台提升一倍,应力波能量难以维持高水平、高能耗的弹塑性传播,表现为应力波强度明显衰减;当应力波衰减到小于下层泡沫铝应力平台时,下层泡沫铝不产生形变和吸能。因此,设计梯度泡沫铝结构有利于增强缓冲效果。

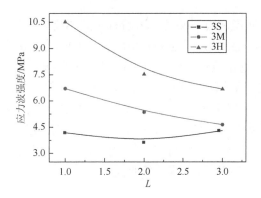

图 6.50　无梯度泡沫铝中应力波的衰减情况

如图 6.51 所示，S-M-H 结构使应力波维持在均衡的水平。S 层波阻抗较低，透射应力峰值较低，其自身得到充分压缩吸能；由 S 层传入 H 层的应力波很难达到 H 层应力平台，导致其压缩不充分，如图 6.52（a）所示。H-M-S 结构使应力波先出现迅速衰减，然后维持在较低水平，经过上层高密度泡沫铝衰减的应力波仍然可以在下层低密度泡沫铝中维持弹塑性传播，这种泡沫铝结构的变形量更加均衡，如图 6.52（b）所示。因此，H-M-S 结构对应力波的衰减效果优于 S-M-H 结构。图 6.49 所示的结构底板几何中心等效应变规律也证明 H-M-S 结构的抗爆性能优于 S-M-H 结构。

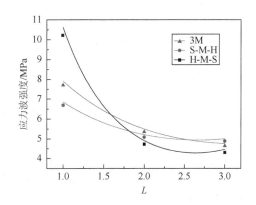

图 6.51　无梯度和梯度泡沫铝中应力波的衰减情况

(a) S-M-H　　　　　　　　　　(b) H-M-S

图 6.52　梯度泡沫铝压缩变形情况

　　图 6.53 为爆炸冲击试验下梯度泡沫铝断面变形结果。其中，图 6.53（a）为爆炸前泡沫铝板的细观结构，上层为孔隙度为 84.4%的高密度泡沫铝，下面两层为孔隙度为 87.8%的低密度泡沫铝。图 6.53（b）为爆炸后不同部位的压缩变形情况，上层高密度泡沫铝只有 0.4cm 表层胞体结构被压垮，中层低密度泡沫铝胞体结构完全被压垮，压缩变形量达到 50%以上，下层低密度泡沫铝仅有 1.6cm 胞体结构未被压垮，大量胞体只产生较大变形。上层泡沫铝压缩现象证明逐层压缩的推断，只是应力波能量不足以维持在上层泡沫铝中的弹塑性传播；在高密度泡沫铝后面使用低密度泡沫铝可以实现持续吸能。

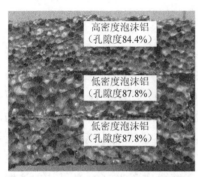

(a) 爆炸前　　　　　　　　　　　　　　　　　(b) 爆炸后

图 6.53　梯度泡沫铝爆炸冲击试验

## 参 考 文 献

[1]　崔村燕，洪延姬，李修乾，等. PVDF 压力传感器标定及在激光推进实验中的应用[J]. 爆炸与冲击，2011，31（1）：31-35.

[2]　庞宝君，杨震琦，王立闻，等. PVDF 压电计的动态响应特性及其在橡胶材料 SHPB 实验中的应用[J]. 高压物理学报，2010，24（5）：359-367.

[3]　Shen J H，Lu G X，Ruan D. Compressive behaviour of closed-cell aluminium foams at high strain rates[J]. Composites Part B: Engineering，2010，41（8）：678-685.

[4]　Nammi S K，Edwards G，Shirvani H. Effect of cell-size on the energy absorption features of closed-cell aluminium foams[J]. Acta Astronautica，2016，128：243-250.

[5]　LSCT. LS-DYNA Keyword User's Manual Volume I[M]. Livermore：Livermore Software Technology Corporation，2007.

[6]　Gibson L J，Ashby M F. Cellular Solids：Structure and Properties[M].2nd ed.Cambridge：Cambridge University Press，1997.

[7]　钟方平，马艳军，张德志，等. 多层圆柱形钢筒在球形和柱形装药爆炸作用下塑性变形的研究[J]. 兵工学报，2009，30（S2）：194-196.

# 第7章 多层复合结构爆炸容器抗爆特性

单层爆炸容器受材料和结构限制，抗爆能力有限，通常体积大、质量重。针对常用爆炸容器不足，本章提出一种质量轻、抗爆能力强、可重复使用、内衬分离、可滑动的泡沫铝夹芯多层复合结构爆炸容器。在爆炸载荷作用下，分离可滑动的内衬能够最大限度地压缩泡沫铝夹芯层，使其充分吸收炸药爆炸所释放的能量，同时泡沫铝夹层能够最大限度地压缩形变吸能，很好地衰减爆炸冲击波，在减小爆炸容器质量的同时，尽可能降低内爆炸载荷对外壳的直接作用载荷强度[1]。新型多层复合结构爆炸容器在提高抗爆能力方面具有优良的应用前景。

在单层爆炸容器及泡沫铝夹层三明治结构吸能抗爆机理研究的基础上，本章设计和研制了内置不同结构形式和参数的 7 型多层复合结构爆炸容器，通过大量爆炸试验和数值模拟研究，揭示了泡沫铝夹芯的吸能机理以及外壳的动态应变响应机理，探索了内衬冲击响应与破坏规律，研究了泡沫铝夹层复合结构爆炸容器的抗爆性能，为大当量、安全、可重复使用的复合吸能爆炸容器研究与设计奠定了基础。

## 7.1 泡沫铝夹芯复合结构爆炸容器吸能机理

### 7.1.1 数值模拟模型构建

复合结构爆炸容器自内而外包括内衬、泡沫铝夹芯和外壳三层，在结构形式上又包括椭球端盖和圆筒两部分，如图 7.1 所示。结构尺寸为：外壳内径为 800mm，圆筒高度为 1170mm，椭球端盖长短轴比为 2∶1，内衬厚度为 2mm，泡沫铝芯层厚度分别为 10mm、20mm 和 30mm，外壳厚度为 22mm。数值模型中椭球端盖和圆筒都带有法兰，上下法兰通过螺栓连接，与实物一致。考虑对称性，只建立 1/8 模型。图 7.1（a）所示模型关于 x-z、y-z 和 x-y 三个面对称约束；图 7.1（b）展示了模型网格划分：空气采用欧拉网格和 ALE 算法，固体单元采用拉格朗日网格和六面体实体单元。分离式内衬组合形式如图 7.2 所示，两块柱壳薄板之间的重合角度为 10°，端盖内衬底部采用倒角搭接在柱壳薄板上，使得内衬受到爆炸冲击波作用时可以向外滑动充分压缩泡沫铝夹层，提高吸能效率。采用自动面-面接触（CONTACT_AUTOMATIC_SURFACE_TO_SURFACE）实现钢板和泡沫铝之间的力传递和相互作用。另外，需定义合适的动态摩擦系数、黏性阻尼系数和接触刚度等参数，避免爆炸作用过程中不同介质材料接触面出现相互穿透问题。内衬材料选择 A3 钢、RHA 装甲钢及 Al-2024-T3，A3 钢材料的主要性能参数见表 7.1。

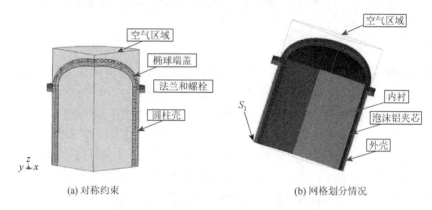

(a) 对称约束　　　　　　　　　　　(b) 网格划分情况

图 7.1　多层复合结构爆炸容器有限元模型

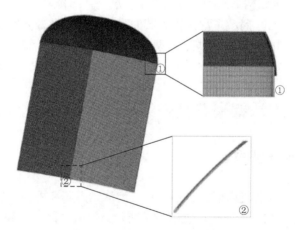

图 7.2　分离式内衬的组合形式

**表 7.1　钢筒内衬材料参数[2]**

| 材料 | 密度/(kg/m³) | 杨氏模量/GPa | 泊松比 | 屈服强度/MPa | 切线模量/GPa |
|------|-------------|-------------|--------|-------------|-------------|
| A3 | 7850 | 203 | 0.3 | 235 | 0.47 |

## 7.1.2　复合结构爆炸容器冲击过程模拟

数值模拟得到的多层复合结构爆炸容器圆筒外壳、钢筒内衬和泡沫铝夹层的运动及变形吸能过程如图 7.3 所示。由图可知，内衬在爆炸冲击波作用下向径向外运动，压缩复合结构圆筒内泡沫铝夹层，分离式内衬之间出现相对滑动，当 $t = 3000\mu s$ 时，泡沫铝夹芯层已被压实，且分离式内衬的相对滑移结束。

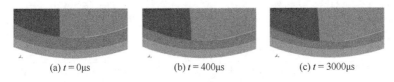

| (a) $t = 0\mu s$ | (b) $t = 400\mu s$ | (c) $t = 3000\mu s$ |

图 7.3　泡沫铝缓冲吸能轴向视图

图 7.4 所示的端盖内衬在爆炸冲击波作用下沿内端盖切边滑移，$t = 3000\mu s$ 时，相对滑移结束，两者没有脱离接触，该设计最大限度地满足了密闭性要求，避免了冲击波直接作用到泡沫铝上。分离式四片内衬设计使其与上下端盖内衬产生空间六向运动。

| (a) $t = 0\mu s$ | (b) $t = 600\mu s$ | (c) $t = 3000\mu s$ |

图 7.4　泡沫铝缓冲吸能侧向视图

## 7.2　抗爆能力影响因素数值分析

### 7.2.1　炸药量对容器吸能的影响

对单层结构（single-wall explosive containment vessel，SECV）和多层复合结构爆炸容器（composite explosive containment vessel，CECV）进行 0.5kg、0.8kg、1.0kg TNT 装药量下容器中心爆炸数值模拟。根据前述试验结果分析，圆筒中心和端盖中心为整个爆炸容器上最危险的两个点，因此首先对两个重要部位的变形情况进行仿真分析。仿真计算时泡沫铝夹芯层厚度为 30mm。

图 7.5 比较了单层与多层复合结构爆炸容器在 0.5kg TNT 炸药爆炸作用下，圆筒外壁中心和端盖中心的环向应变。由图可知，单层爆炸容器圆筒中心点环向最大应变峰值为 $1280\mu\varepsilon$，而相同药量条件下多层复合结构爆炸容器圆筒中心点的环向应变峰值仅为 $612\mu\varepsilon$，应变峰值有极大衰减；端盖中心点应变峰值差异更大，单层结构爆炸容器应变峰值为 $9130\mu\varepsilon$，已经出现明显的塑性变形，而多层复合结构爆炸容器应变峰值为 $2070\mu\varepsilon$，端盖变形仍在弹性范围内。

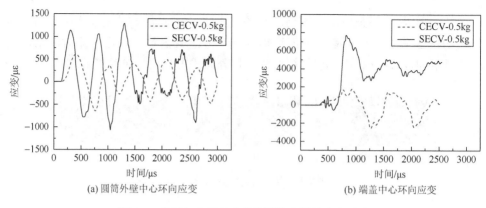

(a) 圆筒外壁中心环向应变　　　　　　(b) 端盖中心环向应变

图 7.5　单层与多层复合结构爆炸容器的应变对比

　　炸药容器内爆炸后释放出大量能量，压缩空气形成冲击波作用于容器内壁，还会以声、光、热等方式在壳体内扩散。图 7.6 为 0.5kg 炸药爆炸作用下，复合结构爆炸容器势能和动能变化仿真结果。由图 7.6（a）可知，泡沫铝夹层吸收的能量最多，圆柱部分夹芯（cylinder ALF）和椭球端盖夹芯（ellipsoid ALF）的势能分别为 5.88kJ、5.48kJ；钢筒内衬吸收能量较少，1/8 仿真模型的圆柱内衬（cylinder shell）及端盖内衬（ellipsoid shell）吸收能量分别为 0.83kJ、1.37kJ。由图 7.6（b）可知，钢筒内衬动能大于泡沫铝夹芯动能，椭球端盖内衬动能最大为 1.68kJ。但即使全部动能都被泡沫铝吸收，也远小于其势能，这是由于炸药爆炸后绝大部分能量转化为应力波压缩下泡沫铝塑性变形能。

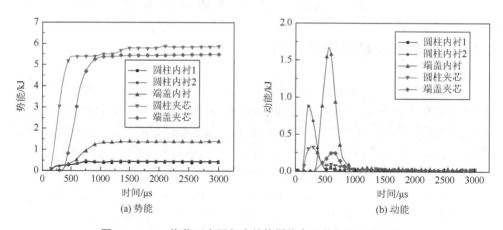

(a) 势能　　　　　　　　　　　(b) 动能

图 7.6　0.5kg 炸药下多层复合结构爆炸容器的能量分布规律

　　0.5kg 炸药爆炸作用下，单层和复合结构爆炸容器数值模拟结果表明，复合爆炸容器在减小外壁应变方面有很大优势，泡沫铝夹芯吸收爆炸能量效果显著。

图 7.7 为多层复合结构爆炸容器不同炸药量下的应变时程曲线。由图可知，随着炸药量增加，圆筒外壁中心环向应变由 612με 增大到 1259με，仍在壳体材料的弹性变形范围内；随着炸药量增加，端盖中心点环向应变由 2070με 增大到 3711με，局部出现塑性变形，是爆炸容器防护设计的重点部位。

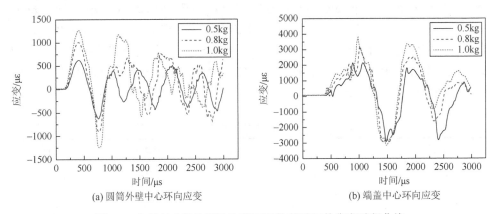

(a) 圆筒外壁中心环向应变　　　　　　　(b) 端盖中心环向应变

图 7.7　多层复合结构爆炸容器不同炸药量下的应变时程曲线

如图 7.8 所示，随着炸药量增加，复合结构爆炸容器各部分吸能明显增加。椭球端盖内泡沫铝夹层在 0.5kg 炸药爆炸作用下，芯层变形能为 5.48kJ，0.8kg 炸药量下势能为 7.50kJ，1.0kg 炸药量下势能为 9.00kJ；圆柱壳内泡沫铝芯层 0.5kg 炸药量下势能为 5.88kJ，0.8kg 炸药量下势能为 8.7kJ，1.0kg 炸药量下芯层势能为 11.5kJ。综上分析可知，泡沫铝夹芯层是爆炸容器的主要吸能结构。

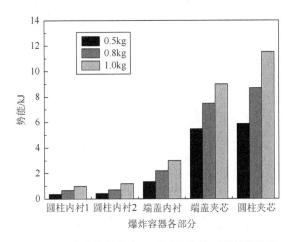

图 7.8　复合结构爆炸容器不同炸药量下吸能的比较

### 7.2.2 内衬形式对容器吸能的影响

为研究不同内衬形式对抗爆性能的影响，本节设计了 6 种不同工况，如表 7.2 所示，包括分离式（separated-inner-shell，SCECV）和整体式（integral-inner-shell，ICECV）两种内衬形式，分离式内衬可以周向滑移；整体式内衬则不能周向自由滑动，只能通过塑性变形来向泡沫铝夹芯传递能量。内衬材料仍选择 Al-2024-T3 铝合金、A3 钢、RHA 装甲钢，材料强度依次增强，加载药量均为 0.5kg TNT，泡沫铝夹芯层厚度为 30mm。

**表 7.2　多层复合结构爆炸容器 6 种不同配置方式**

| 配置编号 | 工况 | 内衬形式 | 内衬厚度 | 内衬材料 |
| --- | --- | --- | --- | --- |
| 1 | SCECV-T3 | 分离式 | 2mm | T3 |
| 2 | SCECV-A3 | 分离式 | 2mm | A3 |
| 3 | SCECV-RHA | 分离式 | 2mm | RHA |
| 4 | ICECV-T3 | 整体式 | 2mm | T3 |
| 5 | ICECV-A3 | 整体式 | 2mm | A3 |
| 6 | ICECV-RHA | 整体式 | 2mm | RHA |

图 7.9 表示 6 种配置形式下多层复合结构爆炸容器爆心环面应变情况。由图可知，当内衬为 T3 铝合金和 A3 钢时，分离式内衬和整体式内衬爆炸容器的应变首个波形几乎重合；当内衬为 RHA 装甲钢时，分离式内衬应变首峰值为 609με，整体式内衬应变首峰值为 500με。总体来看，分离式内衬与整体式内衬爆炸容器的外壳应变相差不大，差异主要在于泡沫铝夹芯层吸能大小。

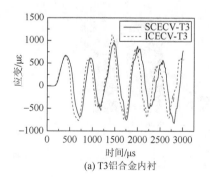
(a) T3铝合金内衬

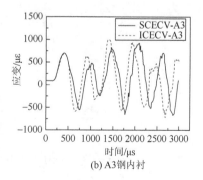
(b) A3钢内衬

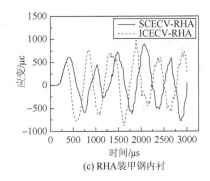

(c) RHA装甲钢内衬

图 7.9  不同配置形式下爆心环面应变曲线对比

把复合结构爆炸容器各部分势能大小作为吸能评价指标。图 7.10（a）中将 SCECV 结构内衬的三部分能量之和作为统计量。由图可知，ICECV 比 SCECV 的内衬吸收能更多，但泡沫铝夹芯吸能较小。当内衬为 T3 铝合金时，ICECV 与 SCECV 结构吸能总量分别为 18.56kJ、20.89kJ；当内衬为 A3 钢时，ICECV 和 SCECV 的内衬吸能总量分别为 10.49kJ、13.57kJ；当内衬为 RHA 钢时，ICECV 和 SCECV 的内衬吸能总量分别为 7.76kJ、11.16kJ。由此可见，分离式内衬结构

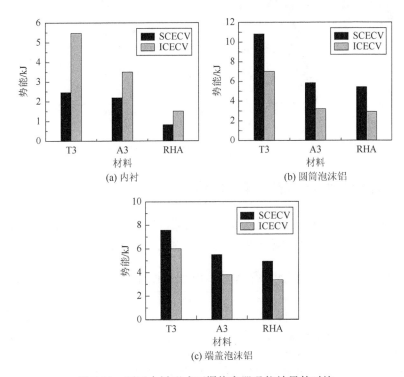

图 7.10  不同内衬形式下爆炸容器吸能效果的对比

总是比整体式吸收更多的能量。由图 7.10（b）和（c）可知，当内衬为 T3 铝合金时，对 SCECV 的圆筒和端盖泡沫铝吸能量分别为 10.87kJ、7.58kJ；当内衬为 A3 钢时，圆筒和端盖泡沫铝的能量分别为 5.88kJ、5.48kJ；当内衬为 RHA 钢时，圆筒和端盖泡沫铝的吸能量分别为 5.41kJ、4.94kJ。可见，选择较低强度的内衬材料有利于提高泡沫铝夹层的吸能性能。

图 7.11 给出了 6 种配置形式下，泡沫铝爆心环面上压缩量时程曲线。在约 500μs 时，泡沫铝被压缩到最大值，然后基本保持不变。泡沫铝最终压缩量可分为三个梯队，第一梯队是内衬为 T3 铝合金时，第二梯队是内衬为 A3 钢和 SCECV-RHA 工况，第三梯队是 ICECV-RHA 工况。对于 SCECV-T3 工况，泡沫铝压缩量为 14.3mm，压缩率达到 47.7%，而对于 ICECV-RHA 工况，泡沫铝压缩量为 2.98mm，压缩率仅为 9.9%，说明内衬形式对提高泡沫铝夹芯利用效率至关重要。

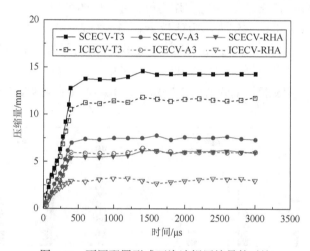

图 7.11　不同配置形式下泡沫铝压缩量的对比

### 7.2.3　泡沫铝厚度对容器吸能的影响

将数值模拟结果中应变峰值和泡沫铝压缩量进行统计，见表 7.3。其中，最大压缩量发生在两块柱壳内衬搭接的部位，平均压缩量是其他位置统计的平均值。

表 7.3　爆炸容器外壳应变数值模拟结果

| | 泡沫铝厚度/mm | 10 | 20 | 30 |
|---|---|---|---|---|
| TNT 当量：169.5g | 爆心环向应变/με | 482 | 467 | 362 |
| | 爆心轴向应变/με | 222 | 193 | 162 |
| | 端盖环向应变/με | 2010 | 1769 | 1690 |
| | 平均压缩量/mm | 0.95 | 1.10 | 2.00 |
| | 最大压缩量/mm | 4.30 | 4.70 | 4.90 |

续表

| | 泡沫铝厚度/mm | 10 | 20 | 30 |
|---|---|---|---|---|
| TNT 当量：339.0g | 爆心环向应变/με | 669 | 605 | 558 |
| | 爆心轴向应变/με | 339 | 367 | 232 |
| | 端盖环向应变/με | 4745 | 2337 | 1811 |
| | 平均压缩量/mm | 3.10 | 4.20 | 4.90 |
| | 最大压缩量/mm | 6.90 | 12.1 | 13.1 |
| TNT 当量：483.5g | 爆心环向应变/με | 1486 | 824 | 608 |
| | 爆心轴向应变/με | 637 | 427 | 434 |
| | 端盖环向应变/με | 6145 | 2546 | 2084 |
| | 平均压缩量/mm | 4.90 | 6.10 | 7.70 |
| | 最大压缩量/mm | 6.90 | 13.2 | 14.5 |
| TNT 当量：558.5g | 爆心环向应变/με | 1878 | 932 | 668 |
| | 爆心轴向应变/με | 676 | 553 | 501 |
| | 端盖环向应变/με | 6332 | 2754 | 2110 |
| | 平均压缩量/mm | 5.30 | 8.40 | 8.90 |
| | 最大压缩量/mm | 7.40 | 11.9 | 12.2 |

由表 7.3 可知，在相同药量爆炸作用下，泡沫铝厚度增加可显著减小爆炸容器外壳的应变峰值。当装药量为 169.5g 时，30mm 夹芯爆炸容器爆心环面环向应变为 362με，10mm 夹芯爆炸容器爆心环面环向应变为 482με；当装药量为 558.5g 时，30mm 夹芯爆炸容器爆心环面环向应变为 668με，10mm 夹芯爆炸容器爆心环面环向应变为 1878με，前者约是后者的 36%。因此，夹芯层压缩量随自身厚度增加而增大，这是因为夹芯层被压缩程度越大，其吸能效果越强。

## 7.2.4　芯层孔隙度对容器吸能的影响

为揭示芯层孔隙度对容器抗爆能力的影响规律，选择图 7.1（b）中爆心环面测点 $S_1$ 作为壳体变形程度的参考点。对不同孔隙度下 $S_1$ 处泡沫铝夹芯压缩量和壳体各向应变峰值进行统计，如表 7.4 所示。由表可知，随着芯层孔隙度的提高，$S_1$ 处泡沫铝压缩量逐渐增大，壳体径向和环向应变峰值呈逐渐减小的趋势，而轴向应变峰值相差不大。产生这种现象的原因是随着孔隙度提高，芯层压缩量逐渐增大，其吸收能量逐渐增多。因此，相同条件下，提高芯层孔隙度能增强多层夹芯复合爆炸容器的抗爆能力。

表 7.4　$S_1$ 处变形情况统计

| 孔隙度 | 压缩量/mm | $S_{1max}$-r/με | $S_{1max}$-h/με | $S_{1max}$-a/με |
|---|---|---|---|---|
| 90% | 10 | −420 | 814 | −743 |
| 85% | 6.5 | 463 | 1020 | −749 |
| 80% | 4.7 | −536 | 1095 | −761 |

注：r、h、a 分别代表壳体径向、环向和轴向，负号为压缩应变。

### 7.2.5　端盖短轴尺寸对容器吸能的影响

保持爆炸容器圆柱直径和椭球封头长轴不变，设计 5 种长短轴比椭球封头，对内部压力、结构变形和能量分布进行研究，得到爆炸作用下该类防爆罐应力应变和吸能响应规律，为设计提供参考。

#### 1. 爆炸容器有限元计算模型

防爆罐圆筒直径为 40cm，椭球端盖长轴与防爆罐直径相同，短轴分别取 $b = 20\text{cm}$、25cm、30cm、35cm 和 40cm，构建图 7.12 所示的爆炸容器仿真计算模型。在带有法兰端盖与筒身之间采用螺杆连接，网格划分如图 7.13 所示。采用 3kg 球形装药罐体中心爆炸，计算模型与已建防爆罐设计方案和参数一致。

 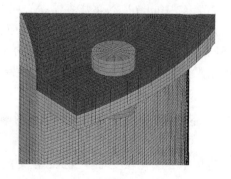

图 7.12　爆炸容器仿真计算模型示意图　　　图 7.13　螺杆与上下法兰连接的网格划分

#### 2. 爆炸容器内部压力载荷特性

椭球端盖压力汇聚作用随着短轴尺寸增加越来越明显。图 7.14 为端盖中心压力响应时程曲线，其压力载荷在第一个作用周期呈现明显的双峰特点，第一个压力峰值随着 $b$ 的增加而减小，第二个压力峰值随着 $b$ 的增加而增大，如图 7.15 所示，当 $b \geqslant 25cm$ 时，第二个压力峰值超过第一个压力峰值，当 $b = 40cm$ 时第二个压力峰值达到第一个压力峰值的 3.6 倍。图 7.16 显示了第一个压力峰值到达时间，随着 $b$ 值增加而明显延迟，但第二个压力峰值到达时间在 220～240μs，差别不大。

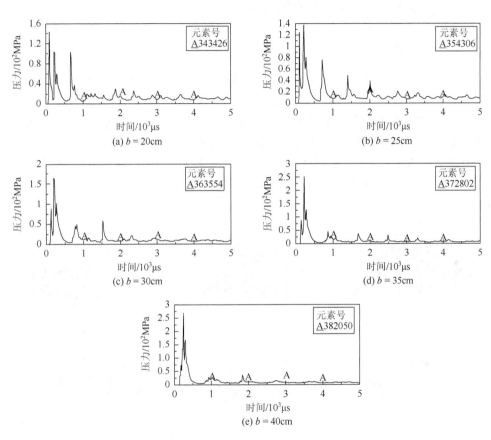

图 7.14　不同模型端盖中心压力响应时程曲线

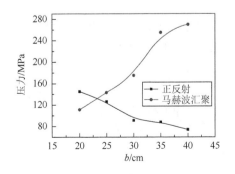

图 7.15　正反射和马赫波汇聚峰值超压对比

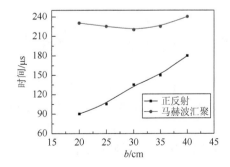

图 7.16　正反射和马赫波汇聚时间

第一个压力峰值由正反射产生，峰值随距爆心距离增加而降低，达到的时间随距爆心距离增加而延后；第二个压力峰值由端盖内表面马赫反射形成马赫波产生，马赫波沿着端盖内表面传播，在端盖中心汇聚碰撞产生第二个压力峰值，马赫波压力远大于直达冲击波超压峰值。

3. 端盖处马赫反射过程

马赫波产生于冲击波端盖斜反射作用过程，如图 7.17 所示。$T = 125\mu s$ 时，筒壁上沿发生不规则斜反射，反射波以较大入射角在端盖内壁发生马赫反射；$T = 165\mu s$ 时，马赫反射基本成形，但马赫杆还比较低；$T = 185\mu s$ 以后，马赫杆逐渐增高，越来越清晰，马赫波沿端盖内壁向中心移动；$T = 195\mu s$ 时，可清晰观察到入射波、反射波和马赫波的三波交汇现象；$T = 210\mu s$ 时，马赫波在端盖中心汇聚；$T = 225\mu s$ 时，马赫杆在端盖中心完成汇聚，端盖内壁中心压力达到峰值。

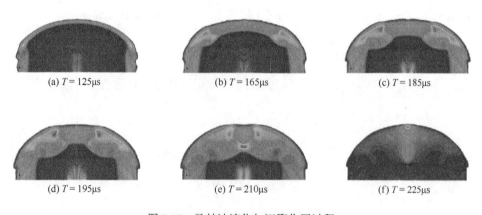

(a) $T = 125\mu s$　　　　　　(b) $T = 165\mu s$　　　　　　(c) $T = 185\mu s$

(d) $T = 195\mu s$　　　　　　(e) $T = 210\mu s$　　　　　　(f) $T = 225\mu s$

图 7.17　马赫波演化与汇聚作用过程

入射波阵面和反射波阵面作用是逐次沿高度发生的，所以马赫杆高度随传播距离增大而增加，如图 7.18 所示。入射波与反射波的交点不再位于端盖内壁面，而是位于离开端盖内壁的 $T$ 点，并沿路径 $AB$ 移动。图中，S、R 和 M 分别为入射波、反射波和马赫波，三波交汇点 $T$ 称为"三波点"[3]，$AB$ 是三波点的移动轨迹。实际上，$T$ 点附近的三波面都是曲面，在弯曲冲击波阵面后存在着连续波系。为简化分析，图 7.18 中波阵面用直线代替，马赫波垂直于端盖内壁面交点，因为只有这样流过马赫波的气流才不会改变运动方向。

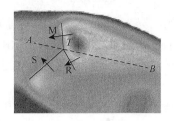

图 7.18　三波交汇现象

端盖短轴 $b$ 的变化对马赫波产生的位置和时机有显著影响。通过降低爆炸容器圆柱部分高度，避免了在圆柱部分产生马赫反射，但是圆柱部分规则斜反射冲击波在端盖部位仍然会产生入射角大于规则斜反射临界角 $\varphi$ 的马赫反射。如图 7.19 所示，$O$ 为爆心位置，S 和 R 分别为入射波和反射波，$A_1$、$A_2$、$A_3$ 分别为反射波与端盖内壁面的交汇点，由于反射波在端盖内壁面的入射角很大，所以一定会在 $A_1$、$A_2$、$A_3$ 处产生马赫反射，$A_1$、$A_2$、$A_3$ 即马赫反射产生的位置，且该位置随着 $b$ 的增大而逐渐靠近端盖中心。图 7.20 给出了不同模型的马赫反射情况。$b=20\text{cm}$ 时，马赫反射的开始时间是 135μs，位置靠近端盖下沿；$b=30\text{cm}$ 时，

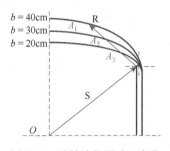

图 7.19　马赫波位置随 $b$ 变化

(a) $b=20\text{cm}$

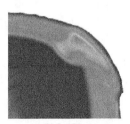

(b) $b=30\text{cm}$

(c) $b=40\text{cm}$

图 7.20　不同模型马赫反射开始位置

马赫反射的开始时间是 165μs；$b=40$cm 时，马赫反射的开始时间是 195μs，位置非常接近端盖中心，该结果验证了理论推断。另外，由图 7.19 可知不同模型从反射波到马赫波的传播轨迹虽然不同，但是传播距离相近，这就导致马赫波在端盖中心的汇聚时间基本相似。

第二个压力峰值是在马赫波追赶反射冲击波过程中叠加产生的，峰值随着 $b$ 增大而增大。一方面，端盖压力汇聚效应随 $b$ 值增大更加明显；另一方面，由于马赫波速度大于内壁反射波，端盖内壁反射波和马赫波汇聚时间随 $b$ 值增大而减小。结合图 7.14 可知，当 $b=20$cm 时，第一个压力峰值从 145MPa 衰减到 10MPa 时马赫波才赶到；当 $b=40$cm 时，反射波压力峰值从 74MPa 衰减到 50MPa 时马赫波就已到达；随着 $b$ 值增大，马赫波在端盖内壁追赶反射冲击波越快，反映叠加效应的第二个峰值增加越大。

### 4. 结构变形

图 7.21 为内衬柱壳测点位移时程曲线。由图可知，内衬柱壳测点位移随椭球端盖短轴 $b$ 的增大而减小，$b=20$cm 时最大位移为 4.36cm；$b=40$cm 时最大位移为 3.36cm。由图 7.22 可知，圆柱外筒测点位移约 0.03cm，不到内衬位移量的 1%，且基本不变。因此，内衬位移量可视作泡沫铝夹层的压缩量。外筒位移第一个峰值出现在泡沫铝压缩阶段，第二个峰值出现在泡沫铝压实后，5 种模型的第一个峰值差别不大，第二个峰值都明显高于第一个峰值，且位移峰值随 $b$ 增大而减小。

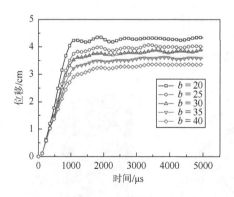

图 7.21　内筒柱壳部分位移时程曲线

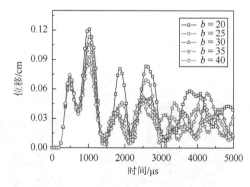

图 7.22　外筒圆柱部分位移时程曲线

由图 7.23 可知，端盖内衬位移受 $b$ 值影响很小，1000μs 后基本在 3.7cm 附近振荡；5 种模型泡沫铝夹层的压缩量差别不大。由图 7.24 可知，端盖外壳位移随着 $b$ 值增大而减小，当 $b>30$cm 时位移峰值逐渐趋同。

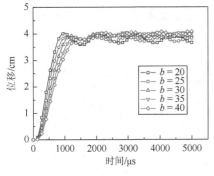
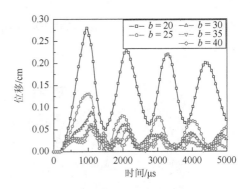

图 7.23　内筒端盖部分位移时程曲线　　　　　图 7.24　外筒端盖部分位移时程曲线

　　表 7.5 为爆炸罐典型位置塑性变形统计结果。其中，$A$ 为端盖外壳中心、$B$ 为圆柱外壳中心、$C$ 为螺杆连接部、$D$ 为端盖内衬中心、$E$ 为内衬柱壳中心、$F$ 为内衬柱壳重叠位置。较大塑性变形主要位于端盖内衬中心、内衬柱壳重叠处。端盖内衬中心塑性变形随 $b$ 值增大而减小，与端盖压力汇聚现象相反。当 $b=40\text{cm}$ 时，端盖内衬第二个压力峰值达 270MPa，但端盖内衬中心塑性变形最小；当 $b=20\text{cm}$ 时，端盖内衬第二个压力峰值仅 111MPa，但端盖内衬中心塑性变形却高达 8%。这说明 35CrMnSi 合金材料的塑性变形不由超压峰值决定，而是由端盖形状和结构决定。另外，马赫波虽然强度很大，在端盖中心汇聚且波阵面垂直于端盖内表面，但是由于不是正入射，其对结构影响要小很多。对于内衬柱壳重叠区域，由于边界效应、滑移摩擦和应力集中等综合作用，容易产生塑性变形。基于外筒不允许产生塑性变形的要求，$b$ 的取值应不小于 30cm。

**表 7.5　典型位置塑性变形量**

| 观测点 | | $A$ | $B$ | $C$ | $D$ | $E$ | $F$ |
|---|---|---|---|---|---|---|---|
| | $b=20\text{cm}$ | 3 | 0.2 | 0.09 | 8 | 0.34 | 3.8 |
| | $b=25\text{cm}$ | 0.8 | 0.04 | 0 | 3.6 | 0.34 | 3.2 |
| 塑性变形/% | $b=30\text{cm}$ | 0 | 0 | 0 | 2.2 | 0.25 | 4.1 |
| | $b=35\text{cm}$ | 0 | 0 | 0 | 2.9 | 0.37 | 3.6 |
| | $b=40\text{cm}$ | 0 | 0 | 0 | 1.9 | 0.38 | 3.3 |

## 7.3　圆柱形内衬爆炸容器抗爆特性试验

### 7.3.1　试验容器与试验方案

　　由于椭球端盖的内衬和泡沫铝夹层的加工成本太高，试验采用实体泡沫铝椭球代替设计的椭球夹芯壳，如图 7.25 所示，通过实爆试验考察爆炸罐圆柱壳动态响应。

图 7.25　钢筒内衬和泡沫铝夹芯材料

　　爆炸容器多层泡沫铝夹芯复合结构主要由上下实体椭球夹芯盖、圆柱筒夹芯层、钢筒内衬等组成。其中，实体椭球夹芯盖的长轴为 800mm、短轴为 400mm；圆柱筒夹芯层由 6 块相同尺寸的扇形柱壳泡沫铝组成，每块扇形柱壳的圆心角为120°，高度为 585mm，泡沫铝孔隙度在 84%～86%；钢筒内衬由 A3 钢卷制而成，钢筒厚度为 2mm，高度为 1170mm，为保证冲击作用下内衬周向可自由滑移，在圆筒内衬上沿轴向对称切割 4 条 0.5mm 预裂缝。

　　多层复合结构爆炸容器试验安装如图 7.26 所示。首先将下椭球夹芯盖安装到外筒底部，加盖一层 2mm 厚的钢质圆形垫板；接着将 6 块圆柱壳泡沫铝夹芯层塞进外筒；然后放入钢筒内衬、吊装药柱、依次加盖钢质圆形垫板、上椭球夹芯；最后吊装上椭球端盖，拧紧连接螺栓准备起爆。

图 7.26　多层复合结构爆炸容器试验安装

　　泡沫铝夹层复合结构爆炸容器抗爆试验系统如图 7.27 所示。设置 $S_1$～$S_4$、$S_{1-1}$ 及 $S_{4-1}$ 六个测点，测点 $S_1$ 和 $S_2$ 之间的高度差为 150mm，测点 $S_2$ 和 $S_3$ 之间的高度差为 300mm，测点 $S_1$ 和 $S_{1-1}$ 均为爆心环面测点，采用环向和轴向应变片；$S_4$ 和 $S_{4-1}$ 是靠近端盖中心的测点，采用三向直角应变片。选用 BE120-3BA-P100 和 BE120-3CA-P100 两种应变片，分别是两向应变片和三向应变片。TNT 装药吊装在爆炸容器中心，起爆线通过爆炸容器上预留孔引出。

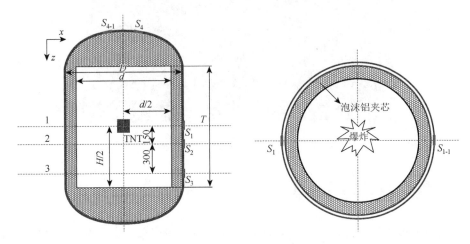

图 7.27　试验设置示意图

根据数值模拟结果，对 7 种多层泡沫铝夹芯复合爆炸罐进行抗爆试验，试验安排见表 7.6。其中，$\delta_{ALF}$ 为泡沫铝夹芯层厚度；$\rho_{ALF}$ 为泡沫铝密度；$D$ 为内筒直径；$m$ 为 TNT 药量，对编号为 CECV2-3、CECV3-1、CECV3-2 的三个爆炸容器进行重复爆炸试验，顺序分别以 $1^{st}$ 和 $2^{nd}$ 表示。图 7.28 分别为 10mm、20mm、30mm 厚的泡沫铝夹芯层试件，泡沫铝密度为 $0.381 \sim 0.423 \text{g/cm}^3$。

表 7.6　复合多层结构爆炸罐内爆试验安排

| | 序号 | 容器编号 | $\delta_{ALF}$/mm | $\rho_{ALF}$/(g/cm³) | $D$/mm | 内筒的形式 | $m$/g | 加载顺序 |
|---|---|---|---|---|---|---|---|---|
| 第一批试验 | 1 | CECV1-1 | 10 | 0.405 | 770 | 预裂缝 | 169.5 | $1^{st}$ |
| | 2 | CECV1-2 | 10 | 0.411 | 770 | 预裂缝 | 339.0 | $1^{st}$ |
| | 3 | CECV2-1 | 20 | 0.403 | 750 | 预裂缝 | 339.0 | $1^{st}$ |
| | 4 | CECV2-2 | 20 | 0.423 | 750 | 预裂缝 | 483.5 | $1^{st}$ |
| | 5 | CECV3-1 | 30 | 0.381 | 730 | 预裂缝 | 483.5 | $1^{st}$ |
| | 6 | CECV3-2 | 30 | 0.409 | 730 | 预裂缝 | 558.5 | $1^{st}$ |
| 第二批试验 | 7 | CECV2-3 | 20 | 0.411 | 750 | 无预裂缝 | 483.5 | $1^{st}$ |
| | 8 | CECV2-3 | 20 | 0.411 | 750 | 无预裂缝 | 558.5 | $2^{nd}$ |
| | 9 | CECV3-1 | 30 | 0.381 | 730 | 预裂缝 | 558.5 | $2^{nd}$ |
| | 10 | CECV3-2 | 30 | 0.409 | 730 | 预裂缝 | 483.5 | $2^{nd}$ |

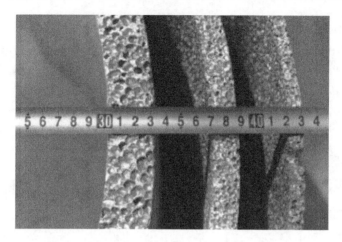

图 7.28　不同厚度泡沫铝夹芯层

## 7.3.2　爆炸试验过程及现象

试验过程显示，炸药爆炸后容器未出现气体泄漏现象，表明爆炸容器的密封良好；爆炸试验 5min 后打开容器泄压阀，待爆炸气体完全排出室外后打开椭球上盖；观察容器内残留少许白烟气体、内壁有结晶冷凝水。所见白烟气体为 TNT 负氧平衡炸药爆轰产物中残留罐体内 CO 和 C 气体。

取出爆炸后的钢筒内衬，观察其破坏情况，如图 7.29 所示。169.5g 炸药爆炸作用下，CECV1-1 爆炸容器的内衬被撑开为四部分、断口呈整齐的弧面、未见明显鼓包变形，预裂缝宽度由原来 0.5mm 增大到 14mm。

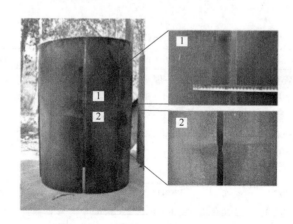

图 7.29　CECV1-1 内衬的破坏情况

在冲击波和爆炸产物作用下泡沫铝夹芯发生压缩变形，如图 7.30 所示。由图可见，透过预裂缝，泡沫铝夹芯层上有明显的灼烧痕迹；另外，受钢筒内衬挤压，泡沫铝夹芯层有两条明显压痕，区域 1 放大图中泡沫铝的胞壁出现轻微裂痕；区域 2 和 3 中泡沫铝剩余厚度分别为 9.54mm 和 8.68mm，整体夹芯层爆心环面平均压缩量为 0.89mm。

图 7.30　CECV1-1 泡沫铝夹芯

图 7.31 为 CECV1-2 爆炸容器 339g 炸药爆炸作用下的破坏情况，钢筒内衬被拉断为 4 个分离部分，在爆心环面上下约 200mm 范围内出现轻微褶皱现象；泡沫铝夹层左右两侧压痕宽度加大，受冲击波直接作用发生凹陷，部分胞壁被压碎。经测量，爆心环面受钢筒内衬挤压的泡沫铝夹层平均压缩量为 2.5mm，而预裂缝处受冲击波直接作用的泡沫铝压缩量约为 6.5mm。对第一批试验现象进行分析，初步总结如下。

（1）复合结构爆炸容器的泡沫铝夹芯层为 30mm 时，能够承受 558.5g 炸药作用而保持稳定，表明相比于单层爆炸容器，复合结构爆炸容器的抗爆能力得到极大提升。

图 7.31　CECV1-2 爆炸容器破坏现象

（2）在爆炸冲击波直接作用下，钢筒内衬上的预裂缝能被完全拉断，确保内衬径向自由移动，内衬在预裂缝周围会出现不同程度的褶皱。

（3）圆筒部分泡沫铝夹芯层的变形不均匀，轴向爆心环面变形最大、周向预裂缝处变形最大，泡沫铝胞壁受内衬挤压和爆炸冲击波直接作用产生断裂。

### 7.3.3 爆炸容器应变响应

外壳形变是爆炸容器安全性的重要观察指标。通过测量爆炸载荷作用下外壳应变，得到爆炸容器关键位置受力状态，运用强度理论可判断爆炸容器的安全性状态。对泡沫铝夹层厚度为 10mm、20mm 和 30mm 的爆炸容器分别进行爆炸试验。试验测点如图 7.27 所示，测得外壳应变时程曲线。下面仅对不同泡沫铝夹层厚度，169.5g、339.0g、483.5g 和 558.5g 装药容器中心爆炸条件下，测点 $S_1$、$S_2$ 的试验结果进行分析。

图 7.32～图 7.35 给出了复合结构爆炸容器测点的应变时程曲线。图 7.32 是 169.5g 药量、10mm 厚泡沫铝夹层爆炸容器的试验应变响应结果。与单层爆炸容器相比，泡沫铝夹层复合结构爆炸容器的应变特性呈不同特点：①应变作用时间明显减少，频率降低。从开始出现应变时刻起，经过 10ms 后，应变幅值基本小于应变峰值的 1/2。分析原因：冲击波经容器内衬作用域泡沫铝夹层后，压力峰值得到较大衰减，应力波频率得到下降，不会引起爆炸容器"节拍效应"；单层爆炸容器外壳由于"节拍效应"，爆炸罐壳体应变在 20ms 内不断振荡。②复合结构爆炸容器外壳应变以拉伸为主，原因是复合结构爆炸容器的载荷作用方式不同[4]。单层钢筒在内爆载荷作用下，先出现拉伸变形，后呈现拉压应变交替变化，而复合结构爆炸容器内的冲击波经内衬和泡沫铝夹层衰减后再作用于外壳，使外壳受到的冲击作用得到"缓和"，应变不会出现拉压交替变化的情况。③除端盖测点外，均不存在明显的应变增长现象，最大应变大多出现在第一个周期，然后迅速减弱。④由于端盖进行了特殊处理，顶盖测点应变存在较大波动，甚至出现强烈振荡。

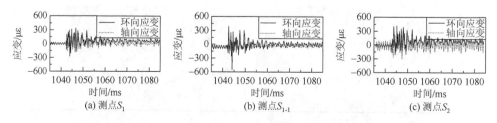

图 7.32　CECV1-1 爆炸容器在 169.5g TNT 作用下夹层厚度为 10mm 的应变时程曲线

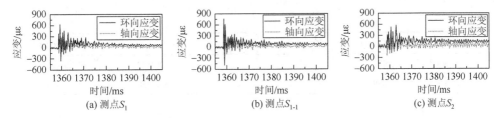

图 7.33　CECV2-1 爆炸容器在 339.0g TNT 作用下夹层厚度为 20mm 的应变时程曲线

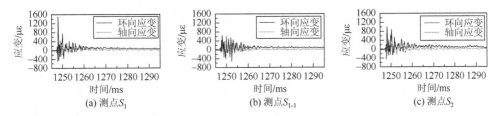

图 7.34　CECV3-1 爆炸容器在 483.5g TNT 作用下夹层厚度为 30mm 的应变时程曲线

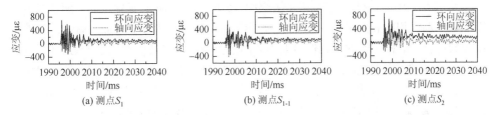

图 7.35　CECV3-1 爆炸容器在 558.5g TNT 作用下夹层厚度为 30mm 的应变时程曲线

表 7.7 和表 7.8 为不同工况下圆筒和端盖测点的环向及轴向应变峰值试验结果统计。根据试验结果，单层爆炸容器在 169.5g 药量作用下 $S_1$ 测点的环向应变平均值为 555με，CECV1-1 复合结构爆炸容器 $S_1$ 测点的环向应变平均值为 405.5με。可见，泡沫铝夹层能很好地衰减冲击波，降低容器外壳应变峰值，提高爆炸容器的安全性。对比 CECV1-1-169.5g 和 CECV3-1-558.5g 两种工况下的试验结果，测点 $S_2$ 的应变峰值高于测点 $S_1$，极可能是试验测试中噪声引起的，在其他工况下，测点 $S_1 \sim S_3$ 的应变呈现递减趋势。

表 7.7　不同工况下圆筒中心测点的应变峰值

| 容器编号 | 药量/g | 加载次序 | $S_1$/με | $S_{1-1}$/με | $S_1$ 平均值/με |
|---|---|---|---|---|---|
| CECV1-1 | 169.5 | 1st | 330/253 | 481/231 | 405.5/242.0 |
| CECV1-2 | 339.0 | 1st | 778/433 | 619/283 | 698.5/358.0 |
| CECV2-1 | 339.0 | 1st | 623/361 | 750/287 | 686.5/324.0 |
| CECV2-2 | 483.5 | 1st | 824/470 | 785/357 | 804.5/413.5 |

续表

| 容器编号 | 药量/g | 加载次序 | $S_1/\mu\varepsilon$ | $S_{1-1}/\mu\varepsilon$ | $S_1$ 平均值/$\mu\varepsilon$ |
|---|---|---|---|---|---|
| CECV3-1 | 483.5 | $1^{st}$ | —/454 | 609/379 | 609.0/416.5 |
| CECV3-2 | 558.5 | $1^{st}$ | 687/442 | 636/458 | 661.5/450.0 |

**表 7.8　不同工况下其他测点的应变峰值**

| 容器编号 | 药量/g | 加载次序 | $S_2/\mu\varepsilon$ | $S_3/\mu\varepsilon$ | $S_4/\mu\varepsilon$ | $S_{4-1}/\mu\varepsilon$ |
|---|---|---|---|---|---|---|
| CECV1-1 | 169.5 | $1^{st}$ | 418/249 | 685/598 | 487/295/495 | 567/386/596 |
| CECV1-2 | 339.0 | $1^{st}$ | 518/323 | 476/367 | 646/624/718 | 758/615/797 |
| CECV2-1 | 339.0 | $1^{st}$ | 539/294 | 506/382 | 458/311/435 | 618/462/683 |
| CECV2-2 | 483.5 | $1^{st}$ | 746/325 | 508/536 | 897/725/742 | 1093/796/948 |
| CECV3-1 | 483.5 | $1^{st}$ | 975/332 | 723/528 | 826/639/785 | 939/833/1016 |
| CECV3-2 | 558.5 | $1^{st}$ | 845/544 | 658/584 | 825/543/689 | 867/574/768 |

从表 7.7 还可看出，选择相同泡沫铝厚度时，测点 $S_1$ 的应变峰值会随药量增加而增大；选择相同装药量时，测点 $S_1$ 的应变峰值随泡沫铝厚度增加而减小；端盖夹层虽然选择实心椭球泡沫铝，但端盖中心附近测点应变峰值仍然大于爆心环面测点。

复合结构爆炸容器外壳应变频谱如图 7.36 所示，它与单层爆炸容器频谱相比存在显著不同，其谱线大多集中在 0～1000Hz，应变能量主要集中在低频，不存在明显共振峰，所以泡沫铝夹芯层能有效减小爆炸容器的应变增长效应。

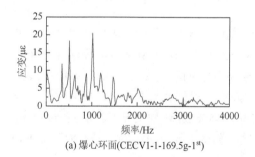
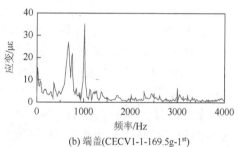

(a) 爆心环面(CECV1-1-169.5g-$1^{st}$)　　　　(b) 端盖(CECV1-1-169.5g-$1^{st}$)

图 7.36　复合结构爆炸容器外壳应变频谱图

对应变曲线进行微分得到应变率曲线，图 7.37 为 CECV1-1-169.5g 工况下第一次试验环向应变率时程曲线，最大应变率为 $5.0s^{-1}$。对其他工况爆心环面 $S_1$ 测点的环向应变率进行分析，结果见表 7.9。随着装药量增加，容器外壳应变率增大，随着泡沫铝厚度增加，外壳应变率减小。当装药量为 169.5～558.5g 时，外壳应变率数值在 $5.0～11.6s^{-1}$，与单层爆炸容器外壳应变率在同一个数量级。

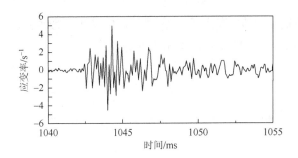

图 7.37　爆心环面的应变率时程曲线（CECV1-1-169.5g-1$^{st}$）

**表 7.9　爆心环面上环向应变率**

| 工况 | 最大应变率/s$^{-1}$ | 工况 | 最大应变率/s$^{-1}$ |
|---|---|---|---|
| CECV1-1-169.5g-1$^{st}$ | 5.0 | CECV1-2-339.0g-1$^{st}$ | 9.7 |
| CECV2-1-339.0g-1$^{st}$ | 5.2 | CECV2-2-483.5g-1$^{st}$ | 11.6 |
| CECV3-1-483.5g-1$^{st}$ | — | CECV3-2-558.5g-1$^{st}$ | 5.7 |

## 7.3.4　试验和数值模拟比较

　　选择合适工况对数值模拟结果进行试验验证。图 7.38 分别对比了两种工况下数值模拟和试验结果，可以看到应变时程曲线中前两个波形周期内吻合程度较好，后续波形存在相位差。因为多层复合结构爆炸容器的应变时程曲线中，首峰值就是应变最大值，不存在应变增长现象，故可将首峰值结果作为设计考察指标。

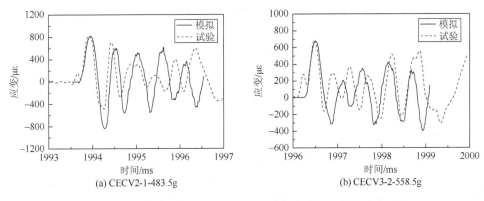

(a) CECV2-1-483.5g　　　　　　　　　　(b) CECV3-2-558.5g

图 7.38　爆心测点环向应变时程曲线的数值模拟和试验结果对比

　　将不同工况外壳应变峰值的试验结果与数值模拟结果进行比较，结果见

图 7.39。图中横轴是数值模拟结果，纵轴是试验结果，数据点基本都落在斜率为1 的直线附近，表明数值模拟与试验结果吻合较好。

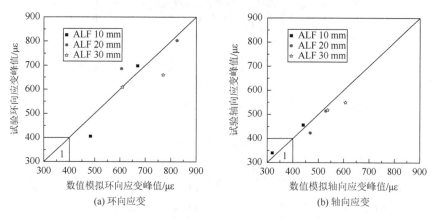

(a) 环向应变　　　　　　　　　　　　　(b) 轴向应变

图 7.39　应变峰值的数值模拟和试验结果对比

对于试验中只进行一次爆炸加载的工况，可以将试验后的泡沫铝夹芯取出，测量其压缩量。工况 CECV1-1-169.5g、CECV1-2-339.0g、CECV2-2-483.5g 爆心环面上泡沫铝平均压缩量试验值分别为 0.89mm、2.5mm、6.18mm，对应数值模拟结果分别为 0.95mm、3.1mm、6.1mm，数值模拟结果与实际试验结果较为接近。

### 7.3.5　爆炸容器内衬预裂缝影响

为研究整体内衬与分离式内衬对爆炸容器抗爆性能的影响，本节进行内衬有无预裂缝对复合结构爆炸容器吸能效应影响的研究。

爆炸容器 CECV2-3 在 483.5g 药量爆炸作用下，预裂缝脱开宽度为 10mm，爆心环面附近钢筒内衬向外轻微鼓起，再次在 558.5g TNT 爆炸加载后的状态如图 7.40 所示。钢筒内衬爆心环面周长从 2355mm 增大到 2532mm，产生明显"腰鼓"，圆筒上鼓包部分的高度大约为 360mm；与内筒接触的泡沫铝夹层内，爆心环面的平均压缩为 6.02mm，而在预裂缝开裂位置，泡沫铝最大压缩量达 11.70mm，几乎是前者的 2 倍。

内衬无预裂缝的爆炸容器 CECV2-3 受 483.5g 和 558.5g TNT 重复爆炸作用后，爆心环面处泡沫铝夹层平均压缩量只有 6.02mm，而内衬有预裂缝的爆炸容器 CECV2-2 在 483.5g TNT 单次爆炸作用下，爆心环面处泡沫铝夹层平均压缩量就达 6.18mm。结果表明，钢筒内衬设置预裂缝的方法可显著提高泡沫铝夹层的爆炸吸能效率。

图 7.40 CECV2-3 爆炸容器

图 7.41 是爆炸容器 CECV2-3 在 483.5g TNT 爆炸作用下，容器爆心环面上测点的应变时程曲线。结合表 7.10 可知，在 483.5g TNT 装药容器中内爆时，预裂缝使爆炸容器 CECV2-2 的外壳应变有所增大，爆心面上环向应变大约提高 17%。虽然爆炸罐内衬开设预裂缝使外壳应变峰值有所提高，但能显著提高泡沫铝夹芯层的吸能效率，使爆炸能量更多地转化成泡沫铝变形能，能有效减小爆炸容器内准静态压力、爆轰产物温度以及爆炸引起的地震波等其他危害效应。

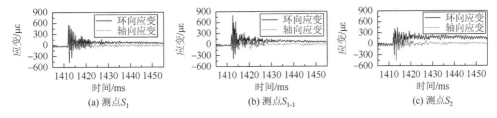

图 7.41 CECV2-3 爆炸容器在 483.5g TNT 作用下爆心环面测点应变时程曲线

**表 7.10 不同工况下圆筒外壳测点应变峰值**

| 容器编号 | 药量/g | 加载次序 | $S_1$/με | $S_{1-1}$/με | $S_1$ 平均值/με |
|---|---|---|---|---|---|
| CECV2-2 | 483.5 | $1^{st}$ | 824/470 | 785/357 | 804.5/413.5 |
| CECV2-3 | 483.5 | $1^{st}$ | 536/285 | 784/375 | 660.0/330.0 |

## 7.3.6 炸药爆炸加载顺序影响

图 7.42 和图 7.43 分别为爆炸容器 CECV3-1、CECV3-2 在受第二次爆炸加载时外壳爆心环面测点的应变响应测试结果。由图可知，容器 CECV3-1、CECV3-2 受第二次爆炸加载时，外壳测点应变曲线特征与首次加载相似。应变峰值衰减快、作用时间短、无应变增长现象，爆心环面上外壳应变峰值见表 7.11。

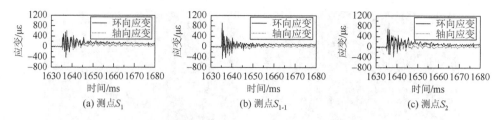

图 7.42　爆炸容器 CECV3-1 第二次 558.5g 装药作用下环面测点应变时程曲线

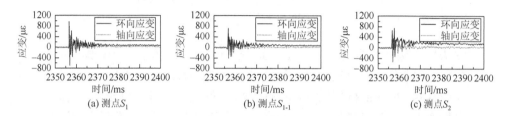

图 7.43　爆炸容器 CECV3-2 在第二次 483.5g 装药作用下环面测点应变时程曲线

表 7.11　不同重复加载顺序下圆筒外壳测点应变峰值

| 容器编号 | 药量/g | 加载次序 | $S_1$/με | $S_{1\text{-}1}$/με | $S_1$ 平均值/με |
|---|---|---|---|---|---|
| CECV3-1 | 483.5 | 1st | —/454 | 609/379 | 609/416.5 |
| CECV3-1 | 558.5 | 2nd | 605/448 | 925/372 | 765/410 |
| CECV3-2 | 558.5 | 1st | 687/442 | 636/458 | 661.5/450 |
| CECV3-2 | 483.5 | 2nd | 981/351 | 731/312 | 856/331.5 |

由表 7.11 可知，无论何种加载顺序，第二次爆炸加载时外壳应变峰值都大于首次爆炸外壳的应变峰值。原因在于，第二次加载是在上一次爆炸试验基础上进行的，泡沫铝已经变形，防护效果减弱。从第二次加载后 $S_1$ 的平均值看，爆炸容器按照 483.5～558.5g 的顺序加载，外壳应变峰值较小，与数值模拟结果一致。

## 7.4　内衬结构形式对抗爆特性的影响

### 7.4.1　内衬结构形式与试验方案

内衬主要由内筒和泡沫铝夹芯组成，如图 7.44 所示。在爆炸容器上下端盖、圆筒外壳不变的前提下，内筒和泡沫铝夹芯可以有不同的结构形式，大致分为圆柱形、曲面形和直筒形三种。圆柱形内衬结构简单，内筒为薄壁圆筒，泡沫铝夹芯由 6 块完全相同的扇形泡沫铝柱壳拼接而成，每块扇形柱壳的圆心角为 120°，高度为 585mm，且可沿厚度方向分为 2 层至多层；曲面形内衬结构加工及安装复杂，内筒由 4 块完全相同的圆弧曲面薄板拼接而成，泡沫铝夹芯由 4 块泡沫铝曲面板组成，泡沫铝曲面板高度为 1170mm，圆心角可调；直筒形内衬由 4 块矩形薄板拼接而成矩形筒，泡沫铝夹芯由 4 块泡沫铝平板拼接而成，泡沫铝平板高度为 1170mm。在 3 种结构形式的内衬中，泡沫铝夹芯均采用熔体发泡法制备，内筒材质均为 A3 钢，厚度为 2mm。

(a) 圆柱形内衬　　　　　　(b) 曲面形内衬　　　　　　(c) 直筒形内衬

图 7.44　不同结构形式的内衬

　　泡沫铝夹芯复合爆炸容器的应变测点布置、试验流程和设置方法与前述一致，试验方案和工况见表 7.12。表中，$\delta_{\text{ALF}}$ 为泡沫铝夹层厚度，$D$ 为圆柱内筒直径；$m$ 为 TNT 装药质量。其中，对编号 6-1、7-1、8-1 的试验工况分别进行重复加载防爆试验。

表 7.12　试验方案

| 试验编号 | $m$/g | 内衬结构形式 | 夹芯结构形式 | $\delta_{\text{ALF}}$/mm | 孔隙度/% | 加载顺序 | $D$/mm |
|---|---|---|---|---|---|---|---|
| 1 | 104.9 | 圆柱形 | 单层拼接圆柱壳 | 10 | 90 | 1st | 774 |
| 2 | 155 | 圆柱形 | 单层拼接圆柱壳 | 10 | 90 | 1st | 774 |
| 3 | 152.6 | 圆柱形 | 单层拼接圆柱壳 | 20 | 90 | 1st | 754 |
| 4 | 105.5 | 圆柱形 | 单层拼接圆柱壳 | 20 | 90 | 1st | 754 |
| 5 | 518.5 | 曲面 1 形 | 单层曲板 1 | 20 | 90 | 1st | — |
| 6-1 | 520 | 圆柱形 | 双层拼接圆柱壳 | 10/20 | 90/90 | 1st | 734 |
| 7-1 | 519.2 | 圆柱形 | 双层拼接圆柱壳 | 15/15 | 90/90 | 1st | 734 |
| 8-1 | 520 | 圆柱形 | 双层拼接圆柱壳 | 15/15 | 80/90 | 1st | 734 |
| 9 | 518.6 | 直筒形 | 单层平板 | 20 | 90 | 1st | — |
| 10 | 519 | 曲面 2 形 | 单层曲板 2 | 20 | 90 | 1st | — |

### 7.4.2　抗爆试验过程及现象

通过不同内衬结构圆柱形爆炸容器的抗爆试验可以发现，容器密封良好、无漏气现象。试验结束后，打开椭球端盖上泄气阀排出爆炸罐内有毒爆炸气体，约15min 后卸下法兰螺栓，打开上椭球盖。图 7.45（a）为 6-1 次试验后容器内部现象，其中圆柱形内衬已取出且整体完好。观察发现，对应内衬预裂缝位置处泡沫铝夹芯出现侵蚀、开裂破坏，在厚度方向泡沫铝夹芯无压缩变形。图 7.45（b）为6-2 次试验后容器内部状况，该试验是在 6-1 次试验的基础上重复加载试验。观察发现，圆柱形内衬在爆心环面上出现褶皱变形，4 条预裂缝出现部分撕裂和完全撕裂，测得二次加载后泡沫铝上端被压缩约 2mm。图 7.45（c）为 6-3 次试验在6-2 次试验的基础上进行第 3 次加载后圆柱形内衬的变形情况。观察发现，圆柱形内衬预裂缝大部分被撕裂，爆心环面处出现明显的鼓包现象；泡沫铝夹芯被压缩，主要以胞孔坍塌变形为主；测量发现，夹芯压缩不均匀，在预裂缝区域冲击波的直接作用下压缩量达 8mm 左右，最小压缩量仅 1mm 左右。

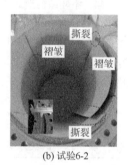

(a) 试验6-1　　　　　　　　(b) 试验6-2　　　　　　　　(c) 试验6-3

图 7.45　圆柱形内衬爆炸加载后的最终形态

图 7.46 为试验 5 中爆炸载荷作用后内衬的最终形态。在爆炸载荷作用下，曲面形内衬产生了关于爆心环面对称的径向鼓包及关于各自对称轴的横向卷曲。其中，曲面形内衬爆心环面附近卷曲程度大于两端，有明显鼓包现象，测得最大鼓包高度为 7.9cm。除卷曲外，组成内衬的 4 块曲面钢板都发生了关于爆心环面轴对称的横向撕裂，平均撕裂长度为 5.5cm，泡沫铝夹芯出现剥落、裂缝等破坏模式。实体椭球形泡沫铝夹芯发生明显坍塌，坍塌区主要位于 4 块钢质曲面板围成的封闭区域内；封闭区域中心处泡沫铝压缩最严重，压缩与非压缩区分界面明显，压缩区长 9.7cm、宽 9.1cm。

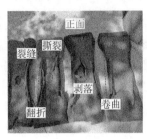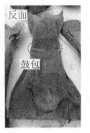

图 7.46　曲面形内衬爆炸加载后的最终形态

图 7.47 为试验 9 中直筒形内衬爆炸试验后的最终形态。由图可知，钢板内衬变形量大、形态复杂，表明直筒形内衬形变吸能充分；除直筒复杂变形外，泡沫铝夹芯出现压缩、剥落、裂缝等变形/破坏模式，其压缩程度和分布很不均匀；椭球形泡沫铝夹芯发生明显坍塌，测得椭球夹芯的平均压缩量为 11.2cm。

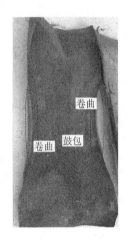

图 7.47　直筒形内衬爆炸加载后的最终形态

## 7.4.3　内衬结构对爆炸容器应变响应的影响

图 7.48 为圆柱形内衬泡沫铝夹层复合爆炸容器第 3 次加载试验测得的外壳应变时程曲线。图中，除 $S_5$、$S_6$ 测点外，其余测点的应变曲线无明显周期性，相同测点不同方向的应变响应规律基本一致，测点拉应变幅值总体大于压应变，表明容器以拉应力状态为主；约 5ms 后壳体应变响应就衰减到一个相对稳定的较低幅值，约 15ms 后应变衰减为噪声，应变响应结束；此后壳体应变并未归零，而是趋于某一均值，且相同测点不同方向应变趋近值不同，该现象与容器内准静态压力场有关。由图还可知，上端盖 $S_4$ 测点的应变幅值远高于其他测点，这是因为椭

球形泡沫铝夹层中央开有一个通过端盖极点、直径为 40mm 的泄压孔，爆炸载荷通过泄压孔对上椭球端盖极点附近区域有直接作用。由于泄压需要，真实圆柱形爆炸罐端盖上必须有泄压通孔，故 $S_4$ 测点的应变响应特征对端盖的安全性设计有参考意义，作为容器安全监测点很有必要。

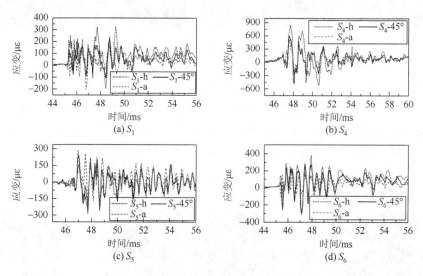

图 7.48　第 3 次试验测点的应变时程曲线

图 7.49 为相同装药条件下有无圆柱形内衬的容器壳体测点应变曲线对比，图中实线代表有内衬试验结果。表 7.13 为有无圆柱形内衬的容器壳体测点应变峰值统计结果，表中 $\varepsilon_s$、$\varepsilon_3$ 表示无内衬和添加内衬后的第 3 次试验结果。由图 7.49 及表 7.13 可知，带内衬的爆炸容器对壳体的应变响应有显著影响，测点的应变响应高频信号减少、应变峰值明显下降；带泡沫铝内衬后，圆柱壳上 $S_3$ 测点在 45°方向和轴向的应变峰值是所有测点应变峰值中最大的。这表明，添加内衬后的容器总体应变水平显著降低，但最大峰值应变响应部位从端盖极点移到圆柱形壳体上。因此，圆柱形内衬对爆炸容器的整体保护作用显著增强，但容器最大应变部位或危险点位置发生了改变，对指导爆炸容器安全性设计有参考价值。

表 7.13　有无圆柱形内衬容器测点的应变峰值统计

| 编号 | 测点位置 | | | | |
|---|---|---|---|---|---|
| | $S_1$（h/45°/a） | $S_2$（h/45°/a） | $S_3$（h/45°/a） | $S_6$（h/45°/a） | $S_7$（h/45°/a） |
| $\varepsilon_s$ | 436/267/292 | 405/252/284 | 584/355/264 | 453/244/244 | 504/298/282 |
| $\varepsilon_3$ | 327/223/215 | 338/224/157 | 381/392/289 | 371/272/187 | 367/304/173 |

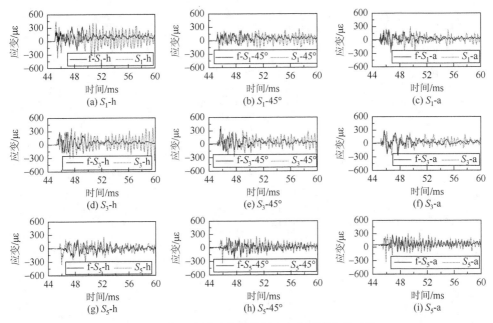

图 7.49　有无内衬时容器的测点应变时程曲线对比

　　分析带内衬复合结构爆炸容器的测点应变时程曲线,得到测点应变响应幅频特征图,如图 7.50 所示。对各测点应变响应主频进行统计,如表 7.14 所示。结合 5.3.2 节中无内衬爆炸容器的应变曲线分析可知,有无内衬的容器应变响应幅频特征明显不同,测点振动能量不再集中于某特定主频,而是分布在以特定频率为中心的多个频带上,同时带内衬的爆炸容器还激发了 535Hz、352Hz 两种新的振动模态;测点振动能量明显向中低频段转移,由无内衬容器的 2011Hz 高频变成 535Hz 中低频,单筒容器的高频振动模态被完全抑制。表 7.14 还显示,圆柱形壳体相同环面的不同位置测点 $S_1$ 和 $S_6$、$S_2$ 和 $S_7$,其能量分布最集中的前 3 阶模态组成相同,但模态幅值大小排序不同。这是因为测点 $S_6$、$S_7$ 位于加强管旁,其响应受加强管影响。另外,带内衬的容器响应频谱特征发生了变化,但激发模态频率组成与无内衬容器基本一致,且与模态频率的理论计算值吻合较好。这表明,容器壳体模态响应特性主要取决于自身结构。

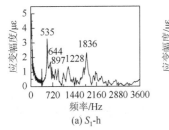

(a) $S_1$-h

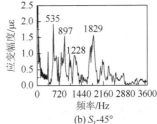

(b) $S_1$-45°

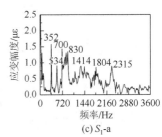

(c) $S_1$-a

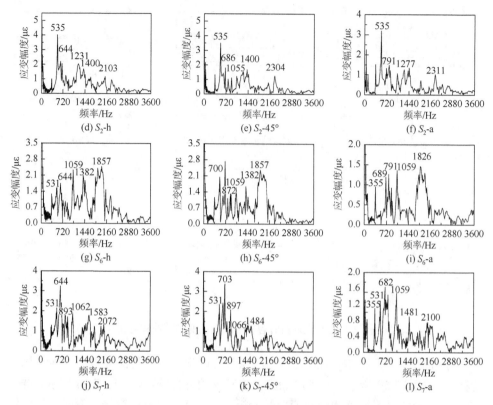

图 7.50 带内衬的容器第 3 次试验爆心环面测点应变响应幅频特征图

表 7.14 第 3 次试验中各测点振动主频

| 测点位置 | 1st/Hz | 2nd/Hz | 3rd/Hz | 4th/Hz | 5th/Hz |
|---|---|---|---|---|---|
| $S_1$（h/45°/a） | 535/535/352 | 1836/1829/700 | 644/897/830 | 1228/1228/534 | 897/355/1404 |
| $S_2$（h/45°/a） | 535/535/531 | 644/686/791 | 1231/1400/1227 | 1400/2304/2311 | 2103/1055/— |
| $S_3$（h/45°/a） | 535/535/535 | 876/352/883 | 1808/883/1403 | 1105/1766/352 | 1456/1105/1769 |
| $S_5$（h/45°/a） | 823/2297/2297 | 2300/883/3102 | 1252/2642/352 | 2642/1157/2642 | —/3102/— |
| $S_6$（h/45°/a） | 1857/700/1826 | 1059/1857/1059 | 1382/531/791 | 644/1382/689 | 531/1059/355 |
| $S_7$（h/45°/a） | 644/703/682 | 531/531/1059 | 1062/897/531 | 1583/1484/355 | 893/1066/1481 |

## 7.4.4 内衬结构形式对抗爆特性的影响

1. 曲面形内衬对爆炸容器应变响应的影响

图 7.51 为在圆心角 54°的曲面形内衬条件下，第 5 次试验容器壳体各测点的

应变时程曲线。由图可知，添加曲面形内衬后壳体应变特征有很大变化，与单层圆柱形爆炸容器的应变响应相比，爆炸容器圆柱面上测点 $S_1$ 和 $S_2$ 的初始环向应变和 45°方向应变均由拉伸应变转变为压缩应变，其余测点初始应变类型保持不变。这表明，曲面形内衬改变了圆柱壳部分位置的初始响应类型。

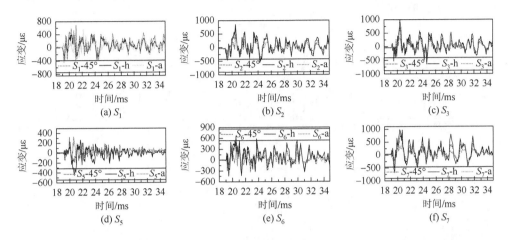

图 7.51　第 5 次试验所得各测点的应变时程曲线

　　图 7.52 为带曲面内衬结构复合爆炸容器（第 5 次试验）典型测点应变响应幅频特征图。由图可知，曲面形内衬复合爆炸容器的应变幅频特征与单层金属爆炸容器相似，振动能量集中在多个频率上，这些频率与单层爆炸容器的理论振动模态频率非常吻合；相同测点不同方向的响应具有一致的振动模态组成，不同测点具有相似的模态组成，只是各模态的相对幅值大小不同。与单层圆柱形爆炸容器响应不同的是，添加内衬后壳体有更多的低频模态被激发，如 356Hz 低频振动模态；振动能量主要分布在中低频段，振动能量并未因载荷显著增大而向高频振动模态集中。

　　对各测点的响应幅频特征进行分析可以发现，对于带曲面形内衬的复合多层圆柱形爆炸容器，其响应幅频特征与单层金属圆柱形爆炸容器非常相似，振动能量集中分布在多个频率上，且这些频率与单层圆柱形爆炸容器的理论振动模态频率非常吻合；相同测点不同方向的响应具有几乎完全一致的振动模态组成，不同测点也具有大体相同的模态组成，只是各模态之间的相对幅值大小关系不同。与单层金属圆柱形爆炸容器响应不同的是，添加内衬后，壳体有更多的低频模态被激发，如频率为 356Hz 的低频振动模态，振动能量主要分布在中低频段，同时振动能量并没有因载荷的显著增大而向高频振动模态集中。

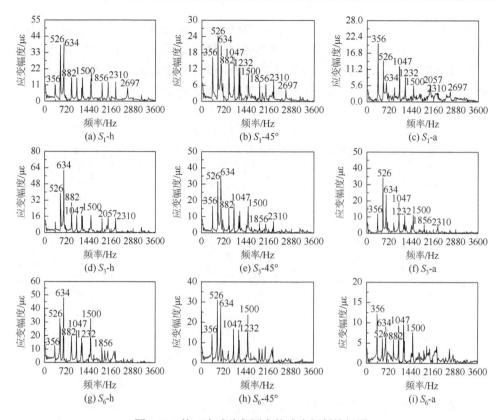

图 7.52　第 5 次试验各测点的响应幅频特征图

表 7.15 为第 5 次试验各测点的应变峰值统计。由表可知，带曲面形内衬后容器壳体的应变峰值分布发生很大变化，爆心环面 $S_1$ 测点的应变峰值远小于距爆源更远的 $S_2$ 和 $S_3$ 测点。如前所述，该现象产生的原因是爆心环面的内衬鼓包变形相较于两端更大，消耗了更多爆炸能量，使容器壳体爆心环面载荷比两端小。对整体容器而言，壳体最大变形在测点 $S_3$ 附近。由单层圆柱形爆炸容器内爆炸载荷分布及演化规律和曲面形内衬变形模式分析可知，$S_3$ 测点附近应变最大的原因是爆炸载荷在壳体圆柱与椭球端盖过渡处汇聚；同时，爆炸载荷作用下，在圆柱壳体与椭球端盖过渡处的容器内衬发生沿轴向向容器中心的卷曲，冲击波易于绕过内衬直接作用于容器内壁上。

表 7.15　第 5 次试验所得各测点的应变峰值

| 编号 | 测点位置 | | | | |
|---|---|---|---|---|---|
| | $S_1$（h/45°/a） | $S_2$（h/45°/a） | $S_3$（h/45°/a） | $S_6$（h/45°/a） | $S_7$（h/45°/a） |
| $\varepsilon_5/\mu\varepsilon$ | 663/402/506 | 852/742/470 | 979/704/352 | 658/556/334 | 955/796/443 |

#### 2. 直筒形内衬对爆炸容器应变响应的影响

图 7.53 为第 9 次试验，即带直筒形内衬时复合结构爆炸容器壳体各测点的应变时程曲线。由图可知，与单层爆炸容器相比，带直筒形内衬后壳体应变特征发生很大变化，除 $S_5$ 测点外其余测点的应变曲线都变得更加稀疏，圆柱壳上 $S_1$、$S_2$、$S_3$ 测点各向应变的初始值均为负。这表明，容器圆柱壳体上测点初始阶段均处于压缩变形状态，受加强管影响的圆柱壳体上的 $S_6$、$S_7$ 测点的初始应变状态却不同。

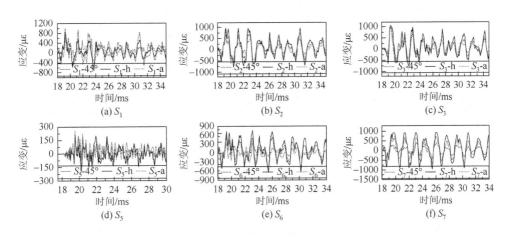

图 7.53　第 9 次试验容器壳体测点的应变时程曲线

图 7.54 为第 9 次试验各测点的应变响应幅频特征图。由图可知，带直筒形内衬的复合结构爆炸容器的应变幅频特征与单层爆炸容器非常相似，振动能量主要分布在多个特定频率上，特征频率试验结果与单层容器振动模态频率理论基本相等；与单层爆炸容器振动能量随装药量增加逐渐向高频振动模式集中的趋势不同，虽然装药量已提高到 520g 左右，但圆柱形复合结构爆炸容器仍以中低频振动为主，振动幅值最大的前三种模态频率分别为 631Hz、523Hz 和 351Hz，究其原因主要是经内衬衰减后作用于容器内壁的爆炸载荷幅值减小、上升沿变缓；与带曲面形内衬的复合结构爆炸容器相比，相同点是振动能量都集中分布在 631Hz、523Hz 的两种振动模态上，不同点是直筒形内衬爆炸容器所激发的振动模态类型较少，无高频振动模态激发，能量分布更集中。

表 7.16 为第 9 次试验容器壳体各测点的应变峰值统计。由表可知，爆心环面上 $S_1$ 测点的环向峰值应变最大，$S_3$ 测点的 45°方向和轴向峰值应变最大；综合考察测点各项应变，$S_3$ 测点的合应变峰值最大，为整个容器最危险位置；$S_6$、

$S_7$ 测点的峰值应变明显小于相同环面上 $S_1$、$S_2$ 测点，这是由加强管对测点应变响应的影响造成的。

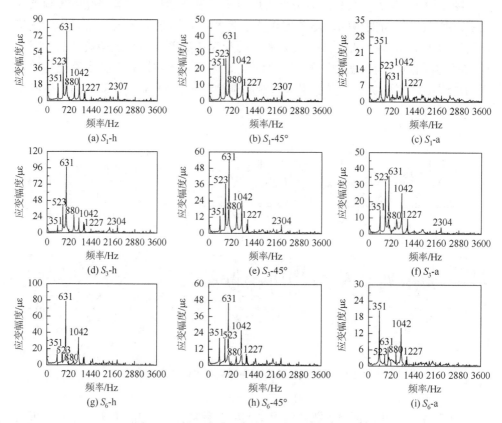

图 7.54　第 9 次试验各测点的响应幅频特征图

**表 7.16　第 9 次试验所得各测点的应变峰值**

| 编号 | 测点位置 | | | | |
|---|---|---|---|---|---|
| | $S_1$（h/45°/a） | $S_2$（h/45°/a） | $S_3$（h/45°/a） | $S_6$（h/45°/a） | $S_7$（h/45°/a） |
| $\varepsilon_9/\mu\varepsilon$ | 1031/850/707 | 978/928/660 | 988/993/960 | 772/554/329 | 958/771/418 |

**3. 双层夹芯圆柱形内衬对爆炸容器应变响应的影响**

表 7.17 为相同爆炸条件下，夹芯为 20mm/10mm 双层泡沫铝时各测点的应变峰值统计。对比表 7.15～表 7.17 可知，三种不同内衬结构形式中，曲面形内衬的抗爆效果较佳；试验 6-1 中泡沫铝夹芯厚度为 30mm，圆柱形内衬的抗爆效果比

直筒形内衬整体稍佳。由于圆柱形内衬的抗爆效果随泡沫铝夹芯厚度增加而增强，密度梯度夹芯分层有利于提高容器的抗爆能力，当夹芯厚度减小到 20mm 且为单层泡沫铝时，圆柱形内衬的抗爆效果应略逊于直筒形内衬。因此，不同的结构内衬按抗爆能力由高到低依次为曲面形内衬、直筒形内衬、圆柱形内衬，但前两种内衬的加工和装配难度较大，一般不采用。

**表 7.17　第 6-1 次试验所得各测点的应变峰值**

| 编号 | 测点位置 | | | | |
|---|---|---|---|---|---|
| | $S_1$（h/45°/a） | $S_2$（h/45°/a） | $S_3$（h/45°/a） | $S_6$（h/45°/a） | $S_7$（h/45°/a） |
| $\varepsilon_{6\text{-}1}$/$\mu\varepsilon$ | 932/518/615 | 754/501/498 | 930/635/473 | 849/532/399 | 851/373/233 |

### 7.4.5　内衬结构参数对容器抗爆特性的影响

#### 1. 圆柱形内衬夹芯厚度影响

图 7.55 为带圆筒内衬的爆炸容器第 2 次试验壳体各测点的应变时程曲线，泡沫铝夹芯厚度为 10mm，其他试验条件与第 3 次试验完全一致，图 7.56 为相应测点应变响应幅频特征图。由图可知，当夹芯层厚度减小到 10mm 时，除端盖上 $S_5$ 测点的三向应变响应同步性明显差外，圆筒上 $S_1$~$S_3$ 及加强管附近 $S_6$ 和 $S_7$ 测点的应变响应同步性较好，壳体应变响应特征与厚度夹芯为 20mm 时也相一致；在中高频范围应变响应仍表现出单层爆炸容器的理论模态频率为中心的频带分布特征，但低频端振动能量主要分布在 351Hz、523Hz、677Hz 的三个特定频率上，而非频带

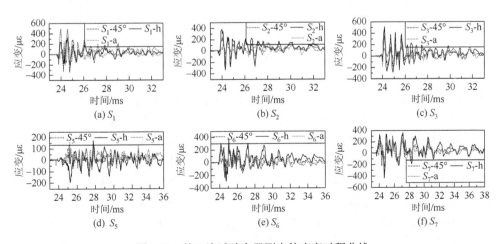

图 7.55　第 2 次试验容器测点的应变时程曲线

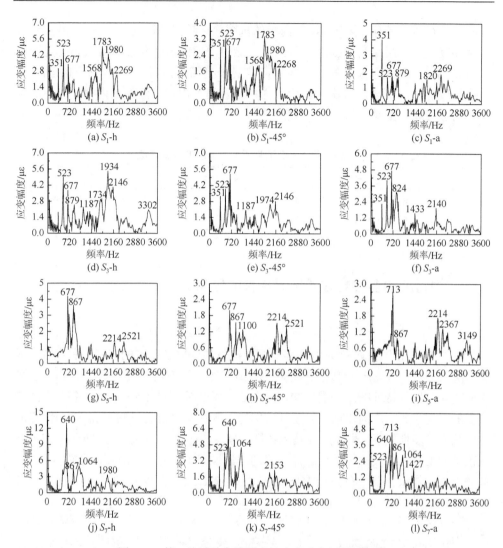

图 7.56　第 2 次试验容器测点的应变响应幅频特征图

分布特征；两种夹芯厚度条件下，受加强管影响的 $S_6$、$S_7$ 测点主要处于中低频振动状态。综上所述，增加内衬会对爆炸容器结构特征产生重大改变，内衬对容器的壳体高频振动具有抑制作用，这种抑制作用随内衬厚度增加而增强。

　　表 7.18 和表 7.19 分别为装药量 105g、155g 爆炸时，单层容器、泡沫铝夹芯厚度为 10mm 和 20mm 三种工况下，爆炸容器的壳体测点峰值应变统计。由表可知，两种装药量下带圆柱形内衬后，容器测点峰值应变都有明显下降，随泡沫铝夹芯厚度提高，峰值应变下降更多，表明内衬对容器吸能抗爆能力和保护作用有显著增强。

表 7.18 105g 装药下壳体测点的应变峰值

| 试验编号 | 测点位置 | | | | |
|---|---|---|---|---|---|
| | $S_1$（h/45°/a） | $S_2$（h/45°/a） | $S_3$（h/45°/a） | $S_6$（h/45°/a） | $S_7$（h/45°/a） |
| 单层容器/με | 294/198/215 | 289/227/225 | 396/265/238 | 350/217/156 | 329/267/206 |
| 1/με | 350/165/129 | 248/184/154 | 311/234/160 | 305/181/176 | 286/233/217 |
| 4/με | 221/191/152 | 174/152/186 | 247/153/119 | 212/162/115 | 190/229/167 |

表 7.19 155g 装药下壳体测点的应变峰值

| 编号 | 测点位置 | | | | |
|---|---|---|---|---|---|
| | $S_1$（h/45°/a） | $S_2$（h/45°/a） | $S_3$（h/45°/a） | $S_5$（h/45°/a） | $S_6$（h/45°/a） | $S_7$（h/45°/a） |
| $\varepsilon_6$/με | 436/267/292 | 405/252/284 | 584/355/264 | 260/254/307 | 453/244/244 | 504/298/282 |
| $\varepsilon_2$/με | 496/316/258 | 376/267/149 | 506/355/184 | 173/142/151 | 374/297/143 | 434/305/253 |
| $\varepsilon_3$/με | 327/223/215 | 338/224/157 | 381/392/289 | 196/212/251 | 371/272/187 | 367/304/173 |

### 2. 泡沫铝夹芯分层及芯层孔隙度影响

表 7.20 为相同试验条件下分层泡沫铝夹芯复合爆炸容器外壳典型测点的应变峰值统计。对比表中 $\varepsilon_{6\text{-}1}$、$\varepsilon_{7\text{-}1}$ 可知，泡沫铝夹芯为 15mm/15mm 分层方式时，测点的应变峰值明显小于 20mm/10mm 分层方式的应变值，表明夹芯分层相对均匀时内衬的整体抗爆能力较强；对比 $\varepsilon_{7\text{-}1}$、$\varepsilon_{8\text{-}1}$ 可知，泡沫铝夹芯为 15mm/15mm 分层方式时，靠近爆源的内层泡沫铝孔隙度减小到 80% 时，容器壳体测点的峰值应变有所提高，表明提高近爆源芯层的孔隙度时内衬的整体抗爆能力较强，与泡沫铝夹芯三明治结构的抗爆试验结果一致。

表 7.20 不同泡沫铝夹芯时测点的应变峰值

| 编号 | 测点位置 | | | | |
|---|---|---|---|---|---|
| | $S_1$（h/45°/a） | $S_2$（h/45°/a） | $S_3$（h/45°/a） | $S_6$（h/45°/a） | $S_7$（h/45°/a） |
| $\varepsilon_{6\text{-}1}$/με | 932/518/615 | 754/501/498 | 930/635/473 | 849/532/399 | 851/373/233 |
| $\varepsilon_{7\text{-}1}$/με | 618/320/365 | 374/320/374 | 410/325/342 | 722/422/247 | 833/338/255 |
| $\varepsilon_{8\text{-}1}$/με | 666/442/367 | 658/358/318 | 802/522/327 | 704/412/294 | 542/314/291 |

### 3. 曲面形内衬圆心角影响

图 7.57 为圆心角为 90° 的曲面 2 形内衬爆炸加载后的最终变形情况。由图可知，与圆心角为 54° 的曲面 1 形内衬不同，曲面 2 形内衬发生了整体式卷曲，在

爆心环面附近较小范围内发生明显鼓包现象，而泡沫铝夹芯厚度基本不变。因此，不同圆心角曲面形内衬的吸能机理有很大区别，曲面 2 形内衬主要通过内衬变形吸收能量，而泡沫铝夹芯的吸能潜能没有得到有效利用。表 7.21 为不同曲面形内衬条件下测点的应变峰值对比。由表可知，不同圆心角内衬下，除爆心环面 $S_1$ 测点的峰值应变基本相当外，其余测点在曲面 2 形内衬下的应变峰值稍小。可以认为，圆心角为 90° 的曲面 2 形内衬比曲面 1 形内衬对容器有更好的防护效果，产生这种现象的主要原因是曲面 2 形内衬整体卷曲变形消耗了更多能量。

图 7.57　曲面 2 形内衬的最终变形形态

**表 7.21　不同圆心角夹芯内衬条件下测点的应变峰值**

| 编号 | 测点位置 | | | | |
|---|---|---|---|---|---|
| | $S_1$（h/45°/a） | $S_2$（h/45°/a） | $S_3$（h/45°/a） | $S_6$（h/45°/a） | $S_7$（h/45°/a） |
| $\varepsilon_5/\mu\varepsilon$ | 436/267/292 | 405/252/284 | 584/355/264 | 453/244/244 | 504/298/282 |
| $\varepsilon_{10}/\mu\varepsilon$ | 496/316/258 | 376/267/149 | 506/355/184 | 374/297/143 | 434/305/253 |

## 7.5　重复加载条件下复合结构爆炸容器的抗爆特性

### 7.5.1　重复加载爆炸试验分析

试验研究发现，在装药单次爆炸作用下，多层复合圆柱形爆炸容器的泡沫铝夹芯压缩量往往很小，内衬对爆炸冲击的吸能特性未得到充分发挥，为最大限度地利用泡沫铝夹芯吸能作用，达到爆炸容器可重复使用目的，本节对复合吸能爆炸罐进行重复加载试验，泡沫铝夹芯内衬按由内向外三种结构进行试验，第一种为 20mm/10mm 两层，孔隙度 90%；第二种为 15mm/15mm 两层，孔隙度 80%；第三种为 15mm/15mm 两层，孔隙度 90%。每次试验只更换可分离内筒，保持双层泡沫铝夹芯不变。表 7.22 为三种不同内衬条件下重复加载时容器壳体应变峰值统计。由表可知，后两次加载试验测点的峰值应变总体小于第一次，第二次加载时测点的峰值应变最小。产生该现象的原因是：首次加载时由于圆柱形内筒、双层泡沫及容器内壁之间存在间隙，不利于泡沫铝夹芯压缩变形吸能，因泡沫铝夹芯吸能较少导致测点的峰值应变较大；而首次加载作用使复合结构夹层之间的间隙基本消失，再次加载使泡沫铝夹芯充分压缩变形吸能，导致外壳测点峰值应变最小；第三次加载时，由于经过两次压缩变形的泡沫铝夹芯剩余吸能能力下降，测点峰值应变比第二次有所增大，但小于首次加载。当容器内衬为孔隙度 90%的 15mm/15mm 双层泡沫铝夹芯结构时，首次加载时泡沫铝夹芯即发生较大压缩，使测点峰值应变较小；而再次加载使泡沫铝夹芯的剩余吸能能力下降，使测点峰值应变大于首次加载。试验结果表明，圆柱形吸能内衬多层复合爆炸容器在实际使用中，如果一次甚至多次加载后泡沫铝夹芯压缩量仍较小，再次加载时视情只需更换内钢筒而泡沫铝夹芯可重复利用，保证爆炸容器外壳安全。

**表 7.22 重复加载下各测点的应变峰值**

| 编号 | 测点位置 | | | | | |
|---|---|---|---|---|---|---|
| | $S_1$ (h/45°/a) | $S_2$ (h/45°/a) | $S_3$ (h/45°/a) | $S_5$ (h/45°/a) | $S_6$ (h/45°/a) | $S_7$ (h/45°/a) |
| $\varepsilon_{6\text{-}1}$/με | 932/518/615 | 754/501/498 | 930/635/473 | 440/459/620 | 849/532/399 | 851/373/233 |
| $\varepsilon_{6\text{-}2}$/με | 698/384/438 | 574/355/434 | 479/397/410 | 420/520/634 | 904/530/336 | 828/679/300 |
| $\varepsilon_{6\text{-}3}$/με | 830/411/701 | 645/389/329 | 504/431/396 | 257/293/274 | 933/519/374 | 805/372/323 |
| $\varepsilon_{7\text{-}1}$/με | 618/320/365 | 374/320/374 | 410/325/342 | 201/230/314 | 722/422/247 | 833/338/255 |
| $\varepsilon_{7\text{-}2}$/με | 734/405/537 | 524/375/351 | 334/419/448 | 357/235/240 | 667/449/356 | 552/438/297 |
| $\varepsilon_{8\text{-}1}$/με | 666/442/367 | 658/358/318 | 802/522/327 | 224/258/326 | 704/412/294 | 542/314/291 |
| $\varepsilon_{8\text{-}2}$/με | 368/255/335 | 246/288/326 | 489/398/379 | 381/297/291 | 522/419/324 | 532/355/373 |
| $\varepsilon_{8\text{-}3}$/με | 441/356/289 | 435/276/303 | 430/412/437 | 285/281/314 | 503/478/267 | 518/428/286 |

## 7.5.2 重复加载爆炸容器抗爆特性数值计算分析

### 1. 基于 Conwep 算法的重复加载法

多层复合爆炸容器的泡沫铝夹芯在未达到塑性压缩破坏前仍具有重复利用价值，下面利用数值模拟手段对爆炸容器多次爆炸加载安全性进行研究。利用数值模拟方法实现爆炸载荷对爆炸容器重复加载响应研究时，存在以下困难：①首次加载后，包括钢筒内衬、泡沫铝夹芯在内的材料可能已经发生塑性变形，无法确定当前状态下材料参数；②应变率效应明显的材料，也无法确定其应变率参数；③再次添加炸药方法复杂，不易操作。本书采用基于 Conwep 算法来实现爆炸载荷对容器的重复加载。

Conwep 算法是 Los Alamos 实验室为模拟核爆炸过程而提出的经验公式，有较高的计算精度，并已嵌入 LS-DYNA 软件爆炸加载*LOAD_BLAST_ENHENCED 等一系列命令中，该算法既可将爆炸载荷直接加载到拉格朗日网格，也可将爆炸载荷加载到空气 ALE 网格中，进行流固耦合计算[5, 6]。

空气中的爆炸冲击波由爆点向四周传播，冲击波阵面压力称为峰值入射压力。球形炸药空气中的爆炸冲击波压力时程曲线如图 7.58 所示。其中，$P_0$ 是大气压力，$P_1$ 是冲击波压力峰值，$t_a$ 是冲击波到达时间，$(t_+ - t_a)$ 是冲击波正压作用时间。

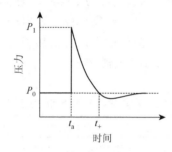

图 7.58　Conwep 算法中冲击波压力时程曲线

爆炸经验模型是以 Friedlander 方程为基础提出的：

$$P_{inc} = \Delta P_1 (1-\tau) e^{-\alpha\tau} \tag{7.1}$$

式中，峰值超压定义为

$$\Delta P_1 \equiv P_1 - P_0 \tag{7.2}$$

无量纲时间定义为

$$\tau = \frac{t - t_{b0} - t_a}{D_p} \tag{7.3}$$

式中，$t_{b0}$ 为指定的时间偏移，$D_p$ 定义为

$$D_p = t_+ - t_a \tag{7.4}$$

根据 Friedlander 方程，结合不同衰减常数 $\beta$，正反射超压与入射冲击波强度 $P_r$ 有以下关系：

$$P_{ref} = P_r (1-\tau) e^{-\beta\tau} \tag{7.5}$$

斜反射超压计算公式为

$$P_{eef} = P_{inc}(1 + \cos\theta - 2\cos^2\theta) + P_{ref}\cos^2\theta \tag{7.6}$$

爆炸冲击波的冲量计算公式为

$$I_{eef} = \int_{t_a}^{t_+} P_{eef} dt \tag{7.7}$$

*LOAD_BLAST_ENHENCED 命令定义了标准球形 TNT 空气爆炸产生的冲

击波，对于长径比为 1∶1 的圆柱形等集团装药，可以用 C-J 爆轰爆速来估算当量质量：

$$M_{TNT} = M \frac{D_{CJ}^2}{D_{CJ/TNT}^2} \qquad (7.8)$$

式中，$M_{TNT}$ 为 TNT 当量；$D_{CJ/TNT}$ 为标准 TNT 炸药的 CJ 爆轰波速度；$M$ 和 $D_{CJ}$ 分别为炸药质量和 CJ 爆速。通常标准 TNT 装药密度为 $1.57g/cm^{-3}$，$D_{CJ/TNT} = 6930m/s$。

采用前述相同的数值模型进行仿真，对称面及接触方法设置不变，去掉空气域，爆炸载荷采用*LOAD_BLAST_ENHENCED 命令直接加载到钢筒内壁面上。此方法可实现多次爆炸的间隔起爆，同时可以节约计算资源、减少计算时间。根据前述仿真结果，两次起爆时间间隔取 6ms，就可忽略前一次爆炸对后续爆炸载荷的影响。

### 2. 爆炸载荷加载顺序影响

对多层复合结构爆炸容器进行重复加载时，TNT 当量装药为 339.0g、483.5g、558.5g 三种药量，排列组合成 9 种数值模拟工况，如表 7.23 所示。两次爆炸载荷之间的时间间隔设置为 6ms。容器外壳爆心环面上环向应变和泡沫铝夹芯吸能量仿真结果见表 7.23。由表可知，首次加载时，爆心环面外壳应变和柱壳部分的泡沫铝吸能仿真结果完全一致；第二次加载时，随着药量增加外壳应变增大，泡沫铝第二次吸能增大；两次加载总药量相同，随着总药量增加外壳环向应变峰值和泡沫铝夹层吸能总量逐渐增大，第二次加载药量大于首次爆炸时泡沫铝综合吸能效率有所下降；重复加载爆炸装药均为 558.5g TNT 时，容器爆心环面外壳应变峰值仅为 933με，壳体仍处于弹性变形状态，表明复合结构爆炸容器重复加载安全。

**表 7.23　二次加载工况爆心环面壳体应变及吸能计算结果**

| 序号 | 第一次加载 | | | 第二次加载 | | |
|---|---|---|---|---|---|---|
| | 药量/g | 爆心应变/με | 柱壳吸能/kJ | 药量/g | 爆心应变/με | 柱壳吸能/kJ |
| 1 | | 535 | 2.59 | 339.0 | 543 | 5.40 |
| 2 | 339.0 | 533 | 2.59 | 483.5 | 581 | 7.97 |
| 3 | | 535 | 2.59 | 558.5 | 599 | 9.71 |
| 4 | | 589 | 5.12 | 339.0 | 631 | 7.59 |
| 5 | 483.5 | 588 | 5.12 | 483.5 | 668 | 9.92 |
| 6 | | 589 | 5.14 | 558.5 | 710 | 11.66 |
| 7 | | 660 | 6.71 | 339.0 | 668 | 9.28 |
| 8 | 558.5 | 661 | 6.73 | 483.5 | 832 | 11.26 |
| 9 | | 661 | 6.73 | 558.5 | 933 | 14.20 |

图 7.59 为表 7.23 中三组典型工况下，爆心环面壳体应变响应数值模拟结果。由图可知，不同装药重复爆炸加载时，反映加载不同阶段壳体测点应变两个阶段的规律完全不同，而不同药量的首次和第二次爆炸应变响应的两阶段的规律分别相同，表明泡沫铝初始应变状态对容器壳体应变响应和吸能机理有显著影响；在 $t=6000\mu s$ 附近，外壁的应变出现再次增长，表明爆炸容器在首次爆炸加载变形吸能基础上激发第二次抗爆过程。图中实线代表首次加载小药量、第二次加载大药量的工况，虚线代表反向加载工况，从曲线走势看，先加载小药量再加载大药量总是能获得较小的最终应变，这对多层复合结构爆炸容器重复使用具有指导意义。

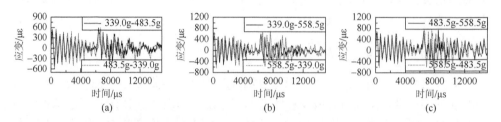

图 7.59　不同加载顺序下爆心环面的应变对比

图 7.60 为在不同加载顺序下泡沫铝夹芯吸能响应规律仿真结果。由图可知，第二次加载起始时间为 $6000\mu s$，计算总时长为 $15000\mu s$；两次加载作用后，泡沫铝夹芯压缩过程均在 $400\mu s$ 左右完成，吸能量达到最大值并保持不变；两次加载总药量相同时，首次加载小药量、第二次加载大药量的工况总能吸收更多能量，故在重复使用爆炸容器时，应当首先选择较小的药量。

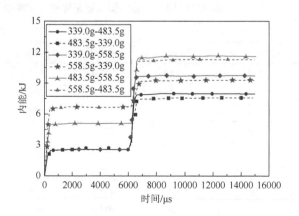

图 7.60　不同加载顺序下的泡沫铝吸能情况

## 7.6　蜂窝夹芯复合结构爆炸容器抗爆特性数值研究

### 7.6.1　铝蜂窝夹芯爆炸容器细观模型

本节设计了一种分离式、可滑动钢内衬-铝蜂窝夹层-钢外壳复合爆炸罐方案，端盖采用椭球实体铝蜂窝夹芯。在爆炸载荷作用下，可滑动分离内衬能最大限度地压缩铝蜂窝夹芯，使其充分吸收爆炸能，减小爆炸载荷对爆炸罐外壳的直接作用。该型复合爆炸容器在提高抗爆能力方面具有优良的应用前景[7, 8]。本节提出铝蜂窝夹芯三维模型生成算法，自动生成三维实体细观模型，通过数值模拟探究新型复合爆炸容器的抗爆能力。算法由三个步骤组成，首先通过阵列生成蜂窝状几何外形；其次建立结构有限元模型，将所提取的蜂窝几何外形设置胞壁厚；最后在结构有限元模型中进行网格映射，删除粗骨料，提取蜂窝泡沫铝网格，得到铝蜂窝夹芯三维有限元模型。

1. 几何模型生成

铝蜂窝夹芯由大量孔和细胞壁组成，孔边长为 5～6mm，厚度为 0.04～0.06mm。通过规则阵列矩阵生成二维蜂窝模型结构，如图 7.61 所示。其规则多孔结构不仅提供缓冲吸能特性，还可增大强度。随后将二维模型扩展到三维体域，根据爆炸罐试件生成柱体和端盖的内衬结构，如图 7.62 所示。复合爆炸罐具体尺寸参数见表 7.24。

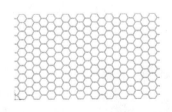

图 7.61　二维铝蜂窝夹芯微观模型

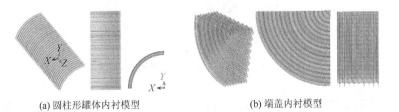

(a) 圆柱形罐体内衬模型　　　　　　　　　(b) 端盖内衬模型

图 7.62　三维铝蜂窝夹芯结构微观模型

表 7.24　复合爆炸罐具体尺寸参数

| 内径 | 筒体高度 | 蜂窝芯厚度 | 内衬钢板厚度 | 端盖蜂窝芯厚度 |
|------|---------|----------|------------|-------------|
| 800mm | 1170mm | 40mm | 10mm | 189.9mm |

## 2. 有限元网格生成

将粒子几何特征在立体中进行有限元网格映射，形成适应性网格，当元素所有节点全部或部分位于孔隙内时，材料性质设为孔隙，否则它就是铝蜂窝芯。根据孔在试样中的位置，确定网格材料性质。最后得到铝蜂窝夹芯有限元模型如图 7.63 所示。

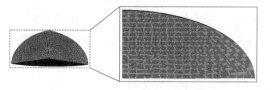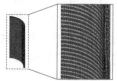

(a) 端盖蜂窝芯有限元模型　　　　　　　　(b) 柱体蜂窝芯有限元模型

图 7.63　三维有限元模型

## 3. 铝蜂窝夹芯爆炸容器模型

根据爆炸罐实体建立如图 7.64 所示的有限元模型。模型包括空气、圆柱壳体、法兰、铝蜂窝夹芯等部分，为准确分析泡沫铝三明治夹芯结构在强冲击载荷作用下的非线性行为，采用 LS-DYNA 中 PLASTIC KINEMATIC 材料模型对铝蜂窝芯进行数值模拟。

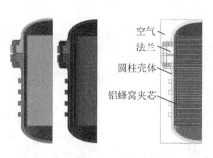

图 7.64　蜂窝芯爆炸罐模型

铝蜂窝芯基体为铝合金材料，其组成为 Al-Si（7%～9%）-Mg（0.5%～1%），计算参数：密度 $q = 2730\text{kg/m}^3$、杨氏模量 $E = 70\text{GPa}$、泊松比为 0.34、屈服应力

SIGY = 185MPa、切线模量 ETAN = 4.62 GPa[8]。在仿真分析中，采用侵蚀技术去除胞壁畸变严重的元素，模拟铝蜂窝芯胞壁破坏。当单元应力或应变满足失效条件时，程序自动移除元件。对不同侵蚀阈值进行大量计算，确定铝蜂窝夹芯侵蚀应变为 0.37[9]。

## 7.6.2　铝蜂窝夹芯爆炸容器的抗爆特性分析

### 1. 多层复合爆炸容器中冲击波运动分析

图 7.65 为 500g 装药爆炸容器内部压力云图。起爆后约 0.1ms 时刻爆炸冲击波到达爆炸罐筒壁，并与筒壁发生反射作用形成反射冲击波；约 0.14ms 时刻沿爆炸内壁发生不规则反射向两端传播；约 0.32ms 时刻发生马赫反射波和三波交叉现象。值得注意的是，爆炸罐筒壁反射波向容器中心和轴线汇聚，约 0.35ms 时刻反射冲击波在对称轴上碰撞生成二次生冲击波，二次生冲击波重复着对容器内壁反射和汇聚过程，直至演化为准静态压力场。

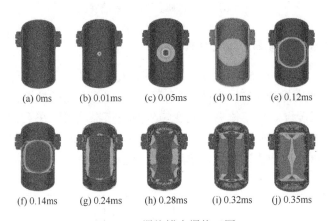

(a) 0ms　　(b) 0.01ms　　(c) 0.05ms　　(d) 0.1ms　　(e) 0.12ms

(f) 0.14ms　　(g) 0.24ms　　(h) 0.28ms　　(i) 0.32ms　　(j) 0.35ms

图 7.65　爆炸罐内爆炸云图

### 2. 多层复合爆炸容器的吸能机理

复合爆炸容器圆柱筒体、钢筒蜂窝芯内衬运动及变形吸能过程如图 7.66 所示。由图可知，$t = 1$ms 时，蜂窝芯层开始发生挤压变形，圆柱筒体内衬部分在爆炸冲击波作用下沿内端盖的切边滑移，并产生挤压压缩，到达 4ms 时，破坏程度加剧，蜂窝芯发生较大变形，爆炸罐内侧钢板发生弯曲，$t = 6$ms 时，相对滑移结束，没有脱离接触，使得冲击波无法直接作用到爆炸罐壁面上。这种分离式的内衬设计，可使内衬在空间内向"上下前后左右"六个方向运动，从而使得其抗爆消波作用显著。

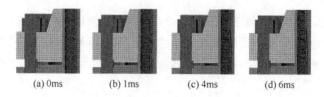

图 7.66　柱体蜂窝芯缓冲吸能视图

多层复合爆炸罐端盖部分内衬的变形吸能过程如图 7.67 所示。由图可知，端盖内衬在爆炸冲击波的作用下，压缩外围的蜂窝芯内衬沿筒体方向做轴向运动，并带动筒体部分的蜂窝芯内衬发生滑移运动，当 $t = 4\text{ms}$ 时，端盖处的内侧钢板变形严重，端盖蜂窝芯内衬的变形删除已经基本完毕，筒体部分的相对滑移结束。

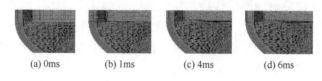

图 7.67　端盖蜂窝芯缓冲吸能视图

### 3. 多层复合爆炸容器的应变分析

本节对 150g、300g、500g、700g 及 1000g 五种装药情况下多层复合爆炸罐和 150g 炸药单层罐内爆炸（150-single）等工况下，爆炸容器的抗爆性能进行仿真计算，得到不同工况爆炸罐壳体测点应变响应数值模拟结果。在上述六种容器内爆炸工况下，爆炸罐外壳轴向上 $S_1 \sim S_4$ 及端盖上 $S_5$ 测点的环向及径向应变峰值结果对比，如图 7.68 所示。由图可知，单层罐测点应变峰值远大于蜂窝夹芯复合爆炸

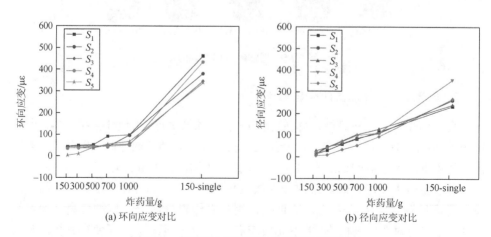

图 7.68　多层复合爆炸罐与单层罐的应变对比

罐的应变峰值，蜂窝芯层使复合结构爆炸容器的应变峰值显著衰减。对于复合结构爆炸容器，一方面通过爆炸冲击波在内衬的蜂窝胞孔中传播衰减冲击强度，同时冲击载荷使蜂窝夹层压缩变形吸收大量爆炸能，导致传递到容器外壁的冲击载荷显著降低，且不存在应变增长现象。复合爆炸容器外壳最大应变都出现在第一个周期，爆心环面上 $S_1$ 测点的环向应变平均值由 51.1με 降至 16με，然后迅速减弱。可见蜂窝芯层结构内衬对衰减冲击波、降低外壳应变峰值能起到很好的作用。多层复合爆炸容器测点的径向应变与单层罐相比也有显著衰减。

由于金属蜂窝夹芯内衬的加入，爆炸罐强度有所加强，因此在冲击载荷作用下其峰值位移和应变会有所降低。对于端盖 $S_5$ 测点，马赫波沿端盖内壁传播并最终在端盖极点汇聚，使得容器椭球端盖极点所受载荷在整个容器中最大。由于铝蜂窝夹芯在端盖处厚度加大，其 1000g 炸药量下的应变峰值远小于 150g 炸药单层罐内爆炸产生的壳体应变峰值。

## 参 考 文 献

[1] Liang M，Zhang G，Lu F，et al. Blast resistance and design of sandwich cylinder with graded foam cores based on the Voronoi algorithm[J]. Thin-Walled Structures，2017，112：98-106.

[2] Chang Q，Yang S，Yang L，et al. Blast resistance and multi-objective optimization of aluminum foam-cored sandwich panels[J]. Composite Structures，2013，105：45-57.

[3] Rodriguez E A，Romero C. Hydrodynamic modeling of detonations for structural design of containment vessels[C]. ASME（American Society of Mechanical Engineers）Pressure Vessels and Piping Conference American Society of Mechanical Engineers，Vancouver，2006.

[4] 崔云霄，胡永乐，王春明，等. 内部爆炸作用下多层钢筒的动态响应[J]. 爆炸与冲击，2015，35（6）：820-824.

[5] Wei L，Huang G，Yang B，et al. Dynamic response of spherical sandwich shells with metallic foam core under external air blast loading-Numerical simulation[J]. Composite Structures，2014，116：612-625.

[6] Slavik T P. A coupling of empirical explosive blast loads to ALE air domains in LS-DYNA[J]. IOP Conference Series Materials Science and Engineering，2010，10（1）：012146.

[7] Liu X R，Tian X G，Lu T J，et al. Sandwich plates with functionally graded metallic foam cores subjected to air blast loading[J]. International Journal of Mechanical Sciences，2014，84：61-72.

[8] Xiong J，Feng L，Ghosh R，et al. Fabrication and mechanical behavior of carbon fiber composite sandwich cylindrical shells with corrugated cores[J]. Composite Structures，2016，156（nov.）：307-319.

[9] Fang Q，Zhang J，Zhang Y，et al. Mesoscopic investigation of closed-cell aluminum foams on energy absorption capability under impact[J]. Composite Structures，2015，124：409-420.

# 第8章 复合结构圆柱形爆炸容器的轻量化设计与优化

## 8.1 复合结构圆柱形爆炸容器的轻量化设计

### 8.1.1 外壳设计原则

传统复合材料爆炸容器由内衬和复合材料外壳组成，本书研究的多层复合结构爆炸容器由分离式内钢筒、泡沫铝夹芯层和金属外壳体构成，泡沫铝夹芯层被形象地称为牺牲层。其特点在于：分离式内钢筒与泡沫铝夹芯层组成的内衬代替传统单层钢筒内衬；外壳是金属而非复合材料。该设计的组合内衬具有强大的变形吸能和冲击波衰减能力，极大地减轻了高强合金钢外壳抗爆性能设计压力，实现了大当量、轻量化和可重复使用爆炸罐的设计思想。因此，多层复合圆柱形爆炸容器金属外壳设计仍可参照单层金属爆炸容器设计方法进行。

常用的单层金属圆柱形爆炸容器主要有平板封头和椭球封头两种结构形式，封头形式和容器结构尺寸对容器内爆炸波结构及演化规律有重要影响。前述试验和仿真研究表明，椭球端盖圆柱形爆炸容器的封头顶点是整个容器壳体中承载最大的位置，外壳圆柱部分的长径比（$H/D$）及端盖长短轴比（$a/b$）对封头顶点的承载状况也有重要影响；随着 $H/D$ 增大，封头顶点所受载荷越来越大，当 $H/D$ 等于 1.5 时载荷达到峰值，长径比 $H/D$ 继续增大，载荷逐渐减小；随着椭球端盖长短轴比（$a/b$）增大，冲击波在封头顶点的汇聚效应越来越显著，其所受载荷峰值增大。因此，对于椭球封头圆柱形爆炸容器，外壳圆柱部分长径比不宜超过 1，封头长短轴比不宜小于 2。

### 8.1.2 复合结构内衬的设计原理

如图 8.1 所示，多层复合圆柱形爆炸容器的内衬设计原理是：在容器中心装药爆炸作用下，泡沫铝夹芯牺牲层通过结构大变形吸收爆炸能，合理选择泡沫铝夹芯层尺寸和性能参数，达到对容器外壳接触压力的理想控制，从而提高容器的抗爆能力，减轻质量。

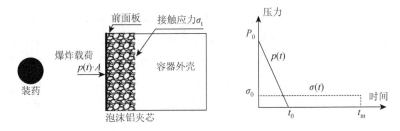

图 8.1　内衬设计原理示意图（$A$ 为横截面面积）

第 7 章的研究结果表明，在相同泡沫铝夹芯厚度条件下，曲面形内衬比圆柱形内衬对容器外壳有更好的防护效果，主要通过曲面钢内衬大变形吸收能量，而泡沫铝夹芯的吸能作用并没有充分发挥，且单次爆炸后泡沫铝夹芯破坏严重，无法重复利用；直筒形内衬的抗爆能力也比圆柱形内衬稍佳，但同样存在无法重复利用的缺陷。综合考虑到加工安装方便及吸能抗爆能力等因素，工程设计中仍推荐采用泡沫铝夹芯复合结构圆柱形爆炸容器结构形式。

研究表明，装药容器中心爆炸时，外壳爆心环面和封头顶点是受爆炸载荷及应变最大的两个危险位置。因此，设计时将爆心环面和封头顶点应力应变峰值作为容器设计依据。在实际设计和使用中，由于端盖的椭球形泡沫铝空心夹层制造困难、成本高，同时为安装方便，将封头部分的泡沫铝夹芯加工成椭球实体，在圆柱壳和椭球封头连接处用圆形薄板代替。前述大量试验结果表明，椭球端盖内衬用泡沫铝实体夹芯替代能满足复合结构圆柱形爆炸容器安全性的设计要求。

对于容器壳体圆柱部分的泡沫铝夹芯，装药容器中心爆炸时，爆心环面泡沫铝受爆炸冲击波正反射作用，在爆心环面上泡沫铝夹层单元受力及变形与第 6 章三明治夹芯结构爆炸冲击压缩类似。因此，从工程角度出发，将爆心环面泡沫铝夹层结构简化为一维三明治结构冲击压缩问题，建立泡沫铝夹芯内衬一维冲击压缩模型为圆柱形爆炸容器设计提供依据。

图 8.2 为泡沫铝圆柱夹层一维冲击压缩简化模型。图中，泡沫铝圆柱夹层的前面板代表钢内筒，质量 $M_1$ 和横截面面积 $A$ 受爆炸冲击波正入射作用。方便起

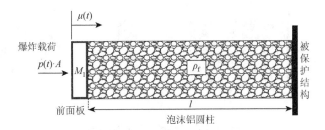

图 8.2　泡沫铝圆柱夹层一维冲击压缩简化模型

见，忽略实际爆炸载荷空间分布差异，即前面板受均布载荷作用；泡沫铝圆柱长为 $l$，质量为 $M_0 = \rho_f A l$，其中 $\rho_f$ 为泡沫铝夹层表观密度，相应固体基材即完全压实/致密化状态下的密度为 $\rho_d$；泡沫铝介质本构关系采用简化 R-P-P-L 模型，其平台应力为 $\sigma_0$，如图 8.3 所示。当泡沫铝圆柱的工程应变为 $\varepsilon_d$ 时，其被锁定成刚性固体。泡沫圆柱远端钢板代表爆炸容器外筒，称为被保护结构，假定为刚性体。

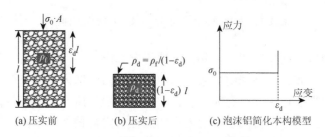

(a) 压实前　　　　　(b) 压实后　　　　　(c) 泡沫铝简化本构模型

图 8.3　泡沫铝材料的压缩特性

如图 8.4 所示，泡沫铝圆柱从加载端（近端）开始变形。假设 $t$ 时刻，前面板位移及泡沫铝圆柱变形为 $u(t)$，此时泡沫铝圆柱左侧长度为 $x$ 的部分已经完全锁定（致密化），并以与刚性前面板相同的速度移动。此时，致密区域右侧部分的泡沫铝圆柱尚未开始压缩，但由于材料具有无限的初始刚度，在 $t = 0$ 时刻从近端向

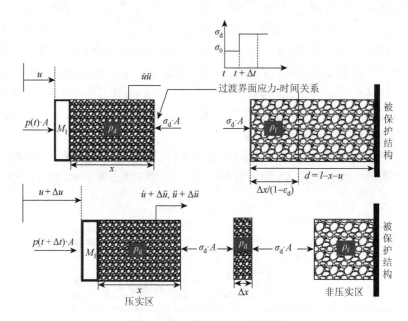

图 8.4　泡沫铝圆柱的压缩过程

远端传播的应力波已经将该部分泡沫铝圆柱中的应力水平提高到 $\sigma_0$。因此，根据作用力和反作用力的关系，被保护结构所受应力从 $t=0$ 开始即为 $\sigma_0$。随着变形过程的进行，更多泡沫材料从未压实区域转移到完全致密化区域，同时不断消耗能量，最终阻止冲击波的传播。因此，在变形第一阶段中，爆炸载荷加速前面板和压实区域中的泡沫材料，而在压缩后期，来自未压实泡沫铝圆柱的恒定阻力确保了运动部件的负加速并最终使其停止运动。

根据泡沫铝圆柱质量守恒，$t$ 时刻压实区域 $x$ 的范围与前面板位移 $u$ 之间的关系如下：

$$u = \frac{\varepsilon_{\mathrm{d}}}{1-\varepsilon_{\mathrm{d}}} x \tag{8.1}$$

在 $t$ 时刻，取位于压实区域正前方长度为 $\Delta x/(1-\varepsilon_{\mathrm{d}})$ 的非压实微元，此时微元两侧的应力水平都为 $\sigma_0$，假设在 $t+\Delta t$ 时刻，该微元被压缩且以与泡沫铝圆柱已压实部分相同的速度 $\dot{u}+\mathrm{d}\dot{u}$ 运动。为使该微元运动，在 $t$ 时刻微元左侧应力水平瞬间上升到 $\sigma_{\mathrm{d}}$，根据动量守恒定律，即在从 $t$ 到 $t+\Delta t$ 的时间间隔里，应力在微元两侧施加的冲量必须等于微元动量的变化，因此有

$$\rho_{\mathrm{d}} A \mathrm{d}x(\dot{u}+\mathrm{d}\dot{u}) = (\sigma_{\mathrm{d}}-\sigma_0) A \mathrm{d}t \tag{8.2}$$

假设二阶项 $\mathrm{d}x\mathrm{d}\dot{u}$ 可以忽略，等式两边同除以 $\mathrm{d}t$ 并取极限 $\mathrm{d}t \to 0$，则有

$$\sigma_{\mathrm{d}} = \sigma_0 + \frac{\rho_{\mathrm{f}}}{1-\varepsilon_{\mathrm{d}}} \dot{x}\dot{u} \tag{8.3}$$

其中，引入压实和未压实泡沫铝材料密度之间的关系，即

$$\rho_{\mathrm{d}} = \rho_{\mathrm{f}}/(1-\varepsilon_{\mathrm{d}}) \tag{8.4}$$

同样地，根据微元 $\mathrm{d}x$ 左侧刚体（前面板和泡沫圆柱已压实区域）的动量守恒有

$$\left(M_1 + \frac{\rho_{\mathrm{f}}A}{1-\varepsilon_{\mathrm{d}}} x\right)\ddot{u} + [\sigma_{\mathrm{d}}-p(t)]A = 0 \tag{8.5}$$

联立式（8.1）、式（8.3）和式（8.5）可得差分方程：

$$\left(1 + \frac{\rho_{\mathrm{f}}A}{M_1\varepsilon_{\mathrm{d}}} u\right)\ddot{u} + \frac{\rho_{\mathrm{f}}A}{M_1\varepsilon_{\mathrm{d}}} \dot{u}^2 + (\sigma_0-p(t))\frac{A}{M_1} = 0 \tag{8.6}$$

假设前面板和泡沫铝致密区的共同运动速度为 $v$，则有

$$\frac{\mathrm{d}v}{\mathrm{d}t} = \frac{\mathrm{d}v}{\mathrm{d}u}\frac{\mathrm{d}u}{\mathrm{d}t} = v\frac{\mathrm{d}v}{\mathrm{d}u} \tag{8.7}$$

由第 5 章分析可知，在容器中心爆炸作用下，前面板所受爆炸载荷包含多个脉冲作用。由于第一个脉冲比后续脉冲大得多，为分析方便忽略后续反射冲击波对容器内衬的作用。此时，前面板所受载荷为首脉冲反射冲击波压力，用 $p_{\mathrm{r}}(t)$ 表示。

将式（8.7）代入式（8.6），化简得到前面板及泡沫铝致密区的运动方程为

$$\frac{\mathrm{d}v}{\mathrm{d}t} = \frac{p_{\mathrm{r}}(t) - \sigma_0 - (\rho_0 / \varepsilon_{\mathrm{d}})v^2}{M_1 / A + \rho_0 u / \varepsilon_{\mathrm{d}}} \tag{8.8}$$

根据文献[1]，假设入射到前面板的冲击波压力为

$$p_{\mathrm{i}}(t) = p_0 \mathrm{e}^{-t/t_0} \tag{8.9}$$

式中，$p_0$ 为峰值压力；$t_0$ 为时间常数。

经过大约 $4t_0$ 后，冲击波压力衰减到峰值 2%左右，因此入射冲击波的均压 $p_{\mathrm{m}}$ 为

$$p_{\mathrm{m}} \approx \frac{t_0}{4} \int_0^\infty p_0 \mathrm{e}^{-t/t_0} \mathrm{d}t = \frac{p_0}{4} \tag{8.10}$$

定义恒定压力为 $p_{\mathrm{m}}$ 的冲击波从泡沫铝近端传播到远端的时间为 $t_{\mathrm{c}}$，则有

$$t_{\mathrm{c}} = \sqrt{\frac{\rho_0 l_0{}^2 \varepsilon_{\mathrm{d}}}{p_{\mathrm{m}} - \sigma_0}} \tag{8.11}$$

为方便式（8.8）的求解，引入无量纲时间：

$$\tau = \frac{t}{t_{\mathrm{c}}} \tag{8.12}$$

名义压力：

$$\overline{p}_{\mathrm{m}} = \frac{p_{\mathrm{m}}}{\sigma_0} \tag{8.13}$$

前面板无量纲位移：

$$\overline{u} = \frac{u}{l_0 \varepsilon_{\mathrm{d}}} \tag{8.14}$$

前面板无量纲速度：

$$\overline{v} = \frac{\mathrm{d}\overline{u}}{\mathrm{d}\tau} \tag{8.15}$$

则有无量纲峰值压力和无量纲入射冲击波压力分别为

$$\overline{p}_0 = \frac{p_0}{\sigma_0} \tag{8.16}$$

$$\overline{p}_{\mathrm{i}}(\tau) = \overline{p}_0 \mathrm{e}^{-(t_{\mathrm{c}}/t_0)\tau} \tag{8.17}$$

将式（8.12）～式（8.17）分别代入式（8.8），可得如下一阶常微分方程组：

$$\frac{\mathrm{d}\overline{v}}{\mathrm{d}\tau} = \frac{(\overline{p}_{\mathrm{r}}(\tau) - 1) / (\overline{p}_{\mathrm{m}} - 1) - \overline{v}^2}{M_1 / M_0 + \overline{u}}, \quad \overline{v} = \frac{\mathrm{d}\overline{u}}{\mathrm{d}\tau} \tag{8.18}$$

对于指数衰减爆炸载荷，方程（8.18）中的反射冲击波压力 $p_{\mathrm{r}}(t)$ 有三种计算模型。

（1）假定前面板为固支刚性板时，有刚体模型[1-3]：

$$\bar{p}_{r1}(\tau) = C_R \bar{p}_0 e^{-(t_c/t_0)\tau} \tag{8.19}$$

式中，

$$C_R = \frac{14 + 8(P_0/P_A)}{7 + (P_0/P_A)} \tag{8.20}$$

其中，$P_A$ 为大气压力。

（2）假定前面板为自由支承板时，有 KNR 模型：

$$\bar{p}_{r2}(\tau) = C_R \bar{p}_0 e^{-(t_c/t_R)\tau} \tag{8.21}$$

式中，$t_R$ 的求解可参考相关文献[4-8]。

（3）考虑爆炸载荷和前面板之间流固耦合作用时，有 ETT 模型：

$$\bar{p}_{r3}(\tau) = \left( C_R p_0 - \rho_{max} c_s \frac{du}{dt} \right) e^{-(t/t_0)} \tag{8.22}$$

式中，$\rho_{max}$、$c_s$ 分别为最大空气密度和修正声速[1]。

对于刚体模型和 KNR 模型，将反射冲击波压力公式代入方程组（8.18），然后联立此方程组可得二阶非线性差分方程。方程初始条件为 $\bar{u}=0$、$\bar{v}=0$，最后通过数值方法求出问题的解；不同的是，对于 ETT 模型，将反射冲击波压力公式代入方程组（8.18）后，还需进一步化解，最终的一阶微分方程组为

$$\frac{d\bar{v}}{d\tau} = \frac{(\bar{p}_{r1}(\tau)-1)/(\bar{p}_m-1) - \bar{v}^2 - K_{FSI}(\tau)}{M_1/M_0 + \bar{u}}, \quad \bar{v} = \frac{d\bar{u}}{d\tau} \tag{8.23}$$

式中，

$$K_{FSI}(\tau) = \left( \frac{\rho_{max} c_s t_c}{\rho_0 l_0} \right) e^{-(t_c/t_0)\tau} \tag{8.24}$$

由此得到内衬设计时泡沫铝夹芯参数的三种计算公式。

为说明前面板三种支承条件下，流固耦合作用对泡沫铝参数确定的影响，以及三种计算公式如何选取的问题，下面通过算例进行说明，同时通过对算例的研究，提出对泡沫铝夹芯内衬设计的建议。

算例中，假设前面板和泡沫夹芯的质量比为 $k$，入射冲击波峰值为 60MPa，时间常数 $t_0$ 为 0.0002s，泡沫铝圆柱长度为 1m，密度 $\rho_f$ 为 350kg/m³，平台屈服应力 $\sigma_0$ 为 5MPa，锁定应变为 0.67。应用 MATLAB 软件对不同 $k$ 值条件下泡沫铝最终名义应变进行计算，结果如图 8.5 所示。由图可知，当前面板视为固支刚性板

和自由支承板时，泡沫铝夹层压缩量不随前面板和泡沫铝夹芯质量比 $k$ 的改变而改变。由于算例中泡沫铝夹芯固定不变，因此刚体模型和 KNR 模型并不能反映前面板变化对内衬抗爆性能的影响，故实际工程设计中不推荐使用。

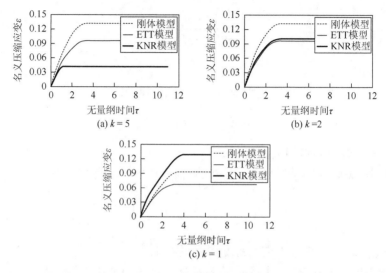

图8.5　不同 $k$ 值下泡沫铝的压缩量

　　由图 8.5 可知，考虑前面板和泡沫铝夹芯之间的流固耦合作用时，当泡沫铝夹芯固定，随 $k$ 值减小，即前面板质量减小时，泡沫铝夹芯的名义压缩应变逐渐增大。分析原因是：随着 $k$ 值减小，内衬获得更多的爆炸能量传入，即前面板选取对内衬抗爆能力有重要影响。泡沫铝夹芯质量与前面板质量降低是一对矛盾，两者不能兼得。提高前面板质量能获得更好的内衬抗爆能力，但牺牲了内衬轻质的优势；降低前面板质量还要保证相同抗爆效果，则需要更厚的泡沫铝夹芯。由于结构尺寸限制，泡沫铝夹芯厚度不能无限增大。同时，增大泡沫铝夹芯厚度也使内衬与爆源之间的距离缩短，使内衬所受载荷增大。因此，容器轻量化设计需对前面板和夹芯厚度做综合取舍，以获得最优的结构设计方案。计算结果表明，泡沫铝夹芯的名义压缩应变不会随着 $k$ 值减小一直增大，当 $k$ 值减小到一定程度时，名义压缩应变不再增大，而当前面板厚度减小到一定程度时，其对泡沫铝的保护作用减弱，泡沫铝夹芯在爆炸载荷作用下可能直接发生破碎等不同于压缩变形的其他破坏形式，吸能能力显著降低。

　　保持前面板不变，泡沫铝名义压缩应变随密度变化的曲线如图 8.6 所示。由图可知，随泡沫铝夹芯密度提高，其名义压缩应变逐渐减小，但减小量很少，可视为泡沫铝夹芯密度对抗爆能力影响微弱。实际工程设计中，泡沫铝材料强度随相对密度增大而提高，因此在容器轻量化设计时，应对泡沫铝密度和强度做综合取舍。

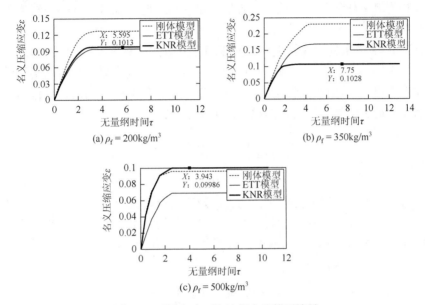

图 8.6　不同密度下泡沫铝夹芯的压缩量

保持前面板固定不变，泡沫铝名义压缩应变随平台屈服强度变化曲线如图 8.7 所示。由图可知，泡沫铝平台屈服强度对抗爆能力有明显影响。随泡沫铝平台屈

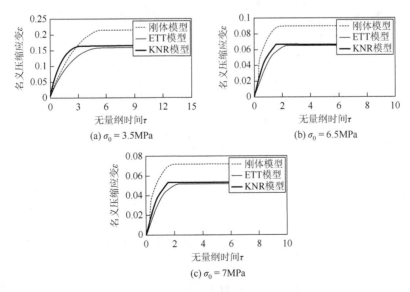

图 8.7　不同平台屈服强度下泡沫铝夹芯的压缩量（$k=2$）

服强度提高，名义压缩应变明显减小。由于泡沫铝材料的相对密度与强度呈正相关关系，为提高内衬抗爆能力而增大泡沫铝夹芯的强度，在一定程度上牺牲了泡沫铝夹芯的轻量化优势。因此，在容器轻量化设计时，需综合取舍泡沫铝夹芯的质量和强度。

上述 ETT 模型的泡沫铝夹芯名义压缩应变公式计算烦琐，需要求解复杂的二阶差分方程，不便于实际工程设计应用。为方便多层复合爆炸容器的工程设计，有必要建立更为简易的泡沫铝夹芯名义压缩应变计算公式。为此，将作用于前面板的爆炸载荷 $p_r(t)$ 简化为三角形载荷，定义如下：

$$p_r(t) = \begin{cases} p_0\left(1-\dfrac{t}{t_0}\right), & t \leqslant t_0 \\ 0, & t > t_0 \end{cases} \tag{8.25}$$

式中，$p_0$ 为反射冲击波初始峰值压力；$t_0$ 为三角形载荷的持续时间。通过对 $t_0$ 取值使得三角形载荷冲量和爆炸载荷冲量相等，如图 8.1 所示。将三角形载荷表达式（8.25）代入式（8.6），又因模型初始条件为 $u(0)=0$ 及 $\dot{u}(0)=0$，应用 Maple软件可得到问题的解析解：

$$\frac{u}{\varepsilon_d l} = 0, \quad t \leqslant 0 \text{ 或} \frac{p_0}{\sigma_0} \leqslant 1$$

$$\frac{u}{\varepsilon_d l} = -m + \sqrt{m^2 + 4\xi\left[\left(1-\frac{\sigma_0}{p_0}\right)\left(\frac{t}{t_0}\right)^2 - \frac{1}{3}\left(\frac{t}{t_0}\right)^3\right]}, \quad 0 \leqslant t \leqslant 2t_0\left(1-\frac{\sigma_0}{p_0}\right) \text{且} 1 < \frac{p_0}{\sigma_0} \leqslant 2$$

$$\frac{u}{\varepsilon_d l} = -m + \sqrt{m^2 + \frac{16}{3}\xi\left(1-\frac{\sigma_0}{p_0}\right)^3}, \quad t > 2t_0\left(1-\frac{\sigma_0}{p_0}\right) \text{且} 1 < \frac{p_0}{\sigma_0} \leqslant 2$$

$$\frac{u}{\varepsilon_d l} = -m + \sqrt{m^2 + 4\xi\left[\left(1-\frac{\sigma_0}{p_0}\right)\left(\frac{t}{t_0}\right)^2 - \frac{1}{3}\left(\frac{t}{t_0}\right)^3\right]}, \quad 0 \leqslant t \leqslant t_0 \text{且} \frac{p_0}{\sigma_0} > 2$$

$$\frac{u}{\varepsilon_d l} = -m + \sqrt{m^2 + 4\xi\left[-\frac{1}{3} + \frac{t}{t_0} - \frac{\sigma_0}{p_0}\left(\frac{t}{t_0}\right)^2\right]}, \quad t_0 \leqslant t \leqslant \frac{1}{2}\frac{p_0}{\sigma_0}t_0 \text{且} \frac{p_0}{\sigma_0} > 2$$

$$\frac{u}{\varepsilon_d l} = -m + \sqrt{m^2 + \xi\left(\frac{p_0}{\sigma_0} - \frac{4}{3}\right)}, \quad t > \frac{1}{2}\frac{p_0}{\sigma_0}t_0 \text{且} \frac{p_0}{\sigma_0} > 2$$

$$\tag{8.26}$$

式中，$m$ 和 $\xi$ 为无量纲数。其中，$m$ 为前面板和泡沫铝圆柱的质量之比，$\xi$ 为冲击因子：

$$m = \frac{M_1}{M_0} \tag{8.27}$$

$$\xi = \frac{I^2}{M_0 P_0 \varepsilon_d l} \tag{8.28}$$

式中，$I$ 为反射爆炸波作用于前面板的冲量，$I = p_0 t_0 A/2$；$P_0$ 为前面板受压峰值，$P_0 = p_0 A$。

分析上述求解结果，如果 $p_0 \leq \sigma_0$，则泡沫铝圆柱将不发生变形；如果 $p_0 > \sigma_0$，则泡沫铝圆柱变形且有最大压缩值；如果 $1 < p_0/\sigma_0 \leq 2$，则压缩在爆炸加载期间（$t < t_0$）停止；当 $p_0/\sigma_0 > 2$ 时，在爆炸加载结束后压缩将继续，在 $t_m$ 时刻取得最大值，$\dfrac{t_m}{t_0} = \dfrac{1}{2}\dfrac{p_0}{\sigma_0}$。

作用于被保护结构的总冲量为 $I = \sigma_0 A t_m = 1/2 \cdot p_0 A t_0$，即泡沫铝圆柱作用于被保护结构和爆炸作用于前面板的冲量相等，即动量守恒。由式（8.26）可知，泡沫铝圆柱的最大压缩变形由锁定应变 $\varepsilon_d$ 决定，且 $0 \leq u/(\varepsilon_d l) \leq l$。当 $1 < u/(\varepsilon_d l)$ 时泡沫铝圆柱将发生应力增强现象。当泡沫铝固定时，为避免发生应力增强，使被保护结构有较好的防护效果，由式（8.26）可得 $m$ 和 $\xi$ 有如下限定条件：

$$\begin{cases} 0 \leq \xi \leq \dfrac{3}{16}(1+2m)(1-\sigma_0/p_0)^{-3}, & 1 < p_0/\sigma_0 \leq 2 \\[2mm] 0 \leq \xi \leq (1+2m)(p_0/\sigma_0 - 4/3)^{-1}, & p_0/\sigma_0 > 2 \end{cases} \tag{8.29}$$

而当载荷固定时，由式（8.26）可得完全吸收爆炸荷载的最小泡沫铝杆长度 $l$ 为

$$\begin{cases} l_{\min} \geq \sqrt{\dfrac{M_1^2}{A^2 \rho_f^2} + \dfrac{4 p_0 t_0^2 (1 - \sigma_0/p_0)^3}{3\varepsilon_d \rho_f}} - \dfrac{M_1}{A\rho_f}, & 1 < p_0/\sigma_0 \leq 2 \\[4mm] l_{\min} \geq \sqrt{\dfrac{M_1^2}{A^2 \rho_f^2} + \dfrac{p_0 t_0^2 (p_0/\sigma_0 - 4/3)}{4\varepsilon_d \rho_f}} - \dfrac{M_1}{A\rho_f}, & p_0/\sigma_0 > 2 \end{cases} \tag{8.30}$$

## 8.1.3　设计准则及轻量化设计实现

### 1. 载荷的确定

容器壳体响应大致分为两个阶段，分别为载荷作用下壳体强迫振动和不受内衬影响的自由振动，此为第一阶段；以及受内衬作用的阻尼振动，称为第二阶段。壳体最大应变响应总是出现在第一阶段；阻尼振动受内衬影响很大，壳体应变幅值衰减很快。爆炸容器设计以壳体上爆心环面最大位移和最大应力为依据，因此重点对壳体第一响应阶段进行分析。

对于可重复使用的复合爆炸容器，应严格控制金属外壳始终保持弹性应变状态。因此，可不考虑应变率效应，爆炸容器设计可采用瞬态载荷作用下的弹性动

力模型。当然，经过泡沫铝内衬衰减后作用于复合爆炸容器金属外壳的爆炸载荷，与单层金属爆炸罐外壳所承受的直接爆炸载荷完全不同，因此传统内爆炸载荷确定方法不再适用。由图 8.1 可知，作用于容器金属外壳的理想载荷为

$$p(t) = \begin{cases} \sigma_0, & t \leq t_m \\ 0 & t > t_m \end{cases} \tag{8.31}$$

式中，$\sigma_0$ 为泡沫铝夹层材料平台屈服应力；$t_m$ 为泡沫铝夹芯的压缩时间。

### 2. 最大位移及最大应力确定

在壳体响应的第一阶段，忽略阻尼作用，其运动方程为

$$\frac{\mathrm{d}^2 w}{\mathrm{d} t^2} + \frac{\sigma_\theta}{\rho R} = \frac{p(t)}{\rho h} \tag{8.32}$$

式中，$w$ 为壳体径向位移；$\sigma_\theta$ 为壳体环向应力；$p(t)$ 为壳体所受外力；$\rho$、$R$、$h$ 分别为壳体密度、中面半径和厚度。假设壳体为圆柱形薄壳，处于平面应变状态，则有 $\sigma_z = \nu \sigma_\theta$。其中，$\sigma_z$ 为壳体轴向应力，$\nu$ 为壳体泊松比。由于 $\varepsilon_\theta = (\sigma_\theta - \sigma_z)/E = w/R$，则

$$\sigma_\theta = \frac{E}{1 - \nu^2} \frac{w}{R} \tag{8.33}$$

式中，$E$ 和 $\nu$ 分别为壳体材料的杨氏模量和泊松比。

将式（8.33）代入式（8.32）可得

$$\frac{\mathrm{d}^2 w}{\mathrm{d} t^2} + \frac{E}{\rho R^2 (1 - \nu^2)} w = \frac{p(t)}{\rho h} \tag{8.34}$$

由于爆心环面壳体受矩形载荷作用，大小为 $\sigma_0$。将 $\sigma_0$ 代入式（8.34），求解可得

$$w(t) = \begin{cases} \dfrac{\sigma_0}{\omega^2 \rho h} (1 - \cos \omega t), & 0 \leq t \leq t_m \\[2mm] \dfrac{\sigma_0}{\omega^2 \rho h} [\cos \omega (t - t_m)], & t > t_m \end{cases} \tag{8.35}$$

式中，$\omega$ 为壳体振动圆频率，$\omega^2 = \dfrac{E}{\rho R^2 (1 - \nu^2)}$。

为求外载荷作用阶段位移最大值，对式（8.35）中第一式求导，并令 $\mathrm{d}w(t)/\mathrm{d}t = 0$。可知，当 $t = \pi/\omega = T/2$ 时，$w$ 取得最大值，其中 $T$ 为壳体自振周期。当壳体爆心环面载荷持续时间 $t_m \geq T/2$ 时，由于外载荷作用阶段壳体位移在 $T/2$ 时刻取得最大值，而载荷加载结束后自由振动阶段壳体位移也不超过 $T/2$ 时刻。壳体响应过程最大位移为

$$w_{\max 1} = w\left(\frac{T}{2}\right) = \frac{2\sigma_0}{\omega^2 \rho h} \tag{8.36}$$

当 $t_m < T/2$，位移未达到 $w_{max1}$ 时载荷作用已结束，此时位移对时间的导数大于零。在惯性作用下位移还将继续增大，位移最大值将在自由振动阶段取得。为求自由振动最大位移，对式（8.35）中第二式求导，同样令 $dw(t)/dt = 0$，得出最大位移对应时刻为

$$t = \frac{\pi + \omega t_m}{2\omega} \tag{8.37}$$

将式（8.37）代入式（8.35）中第二式，得壳体最大位移为

$$w_{max2} = w\left(\frac{\pi + \omega t_1}{2\omega}\right) = \frac{2\sigma_0}{\omega^2 \rho h}\sin\frac{\omega t_m}{2} \tag{8.38}$$

当 $t_m \ll T$，载荷为一脉冲时，按冲量进行容器计算，壳体的运动方程简化为

$$\frac{d^2 w}{dt^2} + \frac{E}{\rho_0 R^2 (1-v^2)}w = 0 \tag{8.39}$$

令 $t = 0$ 时，$w = 0$ 且 $\dot{w} = I/m$。其中，$m$ 为单位面积壳体质量，$I$ 为相应面积上所受载荷冲量。求解方程（8.39）可得

$$w_{max3} = \frac{I}{m\omega} \tag{8.40}$$

根据圆柱壳的应力-应变关系，当 $t_m > T/2$ 时，外壳最大环向应力为

$$\sigma_{\theta max1} = \frac{E}{1-v^2}\frac{w_{max1}}{R} = \frac{2\sigma_0 R}{h} \tag{8.41}$$

当 $t_m < T/2$ 时，外壳最大环向应力为

$$\sigma_{\theta max2} = \frac{E}{1-v^2}\frac{w_{max2}}{R} = \frac{2\sigma_0 R}{h}\sin\frac{\omega t_m}{2} \tag{8.42}$$

当 $t_m \ll T$ 时，外壳最大环向应力为

$$\sigma_{\theta max3} = \frac{E}{1-v^2}\frac{w_{max3}}{R} = \frac{IE}{Rm\omega(1-v^2)} \tag{8.43}$$

### 3. 轻量化设计与实现

多层复合圆柱形爆炸容器外壳设计可参照单层爆炸罐常用动力系数法进行。动力系数法的基本设计思想是：①当容器静载作用下的径向位移与瞬态载荷作用下的最大径向位移相等时，认为容器可按照静载（等效静载荷）进行设计；②将圆柱壳或球壳瞬态响应问题简化成单自由度无阻尼强迫振动问题，根据得到的位移响应确定动力系数。动力系数记为 $C_d$，其计算公式[9]为

$$C_d = \frac{w_{max}E}{\sigma_s \rho R^2 (1-v^2)} \tag{8.44}$$

式中，$\sigma_s$ 为容器外壳静态屈服应力。给定安全系数为 $S$，则外壳许用应力为

$$[\sigma] = \frac{\sigma_s}{S} \tag{8.45}$$

采用最大拉应力准则,将容器外壳最大主应力限制在许用应力范围内,则有

$$\sigma_{\theta\max i} \leqslant [\sigma], \quad i = 1, 2, 3 \tag{8.46}$$

需要指出,在透过泡沫铝夹层作用于容器外壳的矩形窄载荷作用下,由于应变率效应,外壳动态屈服强度将有所增加而大于 $\sigma_s$。因此,实际载荷作用下容器的安全系数要高于 $S$。同时,在单层金属或复合结构爆炸容器的弹性响应阶段,当由于载荷分布不均匀或结构扰动等,引起壳体径向呼吸振动动力失稳而产生弯曲振动模态时,容器应力将会增大。尤其当容器完全处于弯曲振动状态时,容器中产生的弯曲应力高达薄膜应力的 2.5 倍[10]。但相关研究发现,含有金属内衬的复合材料却不会出现这一现象。本书提出的复合爆炸容器含有金属内筒与泡沫铝夹芯组成的内衬,其对容器外壳从呼吸振动向弯曲振动模态的转变有很大的阻尼作用,一定程度上消除了容器外壳从径向呼吸模态向弯曲振动模态转变的风险,有利于提高容器的承载能力和轻量化。

至此,可以根据式(8.44)计算出等效静载 $P_e$,利用传统金属爆炸容器设计计算公式求得容器外壳结构参数,或直接运用式(8.46)对容器外壳结构参数进行计算。结合前面内容,提出图 8.8 所示的多层复合圆柱形爆炸容器参数轻量化设计流程,可结合传统单层金属爆炸容器设计规范对复合结构爆炸容器展开设计。

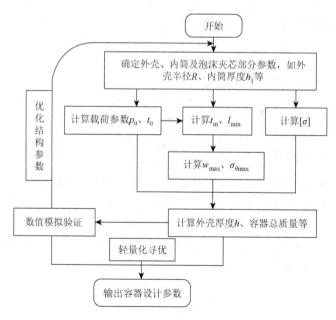

图 8.8 复合结构爆炸容器参数轻量化设计流程

## 8.2  多层复合圆柱形爆炸容器的优化设计

多层复合结构爆炸容器是一个复杂系统，爆炸环境对爆炸容器抗爆能力的影响难以通过简单的数值模拟或试验来寻找规律。另外，评价爆炸容器性能优劣的指标通常不是唯一的，例如，外壁最大应变和泡沫铝吸能系数等涉及多目标优化问题，通常难以达到所有子目标均取到最优值的目的，只能统筹协调子目标参量，使各子目标接近最优值，即 Pareto 最优解[11]。

Abouhamze 等[12]和 Honda 等[13]将 BP 神经网络和遗传算法应用于复合结构参数优化。神经网络经过大量数据训练后可对试验结果进行预测，且预测结果具有较好的精度。NSGA-II 遗传算法具有在整个样本空间内进行全局寻优的功能。所以，结合两种算法优势，应用 MATLAB 也可以解决多层复合结构爆炸容器的多目标优化问题。

本节利用 LS-DYNA 软件，对不同结构参数多层复合结构爆炸容器进行大量仿真计算，得到外壁应变 MaxS 和泡沫铝夹芯吸能量 ASEA 两个目标量；把内衬厚度 $T_a$、泡沫铝厚度 $T_f$ 和泡沫铝密度 $\rho_f$ 三个因变量作为输入数据，MaxS、ASEA 两个目标量作为输出数据对神经网络进行训练，然后基于 NSGA-II 遗传算法对神经网络的预测结果进行寻优处理。本节分别优化 0.5kg、1.0kg、2.0kg 三种装药量下多层复合结构爆炸容器的结构参数；考虑权重因子 $W^i$ 的影响，优化设计适用于多种装药量的复合结构爆炸容器参数，优化结果与试验吻合较好，为复合结构爆炸容器的设计提供了新思路。

### 8.2.1  BP 神经网络及 NSGA-II 遗传算法介绍

#### 1. BP 神经网络简介

人工神经网络是受人脑启发对大量未知数据进行回归处理的方法，旨在识别输入数据与输出数据之间的映射关系。根据激活函数差异，分为误差反向传播（error back propagation，BP）、小脑模型关节控制（cerebellar model articulation controller，CMAC）、小波（wavelet）、径向基函数（radial basis function，RBF）等[14-16]神经网络。其中，BP 神经网络应用最为广泛，其特点表现为信号向前传递，误差反向传递，其网络拓扑结构如图 8.9 所示。在信号由输入层传至隐含层再到输出层过程中，每一层运算只影响下一层状态，如果得不到期望输出，则反向传播。根据误差更新网络权值和阈值，使输出数据不断逼近期望值[17]。

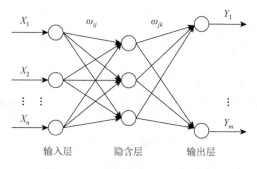

图 8.9　BP 神经网络的拓扑结构图

BP 神经网络是一个非线性函数，图 8.9 中自变量和因变量分别是 $X_1$、$X_2$，$Y_1$、$Y_2$，$\omega_{ij}$ 和 $\omega_{jk}$ 分别是输入层和输出层的连接权值。BP 神经网络的训练过程按以下步骤进行。

（1）网络初始化。根据输入数据和输出数据（$X$、$Y$）确定输入层节点数 $n$、隐含层节点数 $l$、输出层节点数 $m$，以及隐含层和输出层的连接权值 $\omega_{ij}$、$\omega_{jk}$ 及初始阈值 $a$、$b$。

（2）计算隐含层输出 $H$：

$$H_j = f\left(\sum_{i=1}^{n}\omega_{ij}x_i - a_j\right), \quad j = 1,2,\cdots,l \tag{8.47}$$

式中，$f$ 为隐含层激励函数。

（3）计算输出层输出 $O$：

$$O_k = \sum_{j=1}^{l}H_j\omega_{jk} - b_k, \quad k = 1,2,\cdots,m \tag{8.48}$$

（4）计算误差：

$$e_k = Y_k - O_k, \quad k = 1,2,\cdots,m \tag{8.49}$$

（5）更新权值：

$$\omega_{ij} = \omega_{ij} + \eta H_j(1-H_j)x(i)\sum_{k=1}^{m}\omega_{jk}e_k, \quad i = 1,2,\cdots,n; j = 1,2,\cdots,l \tag{8.50}$$

$$\omega_{jk} = \omega_{jk} + \eta H_j e_k, \quad j = 1,2,\cdots,l; k = 1,2,\cdots,m \tag{8.51}$$

式中，$\eta$ 为学习速率。

（6）更新阈值：

$$a_j = a_j + \eta H_j(1-H_j)x(i)\sum_{k=1}^{m}\omega_{jk}e_k, \quad j = 1,2,\cdots,l \tag{8.52}$$

$$b_k = b_k + e_k, \quad k = 1,2,\cdots,m \tag{8.53}$$

（7）判断迭代计算是否结束，若否，则返回步骤 2。

BP 神经网络中节点转移函数主要包括 Logsig 函数、Tansig 函数和 Purelin 函数，其表达式如下。

Logsig 函数：

$$y = \frac{1}{1 + e^{-x}} \tag{8.54}$$

Tansig 函数：

$$y = \frac{2}{1 + e^{-2x}} - 1 \tag{8.55}$$

Purelin 函数：

$$y = x \tag{8.56}$$

关于节点转移函数的选择问题，如果网络结构、各层权值和阈值相同，BP 神经网络预测结果与隐含层和输出层的节点转移函数密切相关，它们之间的关系见表 8.1[17]。

表 8.1 节点转移函数对预测精度的影响[17]

| 隐含层函数形式 | 输出层函数形式 | 方差误差/% | 误差/% | 预测效果 |
|---|---|---|---|---|
| Logsig | Logsig | 181.25 | 352.6 | 差 |
| Logsig | Tansig | 0.90 | 41.0 | 差 |
| Logsig | Purelin | 0.0001 | 0.08 | 优 |
| Tansig | Logsig | 162.96 | 341.0 | 差 |
| Tansig | Tansig | 1.17 | 31.9 | 差 |
| Tansig | Purelin | 0.0107 | 1.7 | 优 |
| Purelin | Logsig | 143.76 | 343.3 | 差 |
| Purelin | Tansig | 113.02 | 120.1 | 差 |
| Purelin | Purelin | 99.01 | 196.5 | 差 |

由表 8.1 可知，一般情况下，当隐含层函数选择 Logsig 函数、输出层函数选择 Purelin 函数时，或隐含层函数选择 Tansig 函数、输出层函数选择 Purelin 函数时，神经网络预测效果最好。在处理具体问题时，应当根据实际情况进行选择。

### 2. 遗传算法原理

遗传算法由 Holland 教授提出，是一种并行随机搜索最优化方法。针对某一个特定问题，首先构建一个适应度评价函数，然后对多个解组成的初始种群进行选择、交叉、变异等运算，实现种群大量迭代繁衍，利用适应度评价函数寻求问题最优解。

遗传算法的基本要素包括染色体编码、适应度函数、遗传操作、初始参数等。染色体的编码包括二进制法和实数法两种；适应度函数是遗传算法的关键，根据进化目标编写，并把计算结果提供给选择算子；初始参数主要包括种群大小、遗传代数、交叉以及变异的概率。

遗传算法的遗传操作就是选择、交叉和变异三个操作的综合过程，它们是产生新个体的不同手段。选择操作表示：根据适应度值，从旧族群中以一定概率选择个体到新的族群中，其中个体的适应度越好被选中的概率越大；交叉操作表示：在两个个体的染色体中随机选择一点或者多点位置交换组合组成新的个体；变异操作表示：在族群中任选个体对其染色体进行变异来产生新个体的方法。

简单遗传算法在解决种群多样性、过度繁殖、防早熟收敛等问题上还存在一些不足。后来，非支配排序遗传算法（non-dominated sorting genetic algorithm，NSGA）被提出，经过初步探索，NSGA 也存在着计算量巨大、缺乏精英策略的问题。

NSGA-Ⅱ算法创造了快速非支配排序算法，极大地简化了计算程序。另外，还引进精英策略[18]，即将父代种群和子代种群一起竞争来生成下一代，最大限度地保留优秀个体，使得样本采集范围得以扩展，提高了结果精度，可以很方便地求出 Pareto 最优解，适用于多目标优化问题[19, 20]。

## 8.2.2　多目标问题的描述

### 1. 多目标问题方程

建立有限元分析（finite element analysis，FEA）模型，对多层复合结构爆炸容器进行仿真计算。根据前面的研究，首先确定容器主要结构参数：外筒内径为800mm，圆筒高度为800mm（高径比 1 : 1），椭球端盖短轴与长轴之比为 1 : 2，外壁厚度为22mm。确定本次研究的自变量为：内筒厚度 $T_a$、泡沫铝厚度 $T_f$、泡沫铝密度 $\rho_f$；优化目标：最大应变峰值（MaxS），单位质量泡沫铝的吸能量（areal specific energy absorption，ASEA），也可称为能量密度。其中，

$$ASEA = E / m_A \qquad (8.57)$$

式中，$m_A$ 为泡沫铝夹芯层总质量。

当考虑到多层复合结构爆炸容器可能受到不同的爆炸载荷时，能量密度可以根据权重因子 $W^i$ 来调节：

$$ASEA_c = \sum_{i=1}^{n} ASEA^i W^i \qquad (8.58)$$

式中，$ASEA_c$ 代表爆炸容器受到不同强度的爆炸载荷时能量密度的综合索引；$ASEA^i$ 代表第 $i$ 种强度大小的爆炸载荷；$W^i$ 代表对应的权重系数，所有权重因子之和为1。

同样，受到不同强度爆炸载荷作用时，外壁最大应变的综合索引为

$$MaxS_c = \sum_{i=1}^{n} MaxS^i W^i \qquad (8.59)$$

多层复合结构爆炸容器在单一（$n=1$）或多种不同强度的爆炸载荷作用下的多目标优化问题（multi-objective design optimization，MDO），可以归纳为以下数学形式：

$$\begin{cases} \text{Minimize}\{\text{Max}S_c(T_a,T_f,\rho_f),-\text{ASEA}_c(T_a,T_f,\rho_f)\} \\ 2\text{mm}\leqslant T_a\leqslant 8\text{mm} \\ 30\text{mm}\leqslant T_f\leqslant 70\text{mm} \\ 350\text{kg}/\text{m}^3\leqslant \rho_f\leqslant 540\text{kg}/\text{m}^3 \end{cases} \quad (8.60)$$

### 2. 优化方法

解决多目标优化问题，采用穷举法建立 FEA 模型进行计算往往是低效的，而且往往得不到有效结果。本节采用神经网络预测结合 NSGA-II 寻优的方法，只需要有限次设计试验（design of experiments，DoE）就可以得到理想的结果。

图 8.10 为多层复合结构爆炸容器多目标优化流程图，基于 BP 神经网络的目标预测是建立在大量数值模拟数据基础上的，将求解得到的 240 组数据用于训练。

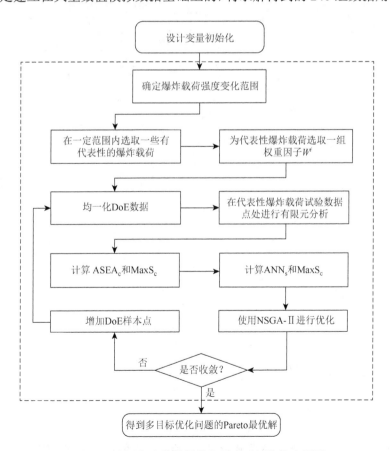

图 8.10　多层复合结构爆炸容器多目标优化流程图

在本问题研究中 BP 神经网络预测采用 Logsig 传递函数，并选择了三个输入参数（$T_a$、$T_f$、$\rho_f$）和两个输出函数（ASEA、MaxS），确定神经网络的结构为 3-5-2。

　　图 8.11 为 NSGA-Ⅱ算法的流程图。计算过程中采用实数编码，寻优函数包含三个输入参数：$T_a$、$T_f$、$\rho_f$；两个优化目标分别是 MaxS、ASEA。

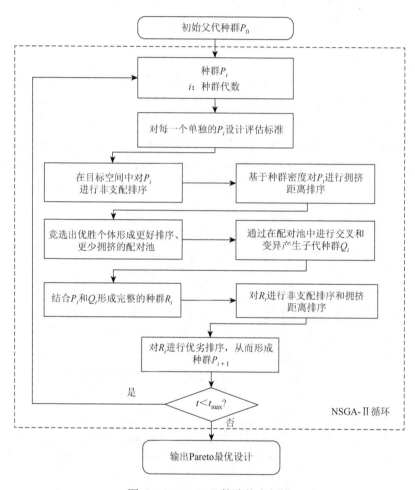

图 8.11　NSGA-Ⅱ算法的流程图

## 8.2.3　多目标优化结果

### 1. 自变量选择

　　研究中自变量分别为：内筒厚度 $T_a$、泡沫铝厚度 $T_f$ 和泡沫铝密度 $\rho_f$，在其取值范围内选择自变量参数建立数值模型, 共获得 0.5kg、1.0kg、2.0kg 药量下的 240 组计算结果, 供 BP 神经网络进行训练, 然后利用训练好的 BP 神经网络进行数据预测。

2. 单药量优化结果

8 组预测样本的误差见表 8.2, 三种药量下预测最大误差为 9.9%, 平均误差小于 5%, 因此 BP 神经网络模型能根据输入自变量较好地预测应变和能量密度两个参量。

表 8.2　BP 神经网络的误差表

| 药量/kg | 目标 | 预测样本误差/% | | | | | | | | 平均误差/% |
|---|---|---|---|---|---|---|---|---|---|---|
| | | 1 | 2 | 3 | 4 | 5 | 6 | 7 | 8 | |
| 0.5 | 应变 | 3.6 | 6.5 | 0.9 | 1.3 | 2.6 | 6.5 | 4.6 | 5.1 | 3.89 |
| | 能量密度/(g/cm$^3$) | 0.6 | 5.6 | 3.2 | 4.6 | 5.3 | 4.3 | 2.4 | 0.9 | 3.36 |
| 1.0 | 应变 | 1.9 | 3.5 | 9.9 | 8.7 | 0.2 | 5.5 | 8.1 | 4.8 | 5.33 |
| | 能量密度/(g/cm$^3$) | 0.9 | 4.0 | 4.5 | 5.9 | 5.8 | 1.6 | 6.9 | 5.4 | 4.38 |
| 2.0 | 应变 | 1.4 | 1.3 | 3.0 | 0.3 | 0.5 | 0.8 | 0.4 | 0.6 | 1.04 |
| | 能量密度/(g/cm$^3$) | 2.5 | 3.8 | 5.1 | 6.4 | 4.3 | 2.2 | 2.6 | 1.0 | 3.49 |

1）优化指标选择 MaxS 和 ASEA

图 8.12 给出了 MaxS 与 ASEA 两个目标的最优解相互矛盾, 即 MaxS 取得最小值时伴随着 ASEA 也取得最小值, 反之亦然。Pareto 前沿上的两个端点分别代表某个目标取得极值的情况, 对应自变量参数即该目标最优结构参数, Pareto 最优解前沿上的其他点代表权衡两个指标的优化结果。单目标取得极值点时的自变量参数见表 8.3。

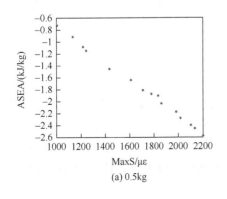

(a) 0.5kg

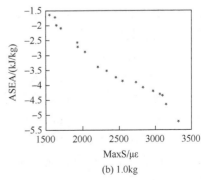

(b) 1.0kg

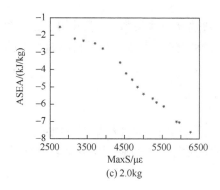

(c) 2.0kg

图 8.12　MaxS 与 ASEA 两目标的 Pareto 前沿

表 8.3　单目标极值点的理想结构参数（MaxS、ASEA）

| 药量/kg | 目标 | $T_a$/mm | $T_f$/mm | $\rho_f$/(kg/m$^3$) | MaxS/µε | ASEA/(kJ/kg) |
|---|---|---|---|---|---|---|
| 0.5 | min. MaxS | 7.88 | 66.30 | 351 | 1005 | 0.72 |
| | max. ASEA | 2.00 | 30.00 | 351 | 2197 | 2.57 |
| 1.0 | min. MaxS | 7.81 | 67.68 | 351 | 1558 | 1.65 |
| | max. ASEA | 2.00 | 30.84 | 351 | 3311 | 5.21 |
| 2.0 | min. MaxS | 7.99 | 58.69 | 540 | 2779 | 1.55 |
| | max. ASEA | 2.00 | 3.00 | 351 | 6275 | 7.68 |

特定药量作用下，针对 MaxS 和 ASEA 两目标存在两个截然不同的最优解。内筒和泡沫铝厚度取最大值时（$T_a$ = 8mm，$T_f$ = 70mm），对应变取得极小值是有利的；当它们取得最小值时（$T_a$ = 2mm，$T_f$ = 30mm），对能量密度取得极大值有利。需要注意的是，三种载荷情况下，能量密度最大值都是在泡沫铝密度取最小值的情况下获得的。而应变最小值对应的密度与爆炸载荷强度有关，药量为 0.5kg 和 1.0kg 时，密度选择 351kg/m$^3$ 是合适的，药量为 2.0kg 时，密度选择 540kg/m$^3$ 是合适的。可见，高强度泡沫铝夹芯适合于大当量载荷；但在小当量载荷作用下，高强度泡沫铝夹芯会使壳体应变增大，吸收能量减小。因此，根据某一装药量设计的爆炸容器有其适用范围，一旦装药量变化就不再适用，设计适用于多种载荷的爆炸容器更具有现实意义。

2）优选指标选择 MaxS 和 EA

研究发现，泡沫铝厚度取最小值时，对能量密度取极大值有利，但此时泡沫铝的吸能总量（energy absorption，EA）不是最多的。下面采用同样方法，以最大应变 MaxS 和吸能总量 EA 为指标进行结构参数优化，优化结果如图 8.13 所示。对应单目标极值点的结构参数见表 8.4。泡沫铝厚度取最大值时（$T_f$ = 70mm），其吸能总量是最多的。

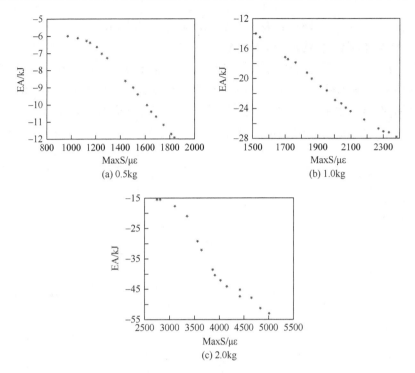

图 8.13 MaxS 与 EA 两目标的 Pareto 前沿

表 8.4 单目标极值点的理想结构参数（MaxS、EA）

| 药量/kg | 目标 | $T_a$/mm | $T_f$/mm | $\rho_f$/(kg/m³) | MaxS/με | EA/kJ |
|---|---|---|---|---|---|---|
| 0.5 | min. MaxS | 6.94 | 69.99 | 351 | 968 | 5.96 |
| | max. EA | 2.01 | 69.99 | 351 | 1834 | 11.92 |
| 1.0 | min. MaxS | 6.02 | 69.87 | 351 | 1523 | 13.91 |
| | max. EA | 2.00 | 69.81 | 351 | 2382 | 27.89 |
| 2.0 | min. MaxS | 7.98 | 46.61 | 540 | 2610 | 15.46 |
| | max. EA | 2.00 | 69.69 | 351 | 4982 | 51.89 |

### 3. 多药量优化结果

多层复合结构爆炸容器有时需要适用于不同当量的爆炸载荷，以适应不同装药量的应用要求。考虑 0.5kg、1.0kg、2.0kg 三种药量的权重系数，设计三种工况进行结构优化，分别为

$$\text{Case 1：} W^1 = W^2 = W^3 = 1/3$$
$$\text{Case 2：} W^1 = 0.5, \quad W^2 = 0.3, \quad W^3 = 0.2$$

Case 3：$W^1 = 0.2$，　$W^2 = 0.3$，　$W^3 = 0.5$

1）优化指标选择 MaxS 和 ASEA

图 8.14 为考虑不同药量权重系数时得到的 Pareto 最优解曲线，对应单目标极值点的结构参数见表 8.5。对于 Case 2 工况，0.5kg 药量的权重系数为 0.5，说明设计指标向小药量倾斜，最小应变对应的密度值较小。而对于 Case 3 工况，2.0kg 药量的权重系数为 0.5，说明设计指标向大药量倾斜，最小应变对应的密度值较大。

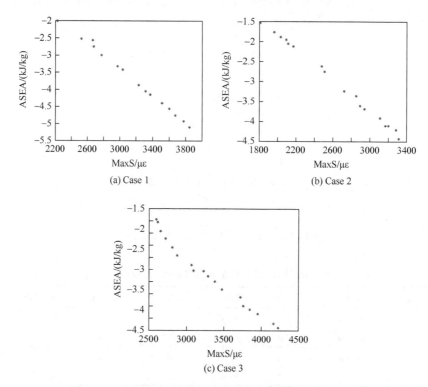

图 8.14　不同工况下 MaxS 与 ASEA 两目标的 Pareto 前沿

表 8.5　多药量条件下单目标极值点的结构参数（MaxS、ASEA）

| 药量/kg | 目标 | $T_a$/mm | $T_f$/mm | $\rho_f$/(kg/m³) | MaxS/με | ASEA/(kJ/kg) |
|---|---|---|---|---|---|---|
| 0.5(Case 1) | min. MaxS | 7.64 | 69.99 | 410 | 2225 | 2.02 |
|  | max. ASEA | 2.00 | 30.00 | 351 | 3839 | 5.10 |
| 1.0(Case 2) | min. MaxS | 7.98 | 67.13 | 366 | 1813 | 1.53 |
|  | max. ASEA | 2.00 | 30.00 | 351 | 3303 | 4.43 |
| 2.0(Case 3) | min. MaxS | 8.00 | 64.21 | 483 | 2586 | 0.98 |
|  | max. ASEA | 2.02 | 38.29 | 351 | 4219 | 5.44 |

2）优化指标选择 MaxS 和 EA

图 8.15 给出了以 MaxS 和 EA 为优化目标时的 Pareto 最优解曲线，对应单目标极值点的结构参数见表 8.6。对 MaxS 目标的优化结果与前述相似，但 EA 的最大值一般是在泡沫铝厚度取得最大值时（$T_f = 70\text{mm}$）获得。

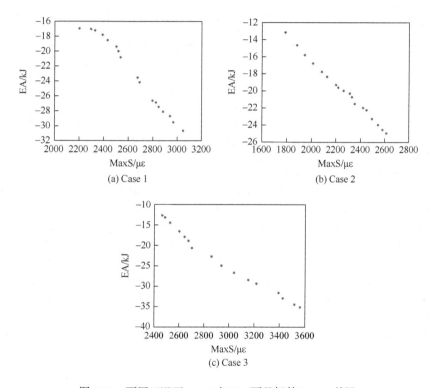

(a) Case 1

(b) Case 2

(c) Case 3

图 8.15　不同工况下 MaxS 与 EA 两目标的 Pareto 前沿

通过上述研究，可以得到以下主要结论。

（1）BP 神经网络对测试样本的预测误差不超过 10%，说明 BP 神经网络方法对多层复合结构爆炸容器的预测效果较好。

（2）NSGA-Ⅱ算法的寻优结果表明，高强度泡沫铝夹芯对于大药量爆炸载荷是合适的，低强度泡沫铝更适合于小药量情况。

（3）内筒厚度和泡沫铝厚度取最大值时，对应变取得极小值是有利的。当它们取最小值时，对能量密度取得极大值是有利的。当内筒厚度取最小值，泡沫铝厚度取最大值时，对吸能总量取得极大值是有利的。

**表 8.6　多药量条件下单目标极值点的结构参数（MaxS、EA）**

| 药量/kg | 目标 | $T_a$/mm | $T_f$/mm | $\rho_f$/(kg/m$^3$) | MaxS/με | EA/kJ |
|---|---|---|---|---|---|---|
| 0.5(Case1) | min. MaxS | 7.98 | 69.86 | 413 | 2197 | 16.99 |
| | max. EA | 2.02 | 69.94 | 351 | 3037 | 30.73 |
| 1.0(Case2) | min. MaxS | 7.81 | 69.99 | 366 | 1785 | 13.20 |
| | max. EA | 2.01 | 69.99 | 351 | 2607 | 25.01 |
| 2.0(Case3) | min. MaxS | 7.99 | 69.91 | 483 | 2461 | 12.75 |
| | max. EA | 2.04 | 69.86 | 365 | 3560 | 35.25 |

# 参 考 文 献

[1]　Taylor G I. The pressure and impulse of submarine explosion waves on plates[C]. The Scientific Papers of Sir Geoffrey Ingram Taylor，vol. III. London：Cambridge University Press，1963.

[2]　叶序双. 爆炸作用理论基础[M]. 南京：中国人民解放军陆军工程大学，2010.

[3]　Needham C E. Blast Waves[M]. Berlin：Springer，2010.

[4]　Kambouchev N，Noels L，Radovitzky R. Numerical simulation of the fluid-structure interaction between air blast waves and free-standing plates[J]. Computers & Structures，2007，85：923-931.

[5]　Kambouchev N，Radovitzky R，Noels L. Fluid-structure interaction effects in the dynamic response of free-standing plates to uniform shock loading[J]. Journal of Applied Mechanics，2007，74（5）：1042.

[6]　Kambouchev N，Noels L，Radovitzky R. Nonlinear compressibility effects in fluid-structure interaction and their implications on the air-blast loading of structures[J]. Journal of Applied Physics，2006，100（6）：063519.

[7]　Vaziri A，Hutchinson J W. Metal sandwich plates subject to intense air shocks[J]. International Journal of Solids and Structures，2007，44：2021-2035.

[8]　Hutchinson J W. Energy and momentum transfer in air shocks[J]. Journal of Applied Mechanics，2009，76（5）：051307.

[9]　赵士达. 爆炸容器[J]. 爆炸与冲击，1989，9（1）：85-96.

[10]　Goodier J N，Melvor J K. The elastic cylindrical shell under nearly uniform radial impulse[J]. Journal of Applied Mechanics，1964，31（2）：259-272.

[11]　Qi C，Shu Y，Yang L J，et al. Blast resistance and multi-objective optimization of aluminum foam-cored sandwich panels[J]. Composite Structures，2013，（105）：45-57.

[12]　Abouhamze M，Shakeri M. Multi-objective stacking sequence optimization of laminated cylindrical panels using a genetic algorithm and neural networks[J]. Composite Structures，2007，81（2）：253-263.

[13]　Honda S，Igarashi T，Narita Y. Multi-objective optimization of curvilinear fiber shapes for laminated composite plates by using NSGA-II[J]. Composites Part B：Engineering，2013，45（1）：1071-1078.

[14]　李松，刘力军，解永乐. 遗传算法优化 BP 神经网络的短时交通流混沌预测[J]. 控制与决策，2011，26（10）：1581-1585.

[15]　郭海丁，路志峰. 基于 BP 神经网络和遗传算法的结构优化设计[J]. 航空动力学报，2003，18（2）：216-220.

[16]　刘奕君，赵强，郝文利. 基于遗传算法优化 BP 神经网络的瓦斯浓度预测研究[J]. 矿业安全与环保，2015，42（2）：56-60.

[17]　王小川，史峰，郁磊，等. MATLAB 神经网络 43 个案例分析[M]. 北京：北京航空航天大学出版社，2013.

[18]　叶剑. 基于径向基神经网络与 NSGA-Ⅱ算法的渣浆泵多目标优化设计[D]. 南京：江苏大学，2016.

[19]　Senthilkumar C，Ganesan G，Karthikeyan R. Parametric optimization of electrochemical machining of Al/15% SiCp composites using NSGA-II[J]. Transactions of Nonferrous Metals Society of China，2011，21（10）：2294-2300.

[20]　Marin L，Trias D，Badallo P，et al. Optimization of composite stiffened panels under mechanical and hygrothermal loads using neural networks and genetic algorithms[J]. Composite Structures，2012，94（11）：3321-3326.